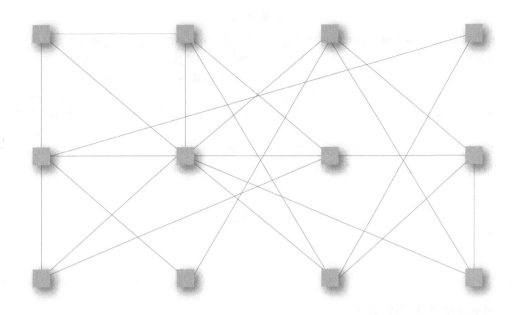

现代工程技术物理基础专题

叶善专 张本袁 张玉萍 等 编著

清华大学出版社
北京

内容简介

本书是"东南大学国家精品课程教材建设规划"教材,是一册物理学前沿知识与现代高新科学工程技术相结合的大学物理课程专题教材,全书由航天技术与物理学、超导技术、医学成像物理基础、液晶材料及液晶显示技术、红外辐射及其应用技术、光纤与光纤通信技术、等离子显示技术、激光技术、纳米科学技术、非线性光学、熵、引力理论和宇宙学 12 个专题组成。内容涵盖了当前高新技术与物理学相联系的各个主要领域,是物理学在科学技术应用中的新知识、新思想和新方法。教材内容新颖,选材合适,难度适中,文字简洁。

本书作为教材,可与高等院校工科大学物理课程主体教材配套使用,也可作为大学物理课程后续选修课教材,还可供其他相关专业的参考和有志提高自身科学素养的工程技术人员阅读。

版权所有,侵权必究。举报:010-62782989,beiqinquan@tup.tsinghua.edu.cn。

图书在版编目(CIP)数据

现代工程技术物理基础专题/叶善专,张本袁,张玉萍等编著.--北京:清华大学出版社,2011.8(2025.1重印)

ISBN 978-7-302-25994-7

Ⅰ.①现… Ⅱ.①叶… ②张… ③张… Ⅲ.①工程物理学-高等学校-教材 Ⅳ.①TB13

中国版本图书馆 CIP 数据核字(2011)第 129751 号

责任编辑:朱红莲
责任校对:王淑云
责任印制:刘海龙

出版发行:清华大学出版社
网　　址:https://www.tup.com.cn, https://www.wqxuetang.com
地　　址:北京清华大学学研大厦 A 座　　邮　编:100084
社 总 机:010-83470000　　邮　购:010-62786544
投稿与读者服务:010-62776969, c-service@tup.tsinghua.edu.cn
质量反馈:010-62772015, zhiliang@tup.tsinghua.edu.cn
印 装 者:三河市君旺印务有限公司
经　　销:全国新华书店
开　　本:185mm×260mm　　印　张:13.25　　字　数:320 千字
版　　次:2011 年 8 月第 1 版　　印　次:2025 年 1 月第11次印刷
定　　价:39.00 元

产品编号:033493-05

前 言
FOREWORD

物理学是一门研究物质运动的基本规律、物质的基本结构和物质相互作用的基础科学，物理学所研究的规律具有极大的普遍性，是一切自然科学的基础，是现代工程技术发展的重大支柱。高等工科院校开设的大学物理课程，肩负着重要的责任，是高等院校的一门重要基础课程。

近 10 年来，一方面，随着科学技术的迅速发展，高新技术包括空间技术、信息技术、新材料技术、医学影像技术和生物技术等不断兴起，这些高新技术的成果大部分都直接或间接地与物理尤其是近代物理知识相关联，物理理论的任何一项突破都会引发一系列新技术的诞生，新技术的发展也离不开物理学的新知识内容和新思想方法，新技术的兴起又必将推动物理学教学向更高更深层次发展。然而现有的大学物理课程内容和结构已难以适应科学发展的步伐，难以达到上述的课程目标，教师和学生对大学物理课程的教学有着"意犹未尽"的遗憾，不少学生怀有继续学习、充实和提高的强烈愿望，以适应科学技术发展的需要。另一方面，科学的进步又推动了高等教育事业的发展和课程教育的改革，各类改革计划和改革项目全面部署和展开，无论是国际上的"回归工程"、"CDIO(Conceive Design Implement Operate)模式"等工程教育改革，还是当前我国一些以工科为主的大学或院系进行的"CDIO"教学试点，以及教育部在有关 61 所高校组织实施的"卓越工程师教育培养计划"正式启动，都是旨在促进工程教育的改革和创新，培养高质量各类工程技术人才和卓越创新人才，引领他们跟踪世界科学技术水平的进步，勇于探索和创新，以适应日后发展的需要，成为新时代的强者。在这样的形势下，作为从事基础物理教学工作者，理应肩负起时代的重任，改革大学物理课程，课程的改革要"面向现代化、面向世界、面向未来"，要更新内容，要引进前沿科学的新内容、新思想和新方法，让传统的大学物理课程焕发出时代的魅力！

鉴于上述考虑，我们参照教育部"非物理类理工学科大学物理课程基本要求"的内容，编写了《物理专题》(讲义)，在大学物理课程教学中，按各系各专业的不同要求，分别从中有目的地选择若干专题，以讲座授课方式，融入大学物理课程的教学，优化课程的内容和结构。经历多年的实践，取得良好的教学效果，深受学生的欢迎和喜爱。在此基础上，我们又着手编写了《现代工程技术物理基础专题》一书，并被列为"东南大学国家精品课程教材建设规划"教材。教材内容涵盖了现代工程技术中与物理学直接相关的各类课题，反映高新技术研究的新成果，介绍高新技术的物理基础及其应用价值。其宗旨是提高学生物理素质和分析应用能力，拓展知识，开阔视野，改变知识结构，培养学生的创新探索精神。全书内容新颖，选材合理，难度适中，文字简洁，具有良好的教学适用性。

本书由叶善专主编，参加编写的有张本袁(液晶材料及液晶显示技术、红外辐射及其应用技术、光纤与光纤通信技术、等离子显示技术)，张玉萍(超导技术、激光技术、纳米科学技术)，谷云曦(航天技术与物理学)，林桂粉(医学成像物理基础)，张勇(非线性光学)，殷实(熵)，彭毅(引力理论和宇宙学)。叶善专主持了本书的编写工作，并对全书内容进行审核和部分修改。东南大学大学物理教研室周雨青主任对本书的出版做了大量的工作，在此仅向他表示衷心的感谢。

由于编写时间紧迫，编者水平有限，不妥与谬误在所难免，真诚欢迎广大读者批评指正。

编　者

2011 年 3 月

目 录
CONTENTS

专题一　航天技术与物理学　1

1.1　火箭技术中的物理学原理　1
　　1. 火箭推进原理　1
　　2. 多级火箭　3
1.2　人造卫星技术中的物理学原理　4
　　1. 人造卫星的运动轨道及运行轨道方程　4
　　2. 人造卫星的轨道要素及轨道设计　5
　　3. 人造卫星与无线电通信技术　6
　　4. 同步卫星的姿态稳定性　6
　　5. 人造卫星的电源　7
1.3　载人航天技术与物理学　8
　　1. 载人航天器的种类及其构造　9
　　2. 登月技术中的物理学　11
　　3. 宇宙航行中宇航员的超重与失重　12
　　4. 飞行器的返回与返回时的热现象　13
1.4　中国航天技术发展回顾　15
　　思考题　17
　　参考文献　17

专题二　超导技术　18

2.1　超导的主要特性　18
　　1. 零电阻特性　18
　　2. 完全抗磁性——迈斯纳效应　19
2.2　金属低温超导理论　20
　　1. 唯象理论　20
　　2. BCS 理论　21
2.3　高温超导　23

    1. 高温超导材料的结构 ……………………………………………………… 23
    2. 高温超导材料的特性 ……………………………………………………… 24
    3. 高温超导材料的制备 ……………………………………………………… 26
  2.4 超导电技术的应用 …………………………………………………………… 27
    1. 超导核磁共振断层成像（医用）装置（MRI—CT）………………………… 28
    2. 超导量子干涉仪（SQUID）………………………………………………… 28
    3. 超导计算机 ………………………………………………………………… 29
    4. 超导发电机 ………………………………………………………………… 29
    5. 超导变压器 ………………………………………………………………… 29
    6. 超导电缆 …………………………………………………………………… 30
    7. 超导磁悬浮列车 …………………………………………………………… 31
    8. 磁流体发电 ………………………………………………………………… 32
 思考题 ………………………………………………………………………………… 33
 参考文献 ……………………………………………………………………………… 33

专题三 医学成像物理基础 ………………………………………………………… 34

  3.1 X 射线计算机断层成像 ……………………………………………………… 34
    1. 图像重建的物理基础 ……………………………………………………… 34
    2. 图像重建的数学模型 ……………………………………………………… 35
    3. X-CT 扫描机 ……………………………………………………………… 37
    4. X 射线成像技术的应用及发展趋势 ……………………………………… 37
  3.2 核磁共振成像 ………………………………………………………………… 38
    1. 原子核的磁矩 ……………………………………………………………… 38
    2. 核磁共振 …………………………………………………………………… 39
    3. 核磁共振成像原理 ………………………………………………………… 42
    4. 空间位置编码 ……………………………………………………………… 44
    5. 图像重建 …………………………………………………………………… 45
    6. 磁共振成像的现状及发展前景 …………………………………………… 46
  3.3 超声波成像 …………………………………………………………………… 46
    1. 超声波成像的物理基础 …………………………………………………… 47
    2. A 型超声成像 ……………………………………………………………… 49
    3. M 型超声成像 ……………………………………………………………… 50
    4. B 型超声成像 ……………………………………………………………… 51
    5. 超声多普勒成像 …………………………………………………………… 51
    6. 超声成像的发展趋势 ……………………………………………………… 54
  3.4 核医学成像 …………………………………………………………………… 55
 思考题 ………………………………………………………………………………… 55
 参考文献 ……………………………………………………………………………… 56

专题四　液晶材料及液晶显示技术　……… 57

   4.1　液晶的物理形态 ……… 58
      1. 向列相液晶 ……… 58
      2. 胆甾相液晶 ……… 58
      3. 近晶相液晶 ……… 59
   4.2　液晶的相变 ……… 59
   4.3　液晶显示的基本原理 ……… 60
   4.4　液晶显示的局限与有机半导体显示 ……… 64
   思考题 ……… 66
   参考文献 ……… 66

专题五　红外辐射及其应用技术　……… 67

   5.1　红外辐射 ……… 68
   5.2　热辐射定律 ……… 68
      1. 黑体辐射规律 ……… 68
      2. 灰体辐射规律 ……… 69
   5.3　红外线在介质中的衰减 ……… 71
   5.4　红外探测器简介 ……… 72
   5.5　红外技术的应用 ……… 74
      1. 红外测温技术 ……… 74
      2. 红外成像技术 ……… 76
      3. 红外遥感 ……… 80
      4. 远红外加热新技术 ……… 80
      5. 红外追踪 ……… 81
   思考题 ……… 82
   参考文献 ……… 82

专题六　光纤与光纤通信技术　……… 83

   6.1　介质薄膜波导 ……… 83
      1. 平面波的反射与折射 ……… 83
      2. 反射波的相位突变 ……… 84
      3. 导波的特征方程 ……… 86
      4. 导波的截止波长 ……… 87
      5. 单模传输 ……… 87
   6.2　光学纤维的构造和特性 ……… 87
      1. 阶跃型光纤中光的传播 ……… 88
      2. 梯度型光纤中子午光线的传播 ……… 89
      3. 光纤的损耗 ……… 90

　　　　4. 光纤的色散 ·· 90
　　　　5. 光学纤维的制作原理 ··· 91
　　　　6. 光纤通信系统的方框图 ·· 91
　　6.3 光纤通信中的信号转换 ·· 92
　　　　1. 电光信号的转换 ··· 92
　　　　2. 光电信号的转换 ··· 93
　　6.4 光通信中的传输系统 ·· 94
　　　　1. 耦合器 ·· 94
　　　　2. 波分复用系统 ·· 95
　　　　3. 光滤波器 ·· 96
　　　　4. 光栅 ··· 96
　　　　5. 中继器 ·· 97
　　　　6. 光缆结构 ·· 98
　　思考题 ·· 99
　　参考文献 ··· 99

专题七　等离子显示技术 ·· 100
　　7.1 等离子显示(PDP)的物理基础 ·· 100
　　　　1. 气体放电理论 ·· 100
　　　　2. 汤森德繁流理论 ··· 103
　　　　3. 着火电压(击穿电压)U_f ·· 104
　　7.2 交流等离子显示(ACPDP)基础 ·· 105
　　　　1. 等离子显示单元 ··· 105
　　　　2. 交流等离子显示单元的电压关系 ··· 106
　　　　3. 形成稳定放电序列的条件 ·· 107
　　　　4. 维持电压波形比较 ·· 110
　　7.3 直流等离子显示(DCPDP) ·· 111
　　7.4 等离子体的多色显示和全色显示 ·· 111
　　7.5 等离子显示特点 ··· 112
　　思考题 ··· 113
　　参考文献 ·· 113

专题八　激光技术 ··· 114
　　8.1 激光的基本原理 ··· 114
　　　　1. 光与物质的相互作用 ··· 114
　　　　2. 粒子数反转分布 ··· 117
　　　　3. 光学谐振腔与阈值条件 ·· 118
　　8.2 激光器 ·· 120
　　　　1. 固体激光器 ·· 120

  2. 气体激光器 ……………………………………………………………… 121
  3. 半导体激光器 …………………………………………………………… 122
  4. 自由电子激光器 ………………………………………………………… 122
 8.3 激光的特性及其应用 ………………………………………………………… 123
  1. 激光的特性 ……………………………………………………………… 123
  2. 激光的应用 ……………………………………………………………… 125
 思考题 ……………………………………………………………………………… 130
 参考文献 …………………………………………………………………………… 131

专题九 纳米科学技术 ……………………………………………………… 132

 9.1 扫描隧道显微镜 …………………………………………………………… 132
  1. STM 的工作原理 ………………………………………………………… 133
  2. STM 仪器设备 …………………………………………………………… 134
  3. STM 的优越性 …………………………………………………………… 135
  4. STM 的应用 ……………………………………………………………… 135
  5. STM 的局限性 …………………………………………………………… 137
 9.2 原子力显微镜 ……………………………………………………………… 138
 9.3 纳米科学技术 ……………………………………………………………… 139
  1. 纳米材料的基本物理效应 ……………………………………………… 140
  2. 碳纳米管材料 …………………………………………………………… 141
  3. 纳米材料的制备 ………………………………………………………… 142
  4. 纳米材料的应用 ………………………………………………………… 143
  5. 纳米电子学 ……………………………………………………………… 146
  6. 纳米生物学 ……………………………………………………………… 147
 思考题 ……………………………………………………………………………… 147
 参考文献 …………………………………………………………………………… 148

专题十 非线性光学 …………………………………………………………… 149

 10.1 光场与介质相互作用的基本理论 ………………………………………… 149
  1. 介质的非线性电极化理论 ……………………………………………… 149
  2. 光与介质非线性作用的波动方程 ……………………………………… 150
  3. 非线性光学的量子理论 ………………………………………………… 151
 10.2 非线性光学效应 …………………………………………………………… 151
  1. 光学变频效应 …………………………………………………………… 151
  2. 强光引起介质折射率变化及相关非线性光学效应 …………………… 154
  3. 光的受激散射效应 ……………………………………………………… 155
  4. 瞬态相干光学效应 ……………………………………………………… 157
  5. 光学相位共轭 …………………………………………………………… 159
  6. 光学双稳态 ……………………………………………………………… 160

10.3 非线性光学效应的应用 ··· 162
    1. 信息技术 ·· 162
    2. 激光武器与防护 ·· 163
    3. 大气探测 ·· 163
    4. 激光超声检测 ·· 164
思考题 ··· 164
参考文献 ··· 165

专题十一 熵 ·· 166

11.1 态函数熵 ·· 166
    1. 克劳修斯熵 ·· 166
    2. 玻耳兹曼熵 ·· 167
    3. 开放系统的熵变 ·· 169
    4. 远离平衡态的非平衡态与混沌态 ······································· 171
11.2 熵与能量 ·· 172
    1. 焦耳实验 ·· 172
    2. 理想气体的绝热自由膨胀 ··· 173
11.3 熵与生命 ·· 174
    1. 熵与新陈代谢 ·· 174
    2. "负熵"与光合作用 ·· 175
11.4 熵与信息 ·· 175
    1. 麦克斯韦妖 ·· 175
    2. 熵与信息 ·· 176
11.5 熵与经济和社会 ·· 178
思考题 ··· 179
参考文献 ··· 180

专题十二 引力理论和宇宙学 ··· 181

12.1 宇宙学原理 ··· 181
12.2 牛顿的宇宙 ··· 182
    1. 有限还是无限 ·· 182
    2. 奥伯斯(Olbers)佯谬 ··· 182
    3. 纽曼(Newman)疑难 ··· 183
12.3 广义相对论的基本原理 ··· 183
    1. 等效原理 ·· 183
    2. 广义相对性原理 ·· 184
12.4 爱因斯坦的宇宙 ·· 186
    1. 一个二维宇宙 ·· 186
    2. 有限无边——爱因斯坦静态宇宙模型 ································ 187

12.5 膨胀的宇宙 ······ 187
    1. 弗里德曼(Friedmann)宇宙 ······ 188
    2. 哈勃定律 ······ 188
    3. 罗伯逊-沃克(Robertson-Walker)度规 ······ 189
    4. 宇宙年龄 ······ 190
12.6 大爆炸 ······ 190
    1. 奇点与黑洞 ······ 191
    2. 遗迹和波纹 ······ 192
12.7 宇宙动力学 ······ 193
12.8 宇宙演化简史 ······ 195
    1. 迄今为止的宇宙 ······ 195
    2. 火与冰——宇宙的最终归宿 ······ 196
12.9 结束语 ······ 197
思考题 ······ 197
参考文献 ······ 198

专题一

航天技术与物理学

飞出地球,探索、开发宇宙,是人类长期以来的梦想。20 世纪 50 年代开始兴起的航天技术,使人类飞向宇宙的梦想逐步成为现实,航天技术已经成为当代最为引人注目的科学技术之一。航天又称空间飞行或宇宙航行,是指利用航天器在地球的大气层以外的太空中航行的活动。航天器分为人造地球卫星、空间探测器和载人飞船等。航天技术是一门综合性很强的科学技术,它与物理学密切相关,其每一步发展都离不开物理学的理论指导。本专题重点讨论航天技术中的基本物理学原理。

1.1 火箭技术中的物理学原理

目前,所有航天器的发射都依靠火箭发动机,因此,首先介绍与火箭技术相关的物理学原理。

1. 火箭推进原理

火箭的飞行遵循质点系动量定理和动量守恒定理。竖立在发射架上的火箭本身带有燃料和氧化剂,火箭在发射前总动量为零。当火箭点火后,高温高压的气体不断从火箭尾部的喷管往后喷出,从而使火箭获得向前的巨大推力,克服自身的重力及空气阻力,向太空飞去。

(1) 火箭的推力大小

运载火箭的推力是火箭设计中的一个重要指标。当火箭点火后燃气从火箭体内连续地从尾部喷管高速喷出时,火箭主体获得一个向前的巨大推力,这个推力由动量定理可近似计算,其计算式为

$$F = u \frac{\mathrm{d}m}{\mathrm{d}t} \qquad (1\text{-}1)$$

式(1-1)表明火箭推力正比于喷出气体的相对速度 u 和喷气质量流量 $\frac{\mathrm{d}m}{\mathrm{d}t}$。例如运载阿波罗

登月飞船的火箭,它的 $u=2500\text{m/s}$,$\dfrac{\text{d}m}{\text{d}t}=1.4\times10^4\text{kg/s}$,代入可得 $F=3.5\times10^7\text{N}$。

(2) 火箭的速度

背着飞行方向连续不断地喷出大量高速气体,使火箭在飞行方向上获得巨大前进速度。为了说明火箭在这一过程中获得的速度,先不考虑地球的重力作用,将质量为 M 的火箭中的燃料燃烧后喷出的燃料气体看成质量为 m(远小于 M)、相对火箭速度为 u 的细小弹丸,由于火箭不受任何外力,因此火箭系统总动量守恒,当弹丸以速度 u 向后喷出时,火箭就获得与弹丸等量而方向向前的动量,由于燃料不断燃烧,火箭体的质量就不断减小,因而火箭是一个变质量体系。设火箭开始飞行时初始速度为 0,质量为 M,燃料烧尽时火箭剩下的质量为 M'_e,速度为 v,可以用动量守恒原理来计算火箭最后能达到的速度

$$v = u\ln\frac{M}{M'_\text{e}} \tag{1-2}$$

式中 M/M'_e 称为火箭的质量比。

火箭受到的地球引力和空气阻力与燃料燃烧所产生的推力相比极小,在上述计算中被忽略了,但是实际上地球引力和空气阻力的影响是存在的,所以火箭最后获得的速度比这个计算值要小一点。

(3) 三个宇宙速度

知道了火箭能达到的速度,自然就想到人类要飞向月球或者其他行星所需要的速度又是多大呢?

若航天器质量为 m,在地面上的速率为 v,从地面飞离地球且距地球球心的距离为 r 处的速率为 $v(r)$,根据机械能守恒定律

$$\frac{1}{2}mv^2 - G\frac{M_\text{e}m}{R_\text{e}} = \frac{1}{2}mv^2(r) - G\frac{M_\text{e}m}{r} \tag{1-3}$$

据此可以导出飞往太空中不同的地方所需要的不同发射速度,称为宇宙速度。

第一宇宙速度 在地面上发射一航天器,使之能沿着地球的圆轨道运行所需的最小发射速度,称为第一宇宙速度。将 $\dfrac{mv^2(r)}{r}=G\dfrac{M_\text{e}m}{r^2}$ 代入式(1-3),式中的 M_e 为地球质量,G 为引力常量。半径 r 约等于地球半径 R_e,可得到第一宇宙速度

$$v_1 = \sqrt{\frac{GM_\text{e}}{R_\text{e}}} = 7.9\text{km/s}$$

第二宇宙速度 在地面上发射一航天器,使之能脱离地球的引力场所需的最小发射速度,称为第二宇宙速度。将式(1-3)中右边的势能、动能取为 0,由此可计算第二宇宙速度

$$v_2 = \sqrt{\frac{2GM_\text{e}}{R_\text{e}}} = 11.2\text{km/s}$$

第三宇宙速度 在地球表面发射一航天器,使之不但要脱离地球的引力场,还要脱离太阳的引力场所需的最小发射速度称为第三宇宙速度。第三宇宙速度的计算略复杂一些。首先讨论航天器脱离地球引力的情形。把地球与航天器作为一个系统,取地球为参考系。设地球表面发射一个速度为 v_3 的航天器,当脱离地球引力的束缚后,其相对于地球的速度为 v',由机械能守恒定律得

$$\frac{1}{2}mv_3^2 - G\frac{M_\text{e}m}{R_\text{e}} = \frac{1}{2}mv'^2 \tag{1-4}$$

为求 v'，取太阳为参考系，若设航天器距太阳的距离为 R_s，相对于太阳的速度为 v'_3，则由相对速度公式 $\boldsymbol{v'_3} = \boldsymbol{v'} + \boldsymbol{v_e}$ 可算出。

v_e 是地球相对于太阳的公转速度，由 $G\dfrac{M_s M_e}{R_s^2} = M_e \dfrac{v_e^2}{R_s}$，其中 M_s 为太阳质量，得

$$v_e = \sqrt{\dfrac{GM_s}{R_s}} = 29.79 \text{km/s}$$

要使航天器脱离太阳引力的作用，其机械能至少为 $\dfrac{1}{2}mv'^2_3 - G\dfrac{M_s m}{R_s} = 0$，即 $v'_3 = \sqrt{\dfrac{2GM_e}{R_s}} = 42.12 \text{km/s}$。如 v' 与 v_e 同方向，则航天器相对于太阳的速度最大，即 $v' = v'_3 - v_e = 12.33 \text{km/s}$，代入式(1-4)可得第三宇宙速度

$$v_3 = \sqrt{v' + \dfrac{2GM_e}{R_e}} = 16.6 \text{km/s}$$

这样，地球上一个发射速度超过 v_3 的航天器就能够先摆脱地球引力场，再摆脱太阳引力场的束缚，飞入茫茫宇宙之中。

2. 多级火箭

从以上的分析可知，欲将航天器送上天，至少要获得 7.9km/s 的速度，若要到达其他行星或是其他星系，则需要更大的速度。那么一个单级火箭是否能够达到第一宇宙速度呢？由式(1-2)可知，要火箭获得大的速度，就必须增大燃料气体的喷射速度 u 和增大质量比 M/M'。燃料气体的喷射速度受到诸多因素的影响。如果用偏二甲肼 $[(CH_3)_2 NNH_2]$ 加四氧化二氮 (N_2O_4) 作为燃料(也叫推进剂)，燃烧后气体的喷射速度 u 接近 2km/s；如果用如液氢加液氧做推进剂，其喷射速度可达 4km/s。同时，由于火箭还要运载卫星、飞船等，也使得质量比 M/M' 有所限制，大约在 10~20 之间。在这样的条件下，可以对一级火箭所能达到的末速度做一估计。

设 $u \approx 4 \text{km/s}$，$M/M' \approx 15$，则由式(1-2)得 $v_1 \approx 4\ln 15 = 10.8 \text{km/s}$。这并不是火箭真正能达到的速度，因为必须考虑地球引力和空气阻力等的影响，所以最终的单级火箭的速度一般只能达到 7km/s 左右，小于第一宇宙速度 7.9km/s，是无法将航天器送上天的。

因此，用于航天的火箭通常为多级火箭，是用多个单级火箭经串联、并联或串并联(捆绑式)组合而成的一个飞行整体。例如一个串联的三级火箭，它的工作过程是，当一级火箭点火发动后，整个火箭起飞，等到该级燃料燃烧完后，将自动脱落，以便增大火箭的质量比。同时第二级火箭自动点火继续加速，直到燃料耗完也自行脱落，下一级再开始工作，直到最后达到所需的速度。可以计算一个三级火箭最终能达到的速度为

$$v_f = u_1 \ln N_1 + u_2 \ln N_2 + u_3 \ln N_3 \tag{1-5}$$

N 为质量比，等于起始时刻的质量 M 与 t 时刻的质量 M' 的比值。

如美国发射"阿波罗"登月飞船的运载火箭——"土星 5 号"，它的总质量为 2800 吨，高约 85 米，三级的喷气速度分别为 $u_1 = 2.9 \text{km/s}$，$u_2 = 4.0 \text{km/s}$，$u_3 = 4.0 \text{km/s}$；三级的质量比分别为 $N_1 = 16$，$N_2 = 14$，$N_3 = 12$，代入式(1-5)得到 $v_f = 2.9\ln 16 + 4\ln 14 + 4\ln 12 \approx 28.5 \text{km/s}$。当然考虑地球引力和空气阻力等的影响，火箭可达到的最终速度要比此值小，但已经大于第

二宇宙速度，足够完成登月的任务了。

1.2 人造卫星技术中的物理学原理

1. 人造卫星的运动轨道及运行轨道方程

人造卫星的运动轨道可分成发射轨道、运行轨道和返回轨道。从运载火箭第一级点火到卫星入轨，是卫星的发射轨道，一般由主动段和自由飞行段组成；从卫星入轨至结束轨道，或至返回卫星的制动火箭点火期间卫星的飞行轨迹是卫星的运行轨道；从制动火箭点火至卫星再入舱回收容器降落到地面，是卫星的返回轨道（返回卫星与载人飞船才有返回轨道）（图1-1）。

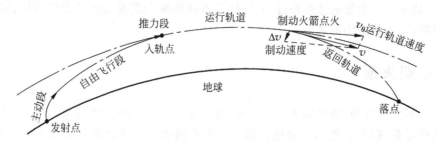

图1-1 卫星的发射轨道、运行轨道和返回轨道

人造地球卫星等航天器主要是在运行轨道上完成航天飞行任务的，故确定其运行轨道方程是一个十分重要的问题。在轨道运行段飞行的人造卫星，绝大部分时间是在地球引力这个有心力作用下，作无动力惯性飞行。

设质量为 m 的人造卫星（质点）作平面运动，因卫星是在地球引力这个有心力作用下运动，故它对地心的角动量守恒。角动量为①

$$L = mrv_\theta = mr^2 \frac{d\theta}{dt} = L_0 \tag{1-6}$$

式中的 v_θ 为卫星速度的横向分量，是垂直于矢径方向上的分量，它取决于入轨的初始条件。

在以地心为原点的极坐标系中，将 $v^2 = v_r^2 + v_\theta^2 = \left(\dfrac{dr}{dt}\right)^2 + \left(r\dfrac{d\theta}{dt}\right)^2$ 代入式(1-3)，可得

$$E = \frac{1}{2}m\left[\left(\frac{dr}{dt}\right)^2 + \left(r\frac{d\theta}{dt}\right)^2\right] - G\frac{M_e m}{r} = E_0 \tag{1-7}$$

其中 E_0 为入轨点的卫星的总机械能，它也是由入轨时卫星的初始状态确定的。

在式(1-6)、式(1-7)中，消去时间 t，就能得到 r 与 θ 的关系，经过计算，可以得到

$$r = \frac{p}{1 + e\cos\theta} \tag{1-8}$$

其中 $p = \dfrac{L_0^2}{GM_e m^2}$ 为曲线的焦点参数，$e = \sqrt{1 + \dfrac{2E_0 L_0^2}{G^2 M_e^2 m^3}}$ 为偏心率。式(1-8)就是用极坐标表

---

① 注：参阅卢德馨《大学物理学》.北京：高等教育出版社，1998

示的卫星轨道方程。它是一个以地心为一个焦点的圆锥曲线的一般方程。

由偏心率的计算公式可知：

若$E_0>0$，则$e>1$，轨道为双曲线；

若$E_0=0$，则$e=1$，轨道为抛物线；

若$E_0<0$，则$e<1$，轨道一般为椭圆(当$e=0$时，轨道为圆形，见图1-2)。

当$\theta=0$时，即$\cos\theta=1$，此时$r=\dfrac{p}{1+e}$为最小值，说明卫星离地心的距离最近，称近地点。反之，若$\theta=180°$，$\cos\theta=-1$，此时$r=\dfrac{p}{1-e}$为最大值，卫星离地心的距离最远，称远地点。通常人造卫星沿着椭圆轨道运动，与行星绕太阳的运动完全相似，由于角动量守恒，它在椭圆轨道上运动具有以下特点：在远地点其速度最小，从远地点到近地点的运动过程中，其速度不断地增大，达到近地点时，速度最大，而其矢径扫过的面积速率却保持不变。

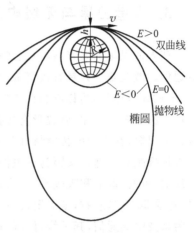

图1-2 卫星轨道类型示意图

根据轨道方程中r、p、e、θ等之间的关系，就可以对卫星的运行轨道进行控制。例如，改变p可引起轨道形状的变化，改变偏心率e可引起轨道性质(如圆、椭圆、抛物线、双曲线轨道)的变化。在任一位置r处，改变r、v之间的夹角，可以使卫星从一个轨道转移到另一个轨道。当然，实际情况中，保证卫星在正常的轨道上完成预期的飞行任务，是依靠地面控制系统实现的。

2. 人造卫星的轨道要素及轨道设计

人造卫星运行轨道平面的方位在空间保持不变，轨道方程是圆锥曲线。但实际中，如何确定轨道平面的位置与方位，又如何度量轨道在空间的大小、形状、方位及人造卫星所处的瞬时位置呢？通常是根据轨道要素来确定。轨道要素由下列6个参数组成。它们是：①轨道倾角即轨道平面与地球赤道面的交角，用i表示，$i=90°$时成为极地轨道。②升交点赤径：升交线与地心-春分点连线的夹角Ω(图1-3)。③升近角距：升交线与近地点径矢的夹角ω。④轨道的半长轴a。⑤偏心率e。⑥转过近地点的时间t。

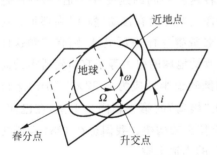

图1-3 卫星轨道平面位置与方位示意图

若掌握有关卫星的上述6个轨道参数，就可以根据开普勒定律计算出卫星在任何时刻所在的位置。

当卫星在运行时，因地球同时在自转，卫星将飞经各地上空，所经各地点的路径称为星下点轨迹，于是可根据相对运动列出卫星飞经各地的时间表。

人造地球卫星根据其不同用途可分为侦察、导航、通信、气象、资料勘测等各种类型。气象卫星为增大其观测区域，常采用大轨道倾角；为研究地球周围的太空环境，常采用远近地点相差很大的扁椭圆轨道;一般作为导航、测距和勘查的卫星,总采用近圆形轨道;而通信卫星常采用同步轨道。人造卫星的轨道倾角、椭圆偏心率则由卫星在入轨点的地理纬度、高度和入轨速度的大小和方向共同决定。例如入轨点在赤道上空,则轨道倾角完全沿入轨速度的方向。

3. 人造卫星与无线电通信技术

在人造卫星的大家族里,成熟最早、应用最广的要算是通信卫星了。它可以用来进行微波通信。微波是一种具有极高频率(通常为 300MHz～300GHz),波长很短(通常为 1m～1mm)的无线电波,可以在自由空间(又称为理想介质空间,即相当于真空状态的理想空间)传播。虽与短波相比,微波具有传播较稳定,受外界干扰小等优点,但是因微波的频率极高,波长又很短,在空中的传播特性与光波相近,只能像光线一样沿直线传播,而地面是弯曲的,所以传播距离不远。又因为在电波的传播过程中,会受到地形、地物及气候状况的影响而引起反射、折射、散射和吸收现象,会产生信号传播衰落和失真。所以过去用微波传送电视信号,每隔 50 千米左右,就需要设置中继站,将电波放大转发延伸通信距离。这种通信方式,称为微波中继通信,其干线可以经过几十次中继,才能保证通信质量。例如,从北京到拉萨,有 2600 多千米,如果依靠微波中继站传送电视信号,沿途需要建立 50 多个微波中继站。因此,为了把电视信号传送到遥远的边疆、山区和海岛,就必须建立像蜘蛛网似的密布全国的中继线路,需要投入很大的人力和物力。如果遇到大海,海面上是无法建立微波中继站的,电视信号也就无法漂洋过海。自 1957 年,苏联成功地发射了世界上第一颗人造地球卫星,才使通信卫星由设想进入试验阶段。利用人造地球卫星作为中继站进行微波通信,就可以直接跨过群山、海洋进行远距离通信。但早期卫星都是在离地面不高的地方以相对较大的速度运行,难以利用它们进行全球通信。

早在 1945 年,英国科学家克拉克就曾在一篇科幻小说中描述到:将卫星发射到赤道上空 3.58×10^4 km 高的轨道上,并且让它按照和地球自转速度相同的速度在轨道上运行,这样,它就总是悬在地球上空的某一个地方,看上去就好像它始终没有移动"静止"在那里。这种卫星就叫地球同步卫星。如果在赤道上空每隔 120°各放置这样一颗卫星,则有三颗这样的卫星,就能实现全球范围的 24 小时通信。同步卫星所受地球的引力等于它运转所需的向心力,再由地球自转的角速度,不难计算出同步卫星的圆轨道半径应为 4.22×10^4 km,运行速率为 3.07×10^3 km/s。1963 年美国成功发射了名叫"晨鸟"的第一颗同步卫星,在巴西、尼日利亚和美国之间进行了电话和电视转播,实现了克拉克的构想。我国也在 1984 年成功地发射了首枚地球同步卫星,这颗卫星定点在东经 125°的赤道上空。

4. 同步卫星的姿态稳定性

同步卫星的飞行姿态能否保持稳定,对于卫星通信的质量是非常重要的。图 1-4 为卫星姿态稳定性的示意图,卫星 A 和天线 B 质量为 m_0,质心为 C。沿 OC 方向在卫星上安装两根长度同为 l 的刚性轻杆,杆端各有一质量为 $m_1=m_2=m$ 的质点,整个系统的质心仍位

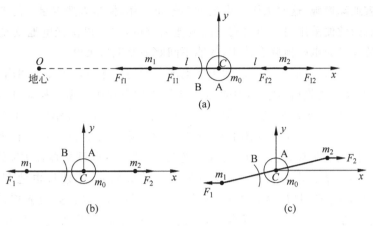

图 1-4 卫星姿态稳定性

于 C 点。由于系统在地球引力下运动,故系统的加速度 $\boldsymbol{a}_C = -\dfrac{GM_e}{r_C^2}\boldsymbol{i}$。令 x 轴沿 OC 方向建立坐标系 $Cxyz$(图 1-4),因在较小的时空范围内,可略去 OC 的转动,所以 $Cxyz$ 系是平动的非惯性系,在其中各质点受惯性力的作用。把卫星视为质点,m_0 位于质心 C,则其所受到的引力 $-\dfrac{GM_e m_0}{r_C^2}\boldsymbol{i}$ 与惯性力 $-m_0\boldsymbol{a}_C$ 相抵消。由于 m_1 距地心较近,$r_1 < r_C$,故所受引力 $\boldsymbol{F}_{f1} = -\dfrac{GM_e m_1}{r_1^2}\boldsymbol{i}$ 的大小大于惯性力 $\boldsymbol{F}_{I1} = -m_1\boldsymbol{a}_C$ 的大小,所以 m_1 所受合力 $\boldsymbol{F}_1$ 指向地心。同样因 m_2 距地心较远,$r_2 > r_C$,m_2 所受引力 $\boldsymbol{F}_{f2} = -\dfrac{GM_e m_2}{r_2^2}\boldsymbol{i}$ 的大小小于惯性力 $\boldsymbol{F}_{I2} = -m_2\boldsymbol{a}_C$ 的大小,m_2 所受合力 $\boldsymbol{F}_2$ 指向背离地心的方向。在 $Cxyz$ 系中系统受力见图 1-4(a),由于 $\boldsymbol{F}_1$、$\boldsymbol{F}_2$ 的作用使卫星天线 B 朝向地心方向,处于一个稳定的姿态,如图 1-4(b) 所示。如果同步卫星受到扰动而略偏离其正确姿态,如图 1-4(c) 所示,则 $\boldsymbol{F}_1$、$\boldsymbol{F}_2$ 对 z 轴(垂直纸面向外方向)形成一个使系统沿图中顺时针方向转动的力矩,从而使系统返回正确姿态。$\boldsymbol{F}_1$、$\boldsymbol{F}_2$ 是由于引力场的不均匀性产生的,被称为潮汐力或引潮力。虽然在同步卫星的问题中 $\boldsymbol{F}_1$、$\boldsymbol{F}_2$ 的量值很微小,但如果卫星受到异常扰动,能使卫星的姿态保持稳定。$\boldsymbol{F}_1$、$\boldsymbol{F}_2$ 之所以被称为潮汐力,是因为海洋的潮汐现象是由同样性质的力所引起的。

5. 人造卫星的电源

人造卫星发射无线电信号使用的电源是电池,如果电池过于笨重,会增加卫星发射的困难。目前使用在人造卫星上的电池有两种,化学能电池和太阳能电池。化学能电池的供电时间有一定的期限,当电池能量消耗完,人造卫星也就不再发送信号了。有的卫星是采用两种电池联合使用的方法,在人造卫星外表面上或专门的电池板上,密集地排列着一组光电池,它是由一种半导体所制成,能将太阳光能直接转换成电能,这样多个组件组成的电池组发电功率较大。

太阳能是取之不尽、用之不竭的,但是由于人造卫星绕地球运行,有时会进入地球的阴影之内,阳光被地球遮蔽,这时太阳能电池就会停止工作,但是人造卫星上的电台、仪器绝不能因此而断电,因此便采用另一组可充电的电池来供电,它可以由光电池反复进行充电,这样,太阳能电池和可充电电池联合使用,就能不间断地给卫星供电。

硅系太阳能电池是发展最成熟的太阳能电池。它的工作原理主要是利用了半导体的光电效应。当电池晶片受光后,PN结中的N型半导体的空穴往P型区移动,P型区中的电子往N型区移动,从而形成从N型区到P型区的电流。这样,在PN结中产生电势差,形成了电源,如图1-5(a)所示。由于半导体不是电的良导体,电子在通过PN结半导体中流动时,电阻非常大,损耗也就非常大。因此,为减少消耗,一般用金属网格覆盖PN结(图1-5(b))梳状电极。另外,硅表面非常光亮,会反射掉大量的太阳光,不能被电池利用。为此,在硅表面上涂一层增透膜,将反射损失减小到5%,甚至更小,以提高对光能的利用率。一个电池所能提供的电流和电压毕竟有限,人们就将很多电池并联或串联起来,制成所需要的电池组。

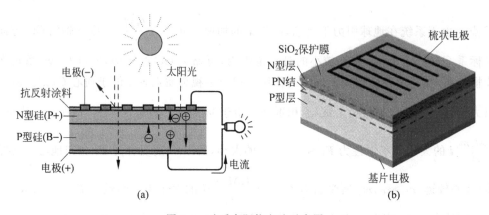

图 1-5 硅系太阳能电池示意图

由于硅系太阳能电池成本居高不下,远不能满足大规模推广应用的要求。为此,人们一直不断在工艺、新材料、电池薄膜化等方面进行探索,新近发展起来的纳米 TiO_2 晶体太阳能电池受到国内外科学家的重视。纳米晶体 TiO_2 太阳能电池的优点在于它廉价的成本和简单的工艺及稳定的性能。其光电效率稳定在 10% 以上,制作成本仅为硅太阳能电池的 1/5~1/10,寿命能达到 20 年以上。

1.3 载人航天技术与物理学

载人航天是指人类驾驶和乘坐载人航天器在太空中往返飞行的活动。载人航天的目的在于突破地球大气的屏障和克服地球引力,把人类的活动范围从陆地、海洋和大气层扩展到太空。它可以帮助人们更广泛和深入地认识地球及其周围的环境,更好地认知整个宇宙。同时,人们可以充分利用太空和载人航天器的特殊环境从事各种实验和研究活动,开发太空资源。

1. 载人航天器的种类及其构造

根据飞行和工作方式的不同，载人航天器可分为载人飞船、航天飞机和空间站三类。

(1) 载人飞船

载人飞船独立往返于地面和空间站之间，如同人类沟通太空的渡船，它能够与空间站或者是与其他航天器对接后进行联合飞行。但是，飞船容积小，所载消耗性物资有限，不具备再补给的能力，所以它的太空运行时间有限，仅能够使用一次。1961 年苏联发射了第一艘载人飞船东方号，后来又发射了上升号和联盟号飞船。美国也相继发射了水星号、双子座号、阿波罗号等载人飞船，其中阿波罗号是登月载人飞船。我国也于 2003 年 10 月起相继发射了神舟 5 号、6 号和 7 号载人飞船。

载人飞船一般由乘员返回舱、轨道舱、服务舱、对接舱和应急救生装置等部分组成，登月飞船还具有登月舱。返回舱是载人飞船的核心舱段，也是整个飞船的控制中心。返回舱不仅和其他舱段一样要承受起飞、上升和轨道运行阶段的各种应力和环境条件，而且还要经受再入大气层和返回地面阶段的减速过载和气动加热。轨道舱是宇航员在轨道上的工作场所，里面装有各种实验仪器和设备。服务舱通常安装推进系统、电源和气源等设备，对飞船起服务保障作用。对接舱是用来与太空站或其他航天器对接的舱段。为了保证人员能进入太空和安全返回地面，载人飞船还具有以下主要分系统：结构系统、姿态控制系统、轨道控制系统、无线电测控系统、电源系统、返回着陆系统、生命保障系统、仪表照明系统和应急救生系统。

(2) 航天飞机

航天飞机是可以重复使用的、往返于地球表面和近地轨道之间运送人员和货物的飞行器。它在轨道上运行时，可以完成多种任务。航天飞机通常设计成火箭推进的飞机式样，返回地面时能像滑翔机或飞机那样下滑和着陆。美国的哥伦比亚号航天飞机于 1981 年 4 月 12 日首次进行轨道试飞成功。美国的航天飞机又称空间运输系统，它由轨道器、两枚固体助推火箭和外储箱组成（见图 1-6）。轨道器的外形像一架飞机，共装有 3 台液氢液氧火箭发动机，每台推力为 1.754×10^6 N；固体火箭助推器在升空初期提供 1.17×10^7 N 推力；外置燃料箱储存主发动机所需的燃料，可容纳燃料 7.19×10^5 kg，箱内分隔成两部分：前储箱容纳液体氧，后储箱容纳液体氢，采用涡轮泵式输送系统。它在使用后被抛弃，最后在大气中烧毁。目前天地往返载人航天器有两个基本的类型：美国的航天飞机是一类，俄罗斯的联盟号飞船是另一类。当前航天飞机的主要任务是承担建造国际空间站的运输。

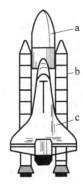

图 1-6 航天飞机的组成
a：固体火箭助推器——两侧长柱体；b：外置燃料箱——中间长柱体；c：轨道器——类似飞机形状

(3) 空间站

空间站是人类在太空的一个基地。它可以是小型的空间实验室，也可以是具有加工生产、对天地观测及星际飞行转运等综合功能的大型空间轨道基地。在空间站上可以对卫星进行修复，也可利用轨道转移飞行器在空间站和其他航天器往返运送物资或航天员，甚至可以在空间站上组装并发射航天器。与载人飞船、航天飞机相比,空间站容积大、载人多、寿命长,可综合利用。空间站从总体方案方面可分为 3 个主要类型,即单模块空间站、多模块组合空间站和一体化综合轨道基地。单模块空间站是指由火箭一次发射入轨即可运行的空间站。如苏联于 1971 年 4 月发射的世界上第一个空间站"礼炮"1 号、美国于 1973 年 5 月发射的"天空实验室"等。俄罗斯的"和平号"空间站是多模块组合空间站的典型例子。以美国、俄罗斯为首,包括加拿大、日本、巴西和欧空局共 16 个国家参与研制的国际空间站就是一体化综合轨道基地。它包括基础桁架、居住舱及服务舱、功能舱、实验舱、节点舱等基础设施。空间站重量为 4.7×10^5 kg,长 88m,太阳能电池板幅长 110m,供电能力超过 50kW,寿命为 30 年,乘员 6 人,于 2005 年建成投入运行。

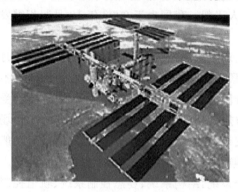

图 1-7　国际空间站的总体布局图

国际空间站总体设计采用桁架挂舱式结构,即以桁架为基本结构,增压舱和其他各种服务设施挂靠在桁架上,形成桁架挂舱式空间站。其总体布局如图 1-7 所示。大体上看,国际空间站可视为由两大部分立体交叉组合而成:一部分是以俄罗斯的多功能舱为基础,通过对接舱段及节点舱,与俄罗斯服务舱、实验舱、生命保障舱、美国实验舱、日本实验舱、欧空局的"哥伦布"轨道设施等对接,形成空间站的核心部分;另一部分是在美国的桁架结构上,装有加拿大的遥控操作机械臂服务系统和空间站舱外设备,在桁架的两端安装四对大型太阳能电池帆板。这两大部分垂直交叉构成"龙骨架",不仅加强了空间站的刚度,而且有利于各分系统和科学实验设备、仪器工作性能的正常发挥,有利于宇航员出舱装配与维修等。

国际空间站的各种部件由各合作国家分别研制,其中美国和俄罗斯提供的部件最多,其次是欧空局、日本、加拿大和意大利。这些部件中核心的部件包括多功能舱、服务舱、实验舱和遥控操作机械臂等。俄罗斯研制的多功能舱(FGB)具有推进、导航、通信、发电、防热、居住、贮存燃料和对接等多种功能,在国际空间站的初期装配过程中提供电力、轨道高度控制及计算机指令;在国际空间站运行期间,可提供轨道机动能力和贮存推进剂。俄罗斯服务舱作为国际空间站组装期间的控制中心,用于整个国际空间站的姿态控制和再推进。它带有卫生间、睡袋、冰箱等生保设施,可容纳 3 名宇航员居住。它还带有一对太阳能电池板,可向俄罗斯的部件提供电源。实验舱是国际空间站进行科学研究的主要场所,包括美国的实验舱和离心机舱、俄罗斯的研究舱、欧空局的"哥伦布"轨道设施和日本实验舱。舱内的实验设备和仪器大部分都是放在国际标准机柜内,以便于维护和更换。加拿大研制的遥控操作机械臂长 17.6m,能搬动重量为 2.0×10^4 kg 左右,尺寸为 $18.3m\times4.6m$ 的有效载荷,可用于空间站的装配与维修、轨道器的对接与分离、有效载荷操作以及协助出舱活动等,在国际空间站的装配和维护中将发挥关键作用。国际空间站作为科学研究和开发太空资源的手段,为人类架起了一座长期在太空轨道上进行对地观测和天文观测的新桥梁。

2. 登月技术中的物理学

月球是距离地球最近的一个天体。月球环境具有引力小、真空、无菌、磁场小、温差大、昼夜交替周期长、在地球视线内等特点。月球地质条件特殊,具备地球原材料资源。整个月球犹如一个巨大的稳定平台,适合开展科学研究和天文观测。以上特殊的环境和条件,使得建造月球基地变得很有吸引力。月球基地有可能成为人类在地球外星体上建立的第一个活动场所。1969 年,也就是在人类第一次发射人造地球卫星之后仅 12 年和人类第一次飞往宇宙空间之后仅 8 年,美国的"阿波罗—11 号"飞船首次成功地把 2 名航天员送上了月球表面。首次飞向月球并登上月球的人是美国宇航员,先后登上月球的共有 12 名宇航员,其中最先登上月球的是 N. 阿姆斯特朗和 E. 奥尔德林。

阿波罗号登月飞船由座舱(也叫指挥舱)、服务舱和登月舱组成,其中圆锥形座舱是航天员在轨飞行中生活和工作的地方,也是控制中心及唯一回收的部件,并有供航天员进入登月舱的舱门和观察用的舷窗;服务舱为圆柱形,装有主发动机、姿态控制系统、环境控制系统和电源等,能提供 3 名航天员 14 天的生活保障;登月舱由上升级和下降级两部分组成,用于把 2 名航天员从月球轨道下降到月面,完成任务后再把他们送回月球轨道上运行的座舱。登月式飞船与卫星式飞船最大的不同就是增设了登月舱。其座舱还分前舱、航天员舱和后舱三部分,前舱放置着陆部件、回收设备、姿控发动机等;航天员舱为密封舱,存有供航天员生活 14 天的必需品和救生设备;后舱装有各种仪器、储箱、计算机和无线电系统等。

目前有三种途径可以实现登月(见图 1-8)。第一种是直接登月。从地球上发射一个载人登月航天器,摆脱地球引力到达月球引力作用范围之后,经制动软着陆于月球表面。以后将欲返回的部分,再从月球上起飞,摆脱月球引力返回地球。第二种是地球轨道会合登月。飞往月球的航天器和运送它到月球的运载器,分两次或多次发送到绕地球的轨道上。之后在地球轨道上交会,并对接成为一个登月的整体。这个整体在轨道上起动,摆脱地球引力到达月球,经制动软着陆,以后,再采用与第一种相同的方法返回地球。第三种是月球轨道会合登月。登月航天器由绕月球的部分(轨道舱)和在月球上着陆的部分(登月舱)组成由运载火箭送到月球轨道。在月球轨道上,航天器的这两部分分开。部分宇航员乘着

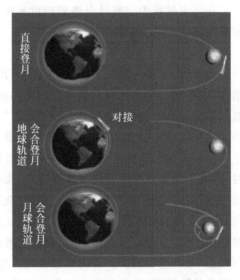

图 1-8 登月的三种途径示意图

陆部分经制动在月球表面上软着陆登月,另一部分宇航员留在绕月球的另一航天器在月球轨道上等待。当登月宇航员完成任务后,乘着陆部分航天器回到月球轨道,在轨道与绕月球部分交会对接,再脱离月球轨道,载航天员返回地球。美国 1969 年首次载人登月就是采用月球轨道会合的方式。

停泊轨道中转的登月方法。登月飞行器首先进入一个绕地心运动的圆停泊轨道 T_0,然

后从停泊轨道上的某点第二次点火,进入地月转移轨道 T_1,采取停泊轨道中转比直接从地面发射登月有以下优点:(1)在停泊轨道上可最后测试飞行器的各项性能,如控制、通信等,以减小飞行的风险;(2)当为进入地月转移轨道而加速时,可充分利用停泊轨道的轨道速度;(3)停泊轨道的轨道倾角可由地面发射站预先指定,而其轨道升交点经度与入轨参数密切相关。登月飞行的整个过程如图1-9、图1-10所示。当然,有关登月飞行轨道设计、着陆技术等问题是十分复杂的,这里就不详细介绍了。

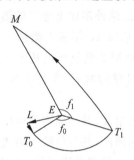
图 1-9　登月飞行平面图

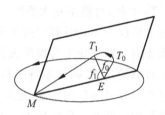
图 1-10　登月飞行立体示意图

T_1:地月转移轨道入轨点;E:地心;M:月亮;f_0:滑行角距;f_1:飞行角距;L:发射场;T_0:停泊轨道入轨点

3. 宇宙航行中宇航员的超重与失重

在宇宙航行中宇航员会遇到超重和失重的问题,出现了在地面上未曾有过的现象,这些现象与物理中的力学理论密切相关。

(1) 超重

当火箭、宇宙飞船或航天飞机在上升段和返回大气层的过程中,由于加速度很大,使其结构、设备和人员所受到的惯性力和重力的合力常常大于重力,使人和设备好像变重了。在航天学中常称这为"过载",也称为"超重"。通常用重力加速度 g 的倍数来表示过载的大小。卫星和载人宇宙飞船在发射时的过载可达10几个 g,航天飞机的过载则较小,只有 $3g$ 左右。以人相对地面正坐为准,从头部到盆骨方向的过载定为正,反之为负。人在正超重时,血液受惯性力作用而向下半身流动,头部血压下降,当加速度达到一定数值时,视觉变模糊,进而周边视觉消失,视野缩小,发生"灰视";加速度若进一步增大时,中心视觉也随之消失,两眼发黑,称为"黑视"。数值较大的正超重,可因脑组织缺氧而导致丧失意识。如人相对地面正坐,飞船返回大气层时,负加速度使人产生负超重,这时血液从下身向头部流动,头部充血,则出现"红视"。负超重也会使人昏迷。迄今,对超重所产生的这些有害生理反应尚无有效的防护措施,目前办法是尽量降低飞船或航天飞机上升或下降时加速度的数值,以及使人身体姿势与加速度方向之间处于最有利的角度。

(2) 失重

飞船在太空作自由飞行的过程中,宇航员还会长时期处于失重的条件下。所谓失重,是指在飞行的航天器或航天飞机这一参考系中,惯性力与地球引力相抵消,使物体受到的合力几乎等于零,或者说物体的"视重"为零。失重是宇航员所遇到的完全不同于地面的新环境。与之相伴而来的是一些奇特而有趣的生理效应、物理现象和化学变化。

在失重条件下，宇航员最明显的生理效应是他们的脸部变得浮肿，出现充血、恶心、鼓胀甚至产生幻觉。因为人类亿万年来都是在地球上繁衍生存的，地球的引力使人体的血液拉向脚的部位。而在失重条件下，血液的分布发生了变化。它倾向于向人体的上部转移。所以宇航员初上太空时，经常被"头痛"所困扰，并且发觉自己的小腿圈缩小了，但身体却长高了约1英寸。这是因为在失重条件下，人体的脊柱骨不再被压缩，骨骼呈松弛状，人就"长高"了。不过，这不是永久效应，一旦宇航员返回地面，他的身材又会缩回到原来的高度。

在失重的环境下，人体的心血管系统的功能发生了衰退。因为它不需要用力泵浦血液，血液可很容易地从腿部向上流到大脑。处在失重下的人的感觉不存在一个最佳方向，没有办法区分出上下来，若宇航员不看窗外，他就无法确定自己是面向地球还是背朝地球。因为决定人体平衡和确定方向的灵敏部位是内耳里的前庭器官，在地球上，它对引力是敏感的，当人倾斜时，前庭器官里像头发丝细的结构将弯曲，并送出信号到大脑。但在失重时，这些敏感部位不能再发挥作用，因此也就不能对倾斜与竖直加以区别。所以，宇航员在睡眠时，无所谓横、竖、倒、顺，他们把睡袋固定在舱壁的挂钩上或甲板上，只是为了防止睡袋到处漂浮而已。长时间的失重会引起宇航员的骨骼矿物质如钙等的丢失，骨质大量脱钙后会变得很疏松，轻微的活动和用力就会造成骨折。

失重状况提供了一个独一无二的实验条件，在这新的实验条件下可以进行物理、化学诸方面的实验。在太空中，宇航员可以把2000kg的卫星毫不费力地举起，或像抱一个玩具那样紧紧地抱住它，或轻而易举地把它推出航天飞机的闸室，布置到轨道上去。正是由于失重，使我们有可能在太空建造任意尺寸和形状的建筑物，而不必试验建筑材料的承压力，也无须试验所配置的设备载荷。在失重、无对流的条件下，可以提炼质地均匀的单晶硅，这在地面上是无法做到的；在地面上不易混合的铅锡金属，在失重条件下可以冶炼出分布均匀的铅锡合金，在太空中冶炼出的锗-金化合物具有超导性能，而铅-锌-锑合金具有更高的熔化速度和超导转变温度等。

4. 飞行器的返回与返回时的热现象

航天飞机的轨道器、载人飞船完成轨道飞行任务之后，要求安全地返回地球表面。这些返回地面的飞行器叫返回式飞行器，简称飞行器。飞行器的发射过程是加速过程，即是在运载火箭的推动下，由静止到运动，由低速到高速，最后达到运行轨道。飞行器的返回是加速过程的逆过程，即要使高速飞行的飞行器减速，最后安全地降落地面。

飞行器自运行轨道返回地面，大致要经历如下阶段（图1-11）：(1)离轨段。飞行器在制动火箭作用下，脱离运行轨道，转入一条能进入大气的过渡轨道，这一段也称为"制动飞行段"；(2)大气层外自由下降段。制动火箭熄火后，飞行器在重力作用下沿过渡轨道自由下降，在100km左右高度进入稠密大气层（AB段）；(3)再入大气层段。这一段也叫做"大气层内飞行段"（B点以下）；(4)着陆段。当飞行器下降到15km的高度时，速度一般已降

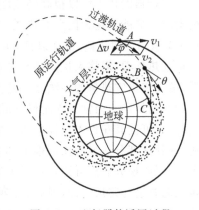

图1-11 飞行器的返回过程

至音速以下，然后打开速降伞，使其进一步减速，它的着陆位置一般有陆地、水上和空中。这一段又称为"回收段"。

为了飞行器转入过渡轨道，首先将它调整到制动火箭工作所需要的姿态。假定飞行器在轨道上 A 点速度为 v_1。制动火箭的推力沿着与当地水平成角 φ 的方向作用很短的一段时间，使飞行器在角 φ 的方向获得速度增量 Δv，从而飞行器就以 v_1 和 Δv 的合成速度 v_2 飞行，进入过渡轨道。这条过渡轨道必须进入大气层，否则将沿着这条轨道绕地球飞行。飞行器离开运行轨道后，在地球引力作用下，沿椭圆形过渡轨道飞行，在 100km 左右的高度进入稠密大气层。飞行器在开始进入大气层时的加速方向与当地水平的夹角 θ 叫做"再入角"。再入角的大小直接影响到飞行器在大气层里所受的气动力载荷、气动加热和航程。如果再入角太小，飞行器可能只在大气层的边缘擦过，而不能进入大气层。再入角太大，作用在其上的空气阻力会很大，因而制动过载值可能超过允许值，或者气动加热过于严重。所以再入角只能限制在一定的范围内。

载人飞行器所允许的最大制动过载值不得超过宇航员身体所能耐受的程度：在正常情况下，不得超过 10 倍的重力加速度值，因此要使载人飞行器很平稳地进入大气层，再入角在 $2°$ 左右。这时，从制动火箭点火到着陆的航程在 4000km 以上。再入角的上下限各对应一条过渡轨道，它们又各对应一个假想的近地点高度，即假定地球没有大气，飞行器沿椭圆轨道飞过地球时的近地点高度。这两个假想的近地点高度之差称为"再入走廊"。飞行器只有进入"再入走廊"，才能安全返回。再入角 θ 的大小主要由制动角 φ 和制动火箭的总冲量而定。在设计返回轨道时，要选择合适的制动火箭总冲量和最佳制动角，使再入制动过载不超过允许值，且返回航程最短、落点散布范围尽可能小。

当飞行器以高速度重返大气层时，由于空气猛烈受压，飞行器速度骤减，大部分动能转化为热能，这些热能的绝大部分通过激波消散到大气层中，尽管这样，传给飞行器的热量，仍然相当可观，使其温度剧增。在飞行器的前端、航天飞机机翼的前缘等处温度达到最高。

大气为双原子气体，当温度超过 1000K 时，分子便分解为原子；当温度达到 3000K 时，原子开始离解成正离子和电子（等离子体）；当温度达到 6000K 时，大气成分几乎全部离解成等离子体。这样，飞行器再入大气层时，等离子体如同刀鞘一样将飞行器包围住，这被称为等离子鞘现象。等离子鞘现象的产生使无线电波无法通过，造成飞行器与地面之间无线电通信信号暂时中断（几分钟至几十分钟），这一段被称为黑障区。

飞行器的再入舱以很高的速度进入大气层，在空气动力的作用下急剧减速，同时其巨大的动能和势能转化为巨大的热能：一个 500kg 的再入舱开始再入时的动能为 1.43×10^{10} J，即使转化 3% 的热量，也足以将 500kg 的钢从 0℃ 加热到熔化。要使再入舱在再入时不至于会被加热焚毁，需将大量的热与再入舱隔离，尽量减少再入舱的热量。对于弹道式再入飞行器，减少传给它热量的办法之一是精心选择再入舱的几何外形，特别是受热最严重的前端部位的几何外形。通常再入舱设计成球形、钟形、球块与截锥的组合体等。合理地选择再入舱的外形，可使其在再入过程中所产生热量的 98% 都扩散掉，只有 1%~2% 传送给再入舱结构，尽管这部分热量的比例很小，但对于再入舱来说还是相当严重的。尤其在前段受热最严重的部位，最大热流可达几百千焦耳每平方米每秒，总热量可达几万焦耳每平方米。所以对再入舱要进行防热设计，因此，防热结构在再入舱中占有相当大的比重。根据飞行器不同部位在再入过程中受热程度不同，选择合适的防热方法，对保证其安全返回和减轻结构质量是很重要的。

常用的防热方法有三种。

(1) 热沉法。热沉指利用非消融性防热材料的大热容量,提供对再入舱内部结构和设备的保护。热沉式防热结构的蒙皮比较厚,采取比热高、导热性能好、熔点高的金属材料,如铂、铜等。这样,蒙皮具有相当大的热容量,能容纳气动力传给结构的热量:单位面积蒙皮所能容纳的最大热量 $Q=\rho C_P(T_m-T_0)d$,式中 ρ 为材料密度;C_P 为材料在使用温度范围内的平均比热,T_m 为材料熔点;T_0 为蒙皮初始温度;d 为蒙皮厚度。

(2) 辐射法。辐射式防热结构的蒙皮采用很薄的耐热合金,如镍、铌、钼等合金。由斯特藩-玻耳兹曼定律知,从蒙皮表面向外辐射的热流 q 与蒙皮表面温度 T 的 4 次方成正比,即 $q=\varepsilon\sigma T^4$。式中 $\sigma=5.6\times10^{-8}$ W/K$^4\cdot$m^2 为常数;ε 为蒙皮表面的辐射系数。在气动加热的热流作用下,蒙皮温度不断上升,而从蒙皮表面向外辐射的热量随着蒙皮温度的 4 次方增加。当蒙皮温度升高到一定的"平衡温度"时,由气流传给蒙皮的热流与由蒙皮表面向外辐射的热流相等,蒙皮温度就不再上升了。根据目前耐高温金属材料的性能,辐射法适用于最大热流不超过 417kJ/m$^2\cdot$s 的情况。随着航天飞机的发展,研制出了能多次重复使用的防热结构系统,其外蒙皮和中间隔热层合二为一,采用隔热性能强、密度低、能重复使用的非金属材料,其中有碳-碳复合材料(耐温 1600℃)和各种陶瓷防热瓦片(最高工作温度 1200℃)。

(3) 烧蚀法。当固态材料,一般是高分子材料,在强烈加热条件下,表面部分材料开始熔化、蒸发、升华或分解气化。在这些过程中,将吸收一定的热量,这种现象叫"烧蚀"。烧蚀法是有意设计让结构表面的部分材料烧掉,带走大量热量,从而保全主要结构的方法。烧蚀材料的种类很多,较常用的是碳化烧蚀材料,如酚醛玻璃钢、尼龙酚醛增强塑料等。碳化烧蚀材料为多孔结构,在热流作用下,结构表面温度上升到一定的分解温度时,玻璃钢内的聚合物,如酚醛树脂开始解聚、分解为气体和残存的固态碳,同时吸收大量的热。随着加热的继续,分解区向里扩张,分解出的气体逐渐逸出结构表面,扩散到气流中去,并在分解区的外面形成了一个碳化层。多孔的结构,是良好的隔热层,排出的气体使边界层加厚,在结构表面形成一层气膜,在一定程度上阻止了热流流向结构。另外,炽热的外表面能向外辐射部分热量。

1.4 中国航天技术发展回顾

早在 1956 年,即苏联第一颗人造地球卫星飞上太空的前一年,中国就组建了一个研究院,其任务是攻克远程导弹技术难关。从仿制苏式导弹开始,这个研究院逐步走上了独立自主研制的道路。1960 年 11 月,中国制造的第一枚导弹"1059"发射成功。1970 年 4 月,我国成功发射第一颗人造地球卫星"东方红 1 号"。1975 年 11 月,我国成功发射第一颗返回式卫星。1980 年 5 月,我国第一次成功发射远程运载火箭。1981 年 9 月,我国第一次用一枚火箭发射了三颗卫星。1987 年 8 月,第一次提供卫星对外搭载服务。

1992 年,中国决定发展载人航天技术。1999 年,实验飞船"神舟 1 号"发射成功。发射的目的是想通过实际飞行,验证新研制的"长征 2 号 F"火箭的性能和可靠性,同时验证了飞船的各项系统和技术。飞船在轨运行一天之后,成功返回,各项性能完全符合设计要求。

"神舟 2 号"飞船是我国第一艘按载人飞行要求配置的飞船。这艘飞船的技术状态与载人飞船基本一致,增加了最具有载人特色的环境控制、生命保障和应急救生两个分系统。利用船舱内的有效空间,在它的三个舱段里放有 10 种 64 件试验装置,在太空中进行了材料科学、生命科学、空间天文、环境检测等多学科的前沿性的科学实验和应用研究,这是中国首次开展的大规模的空间实验活动。2001 年 1 月,"神舟 2 号"飞船飞奔太空。

"神舟 3 号"更加完善了逃逸救生系统,以确保火箭升空阶段发生故障时宇航员的生命安全。运载火箭、飞船和测控发射系统也得到了进一步的验证。飞船上装有一个与真人差不多、体重 70 千克的形体假人,在它身上装了人体代谢模拟装置、信号设备等。定量模拟了宇航员在太空呼吸、心跳、血压、耗氧等的重要生理活动参数。2002 年 3 月,"神舟 3 号"遨游苍穹。飞船回收后,科学家对测量仪器所测量的数据进行了计算,发现仪器在太空环境里工作正常,飞船舱内受到的太空辐射剂量很小,对宇航员的身体基本没有影响。

"神舟 4 号"飞船是在无人状态下最全面的一次飞行试验。测控和通信,飞船和火箭,发射场,主着陆场和备用着陆场,宇航员,陆地和海上应急救生等系统,全部参加了载人前的"预演"。在原来仿真"船长"的基础上又增加了两个模拟"宇航员",共同承担模拟在太空生活的多种重要生理参数的重任。同时飞船上还安装了自动和手动两套应急救生装置,无论是在太空航行中或是在返回时发生意外,船上的救生系统都会启动。2002 年 12 月,"神舟 4 号"飞船再传捷报,顺利发射和回收。

"神舟"的每一次起程,都有新的收获,四次升空的出巡为最终的载人飞行做好了充分的准备。2003 年 10 月 15 日,"神舟 5 号"载人飞船在酒泉卫星发射中心顺利发射成功,中国用自己的飞船将中国的航天员杨利伟送上了太空。飞船绕地球 14 圈以后,安全着陆,航天员自主走出返回舱,状态良好。"神舟 5 号"的主要任务是考察航天员在太空环境中的适应性,首次增加了故障自动检测系统和逃逸系统。其中设定了几百种故障模式,一旦发生危险立即自动报警。即使在飞船升空一段时间之后,也能通过逃逸火箭而脱离险境。2003 年 10 月 15 日,这一天,成为了永载史册的日子,从此中华民族的飞天梦想得以实现。

"神舟 6 号"飞船于 2005 年 12 月 9 日载着费俊龙、聂海胜两名航天员从酒泉航天中心发射升空之后,绕地飞行 77 圈,于 17 日 4 时 33 分顺利着陆。"神舟 6 号"的征空之旅是继两年前中国首位航天员杨利伟乘坐"神舟 5 号"升空之后的第二次载人太空飞行,也是中国首次两人多天飞行。它在"神舟 5 号"的基础上继续攻克多项载人航天的基本技术,第一次进行了真正有人参与的空间科学实验。

"神舟 7 号"飞船于 2008 年 9 月 25 日 21 点,载着翟志刚(指令长)、刘伯明和景海鹏三名宇航员从酒泉航天中心发射升空之后,至 2008 年 9 月 28 日 17 点 37 分"神舟 7 号"飞船成功着陆,顺利地实施了中国航天员首次空间出舱活动及卫星伴飞、卫星数据中继等空间科学和技术试验的主要任务。"神舟 7 号"成就了中国迈向太空的第一步,令中国成为第三个有能力把航天员送上太空并进行太空行走的国家,标志着我国更加全面深入地掌握了载人航天核心技术,表明中国完全有能力独立自主地攻克尖端技术,在世界高科技领域占有一席之地。

中国航天员进入太空,充分体现了中华民族自强不息的精神,充分证明了中国人民有志气、有能力屹立于世界民族之林,极大地激发了全国各族人民的自豪感和凝聚力,进一步坚定了全国人民把我国建设成为现代化强国的信心和决心!

思 考 题

1. 试导出火箭的推力公式,并说明其物理意义。
2. 为什么要采用多级火箭发送航天器?多级火箭的速度与哪些因素有关?
3. 写出卫星的轨道方程,并讨论其轨道形状与轨道参数的关系。
4. 你所知道的航天器有哪几种?各具有哪些优点?
5. 简述航天飞机的运行轨道。
6. 采用停泊轨道中转的登月方法有哪些优点?
7. 试述我国"神舟号"飞船的发展历程。

参 考 文 献

1. 倪光炯等. 改变世界的物理学. 上海:复旦大学出版社,1999
2. 吴锡珑. 大学物理教程. 北京:高等教育出版社,1999
3. 石磊. 放飞神舟. 北京:机械工业出版社,2004
4. 褚桂柏. 航天技术概论. 北京:中国宇航出版社,2002
5. 梁绍荣. 基础物理学. 北京:高等教育出版社,2002
6. 肖业伦. 浅谈航天飞机. 科技术语研究,2003,1:36-38
7. 李大耀. 论航天火星探测. 航天返回与遥感,2003,3:59-62
8. 丁百祥译编. 阿波罗登月飞行. 飞碟探索,1998,3:2-4
9. 竺苗龙. 关于航天力学中的一些理论问题(Ⅱ). 青岛大学学报,2000,2:49-52

专题二

超导技术

某些物质在一定温度下呈现出零电阻和完全抗磁性等性质,这些物质称为超导体。超导体具有特殊的电、热、磁等性质,因而具有很多潜在的应用价值。自1911年发现超导现象以来,许多科学家在超导物理现象、理论、材料及技术应用等方面作了大量工作,取得了可喜的成绩。本专题主要介绍超导的基本性质、低温超导理论、高温超导材料及超导技术的应用。

2.1 超导的主要特性

超导的两个主要特征是零电阻特性和完全抗磁性,另外还有与这个特性有关的临界磁场、临界电流和临界温度等特性。

1. 零电阻特性

1911年,荷兰莱登大学卡末林·昂内斯(H. K. Onnes)教授首次发现汞金属在4.15K温度时电阻急剧下降为零,这一伟大的发现揭开了超导物理研究的序幕。图2-1就是他当时的实验结果,当汞温度降到某一值时,汞的电阻消失,电流稳定流动而不衰减。这种低温下电阻消失的现象称为零电阻特性。后来发现这种性质不只是汞特有的,许多其他金属(如:锡在3.8K时)也会出现零电阻现象。这种电阻为零的性质(注意,这里讨论的零电阻特性是指在直流电情况下,对交流电来说,存在交流电阻)称为超导电性,具有超导电性的物体称为超导体,超导体所处的物态称为超导态,电阻突然消失时的温度叫做超导转变温度或临界温度 T_c。

超导的零电阻特性可通过实验来验证。柯林斯(J. Collinss)曾将一个铅环放在磁场中且环平面与磁场垂直,通过降温的方法使环进入超导态,如图2-2所示,然后突然撤去磁场,由于电磁感应,超导环内会出现感应电流。环内的电流衰减越慢,此环的电阻就越小;若电流不发生变化,表明电阻为零。柯林斯使上述铅环中的超导电流持续了两年半的时间,且并没有发现明显的衰减。注意千万别将持续电流和永动机混为一谈,超导永动机是不可能存在的!

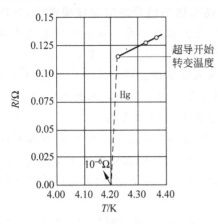

图 2-1 汞样品电阻-温度关系

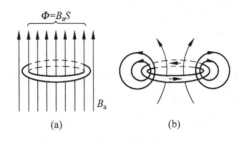

图 2-2 超导电流

2. 完全抗磁性——迈斯纳效应

在材料的电阻为零时,可设想把超导体作为一种电导率 σ 为无限大的理想导体。根据电磁学理论

$$\oint E \cdot dl = -\frac{\partial \Phi}{\partial t} \tag{2-1}$$

$$E = 0 \tag{2-2}$$

解得磁通 Φ = 常数,即材料中的磁通应被"冻结",其最终状态由"历史"(超导出现以前的初始磁状态)决定。但是,超导实验显示,当材料进入超导状态后,材料中的磁场(或磁通)完全被排出体外,与材料的磁历史无关(如图 2-3 所示)。这种磁场被完全排出的现象称为完全抗磁性。从这里我们可以看出超导体和理想导体之间的异同:共同之处是都具有零电阻,不同之处是理想导体内可以有磁力线,而超导体则将其中的一切磁力线完全排斥在外。1933 年德国物理学家迈斯纳(W. Meissner)和奥克森费尔德(R. Ochsenfeld)最先注意到了超导体的磁性质与理想导体之间的这一区别,所以我们把超导态的这种完全抗磁性称为迈斯纳效应,它是独立于零电阻效应的又一超导特性,如图 2-3 所示。

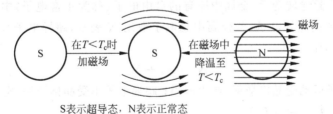

S表示超导态,N表示正常态

图 2-3 迈斯纳效应

注意,超导体处于超导态时内部的磁场为零,并不是说磁场在超导体的几何表面突然降到零,它是通过表面薄层逐渐减弱的,也就是磁力线能够进入超导体的表面薄层,进入的深度与超导体自身性质有关。

图 2-4 磁悬浮实验

迈斯纳效应可以通过实验来演示。如图 2-4 所示,把一个小型的永久磁体放在尚未达到超导态的超导圆盘上,当圆盘温度降到 T_c 以下时,磁铁会被悬浮在一定的高度上而不触及超导圆盘,这就是磁悬浮实验。为什么磁铁能悬浮在一定的高度呢?那是因为永久磁铁的磁力线被完全排斥在超导圆盘外,在磁铁和圆盘之间存在斥力。磁铁越远离超导圆盘,斥力越小,当斥力减弱到等于磁铁的重力时,就悬浮不动了。同理,可用一通有持续电流的超导环将一个中空超导球悬浮起来,根据这一原理可制成超导重力仪,如果重力发生微小变化,球就要偏离平衡位置,这样,就可以在其他相关技术的协助下精确地检测出重力的变化。另外,利用磁悬浮技术还可制造无摩擦轴承、超导罗盘及磁悬浮列车等。

综上所述,考察材料是否进入超导状态,一般是以这两个性质来判断的。然而材料出现超导的条件除了温度 T_c 之外还须考虑磁场和电流的影响。材料所处的磁场过强,以及通过的电流过大,都将破坏材料的超导性,而使其进入正常态。能够保持超导性的最大磁场和电流称临界磁场和临界电流。临界磁场 H_c 和温度 T 之间有以下关系

$$H_c(T) = H_0(0)[1 - (T/T_c)^2], \quad T < T_c$$

$H_c(0)$ 是 $T = 0\text{K}$ 时的超导体的临界磁场。

2.2 金属低温超导理论

如何解释超导材料在低温下具有零电阻特性及完全抗磁性?下面将介绍能成功解释低温超导现象的理论。关于 2.3 节介绍的高温超导现象,到目前为止还没有成熟的理论解释。

1. 唯象理论

该理论建立在 1934 年戈特(Gorter)和卡西米(Casimir)提出的二流体模型上,模型包含下面三个要点:

(1) 金属发生超导转变后,金属中原有的自由电子(称为正常电子)中有一部分"凝聚"成为性质非常不同的超导电子,若金属中总电子数用 N 表示,超导电子数用 N_s 表示,正常电子数用 N_n 表示,则

$$N = N_s + N_n \tag{2-3}$$

(2) 正常电子运动受晶格散射,产生电阻;超导电子不受晶格作用,电阻为零。

(3) 超导电子数与温度有关

$$N_s = N\left[1 - \left(\frac{T}{T_c}\right)^4\right] \tag{2-4}$$

从上式可见,当 $T = 0\text{K}$ 时,$N_s = N$,电子全部"凝聚"为超导电子;当 $T = T_c$ 时,$N_s = 0$,即 $T \geqslant T_c$ 时无超导状态出现。

二流体模型的重要依据之一是:当金属从正常态转变为超导态时,金属电子比热出现

跳跃式的增大,如图 2-5 所示,图中横坐标为温度,纵坐标 C_e 为电子比热,C_{es} 为超导态电子比热,C_{en} 为正常态电子比热。金属的电子比热与晶格点阵和电子有关,而金属由正常态进入超导态时,晶体结构没有变化,所以可推测此时超导体的自由电子发生了某种本质变化。

1935 年伦敦兄弟(F. London 和 H. London)在二流体模型的基础上,通过对电动力学方程的修正,建立了两个很重要的方程——伦敦第一方程和伦敦第二方程,利用这两个方程及其他相关的电磁理论可以解释超导的零电阻特性和迈斯纳效应。

伦敦第一方程:

$$\frac{\partial \boldsymbol{j}_s}{\partial t} = \frac{n_s e^2}{m} \boldsymbol{E} \quad (2\text{-}5)$$

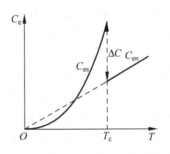

图 2-5 超导电子比热——温度关系

$\boldsymbol{j}_s$ 为超导电流密度,n_s 为超导电子体密度,m 为电子质量,e 为电子电荷。

当 $\frac{\partial \boldsymbol{j}_s}{\partial t} = 0$ 时(直流),超导体内 $\boldsymbol{E} = 0$;我们知道,正常电流密度 $\boldsymbol{j}_n = \sigma \boldsymbol{E}$,所以 $\boldsymbol{j}_n = 0$,无焦耳热,所以表现为超导体的零电阻现象。

由伦敦第一方程及电场 $\boldsymbol{E}$ 和磁场 $\boldsymbol{B}$ 的关系得伦敦第二方程式

$$\nabla \times \left(\frac{m}{n_s e^2} \boldsymbol{j}_s\right) = -\boldsymbol{B} \quad (2\text{-}6)$$

在直流情况下 $\boldsymbol{j}_n = 0$,所以有超导电流的麦克斯韦方程

$$\mu_0 \boldsymbol{j}_s = \nabla \times \boldsymbol{B} \quad (2\text{-}7)$$

式中 μ_0 为真空磁导率,代入伦敦第二方程可得

$$\nabla^2 \boldsymbol{B} - \frac{1}{\lambda^2} \boldsymbol{B} = 0 \quad (2\text{-}8)$$

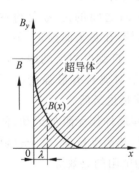

图 2-6 超导体表层的磁感应强度分布

其中 $\lambda^2 = m/n_s e^2 \mu_0$,此方程解要求 $\boldsymbol{B}$ 在超导体内部快速衰减为零。以一维问题为例,如图 2-6 所示,假设超导体占据 $x \geq 0$ 的半空间,$x < 0$ 区域为真空,磁场沿 y 方向,由式(2-8)可解得

$$B_y(x) = B_0 e^{-x/\lambda} \quad (2\text{-}9)$$

式中 B_0 是 $x = 0$ 处真空中的磁感应强度。此式表明磁场以指数衰减形式透入超导体的表面薄层,在 $x \geq \lambda$ 的区域内磁感应强度逐渐趋于零,我们把 λ 定义为透入深度。这就是实验反映出的迈斯纳效应的实际情况的理论分析。

唯象理论虽能解释一些超导现象,但它仅仅是认识超导电性的第一步,要本质上认识超导电性,还得借助于量子理论。

2. BCS 理论

为了说明超导电子的起因及其本质,1957 年巴丁(Bardeen)、库柏(Cooper)和施里弗(Schrieffer)三人在实验和电-声相互作用理论基础上提出了超导微观理论,这就是著名的 BCS 理论,他们为此获得了 1972 年的诺贝尔物理学奖。由于此理论牵涉许多数理计算,以

及高等量子统计理论,在此只就其物理思想阐述如下。

(1) 同位素效应

1950 年麦克斯韦(Maxwell)和雷诺兹(Reynolds)分别独立发现同位素效应:超导体的临界温度 T_c 与同位素的质量有关,即对于同一种元素,同位素质量越低,其临界温度就越高。同位素效应可用公式表示

$$M^{\alpha}T_c = 常数$$

式中 M 是组成晶格点阵的离子的平均质量,它的大小可通过改变不同同位素的混合比例而改变,α 是由元素自身确定的一个正数,例如对于汞,$\alpha \approx 0.5$。

金属由晶格点阵与共有化电子组成,那么电子与电子之间、晶格离子与晶格离子之间、电子与晶格离子之间都存在相互作用。同位素效应说明:组成晶格点阵的离子质量不同,会造成晶格振动性质的不同,也就是说,在共有化电子向超导电子有序转变的过程中,晶格点阵的运动情形可能有很重要的影响,所以我们必须重点考虑电子与晶格离子之间的相互作用。

(2) 电-声相互作用和库柏对

众所周知,金属中的共有化电子是处于正离子组成的晶格环境中的,则带负电的电子会吸引正离子使之偏离平衡位置,在电子周围组成正电荷聚集的区域,而它又会吸引附近的另一个电子。晶格点阵中晶格振动传播形成的波称为格波,根据量子理论,晶格格波的能量是量子化的,其能量可看作一种准粒子,称为声子。上述两个电子之间的间接吸引力可以看作是两个电子之间交换声子的过程(如图 2-7 所示)。

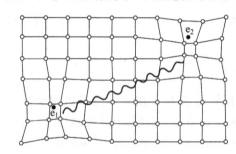

图 2-7 两个电子之间的吸引力

库柏证明:如果两个电子交换声子而产生的吸引力超过电子之间的库仑斥力,那么这两个电子就能形成一个束缚态,组成电子对偶——库柏对。库柏对是一个很松弛的体系,两个电子间的净吸引力不需要很强,它们之间的距离大约在 10^{-4} cm。考虑到电子的自旋,在费米面附近,最佳的配对方式是动量相反同时自旋也相反的两个电子组成库柏对,这时的电子对偶具有最强的吸引作用,同时该电子对偶的能量也最低。

温度足够低时,超导体内有大量的库柏对,它们可以像理想流体那样作无阻尼运动,使能量以有序的形式转移,形成超导电流;温度较高时,声子不足以与热运动抗衡,电子也就不可能成对,有序的格波能量就会转化为无序的热运动能量,表现为电阻的热效应。

(3) 超导能隙

在超导体中超导能隙指的是超导态和正常态之间的能量间隙。

由量子力学理论可知,金属中电子的能量是量子化的,即存在一系列能级,按泡利不相容原理,每一个能级最多只能容纳两个自旋相反的电子,所以,金属中的自由电子从最低的能级依次占据不同的能级,能量最高的电子所处的能级称为费米能级,用 E_f 表示。在 $T=0$ K 时,E_f 以下的能级全部被电子填满,E_f 以上的能级完全空着,这就是正常金属的基态。当金属处于超导态时,在费米面附近的电子两两成对,而内部电子状态不变,这种现象叫库柏凝聚现象,库柏对凝聚在低于费米面的同一能级上。当从超导态向正常态转变时,首先要拆

散库柏对电子而变成两个正常态电子,拆散一库柏对电子而使之变为处于费米面上所需要的两个电子的能量为 2Δ,人们称这一低于费米面的能量间隔 Δ 为超导能隙。

(4) BCS 理论

BCS 理论的物理思想可以简述如下:金属处于正常态时,其内部的自由电子都处在连续能级的各个状态,不会形成库柏对;金属处于超导态时,费米面附近的电子两两成对结合成库柏对。由量子力学的观点可知,在没有电流的基态,超导金属中库柏对中两个电子的动量完全相反。有电流时,所有电子对都有共同的动量,其方向与电流方向相反,因而能传送电荷,形成超导电流,库柏对在晶格中作无阻力运动,这是因为库柏对受到晶格散射时两个电子发生相反的动量变化,所以不产生电阻,这就解释了零电阻效应。

2.3 高温超导

所谓高温超导体是相对传统超导体而言的,传统超导体必须在液氦温度(4.2K)下工作,而铜氧化合物等超导体可以在液氮温度(77K)下工作,通常称为高温超导体。

BCS 理论中很重要的一点是低温下的电子弱作用"凝聚"。因此,这个理论成功地解释了低温下的诸多超导现象,但也使人们进入一个误区,那就是认为超导材料只能是金属或合金,而且超导临界温度不能超过 30K,严重地限制了超导技术的应用。直到 1986 年这种情况才有改变!IBM 苏黎世实验室的缪勒(Muller)和柏诺兹(Bednorz)发现 $T_c \geqslant 30K$ 的 La—Ba—Cu—O 金属氧化物超导体,他们为此获得了 1987 年的诺贝尔物理学奖。随后,越来越多的高温超导材料相继被发现,从而迎来了高温超导研究的热潮。

表 2-1 列出了超导材料临界温度 T_c 不断提高的历史。中国在这方面的主要成绩有:1986 年 12 月和 1987 年 1 月初,中国科学院物理所赵忠贤等宣布,Sr—La—Cu—O 系统的 $T_c=48.6K$,Ba—La—Cu—O 系统的 $T_c=46.6K$,1987 年 2 月 24 日他们又宣布已制成 T_c 高于 100K 的超导材料 $Ba_x Y_{5-x} Cu_5 O_{5(3-y)}$;1987 年 5 月 29 日北京大学物理系制备出零电阻温度为 84K 的超导薄膜等。虽然高温超导的研究取得了突破性的进展,但迄今还没有完善的理论解释,本节主要介绍高温超导材料的结构、特性及其制备。

表 2-1 超导临界温度 T_c 提高的历史

材　料	T_c/K	时间/年	材　料	T_c/K	时间/年
Hg	4.1	1911	$Nb_3 Ge$	23.2	1973
Pb	7.2	1913	LaBaCuO	35	1986
Nb	9.2	1930	$YBaCu_3 O_7$	92	1987
NbN	14	1940	$Bi_2 Sr_2 Ca_2 Cu_3 O_{10}$	110	1988
$N_3 Si$	16	1950	$Tl_2 Ba_2 Ca_2 Cu_3 O_{10}$	125	1988
$Nb_3 Sn$	18.1	1954	$HgBa_2 Ca_2 Cu_3 O_8$	134	1993

1. 高温超导材料的结构

从表 2-1 可以看出,高温超导材料都是多组元的化合物,其晶体结构本身很复杂。然而晶体结构是研究高温氧化物超导体的物理性质及其超导机理的基础,所以有很多科学家正致力于晶体结构的研究。虽然已发现的几十种高温超导材料的结构细节互不相同,但它们之间都有共同之处,可概括为:

(1) 它们同属于畸变的层状钙钛矿结构,电子结构具有二维性质。所有氧化物超导体的晶格点阵中都存在 Cu—O 层面,如图 2-8 所示,它们的晶格常数可由 Cu—O 之间的键长决定,大约为 0.38nm,其层数和层间距对研究层间的相互作用很有帮助。高温超导材料中的 Cu—O 层平面被认为是产生超导电性的主要原因,有些 Cu—O 层面是导电平面,有些只能起到载流子库和绝缘层的作用。这些彼此被隔开的层状导电平面使得高温超导体具有二维性质,比如,沿 Cu—O 平面内,导电率极高且具有金属性,而垂直于 Cu—O 平面的方向上,导电率却低得多。整个晶体可看作是很多二维的导电平面叠合在一起。

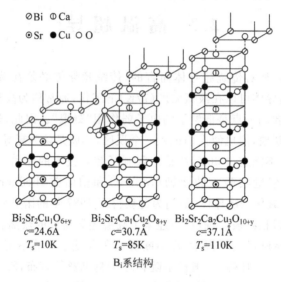

图 2-8　Cu—O 氧化物结构

(2) 氧的含量和分布对氧化物超导体的晶体结构扭曲和物理性质有很重要的影响。Cu—O 平面的数目越多,超导临界温度 T_c 越高。因此,有人企图从氧含量上去探寻高温超导机制。当然,目前为止也没有明确的结论,毕竟高温超导的不确定因素太多。

2. 高温超导材料的特性

自高温超导问世以来,有很多关于高温超导体的物理特性的文章发表在国际各类杂志上。与低温超导体相比,高温超导体无论是在超导态下还是在正常态下都表现出了自己的一些特性,这些特性主要表现为如下几点。

(1) 电子-电子的强关联性。室温下的低温超导体中的电子可看作"近自由电子体系",电子之间的相互作用很弱;当温度降低到超导临界温度 T_c 时,低温超导体中的电子之间由于净吸引作用可结合成库柏对。高温超导体正常态下的电阻率一般比低温超导体的相应值要高一些,这就提醒人们高温超导体正常态的电子之间有强相互作用(已被实验证实),这种电子-电子的强关联体系可能是高温超导的主要支配原因。

(2) 电阻率的温度线性反常行为。如图 2-9 所示,高温超导体的正常态电阻与温度呈线性关系,而且对于所有的高温超导体而言,电阻随温度改变的曲线在 T_c 以上的部分保持平行,即使在德拜温度[①]以下这种线性关系仍然成立,这一点与正常低温超导的电阻理论不一致。

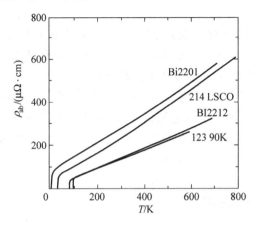

图 2-9　高温超导体的电阻-温度曲线

(3) 霍尔系数的反常温度关系。对于强相互作用体系来说,霍尔系数 R_H 应与温度无关,即 $R_H=1/nq$(n 是载流子的浓度,q 是载流子的电荷),但是实际高温超导体正常态的霍耳系数与温度之间有以下关系

$$\frac{1}{R_H} = a + bT$$

式中 a、b 是由实验测出的常数。

(4) 强的各向异性。低温超导体的超导能隙是各向同性的,而高温超导体的超导能隙是各向异性的,比如在 Cu—O 平面内能隙较大,而在垂直于 Cu—O 平面的方向,能隙较小;单晶测量的结果表明垂直于 CuO_2 平面的电阻率比平行于 CuO_2 平面的电阻率高 2～5 个数量级;实验还指出在不同的方向上,高温超导体的超导相干长度也不一样。超导相干长度是指超导载流子(在低温超导体中指库柏对)在空间的长度和大小。高温超导体的超导相干长度是各向异性的,并且非常短,这就导致了高温超导体具有许多非凡的物理性质。

(5) 高温超导材料的临界磁场 H_c 比较高。

(6) 高温超导材料的正常态的磁导率是不随温度变化的常数。

高温超导体的特性还有很多,在这里不一一列举了,但由于高温超导理论(有别于 BCS 理论的新理论)至今还不完善,很难给予一定的理论解释,不过这不会影响高温超导的制备及其技术应用。下面介绍一颗超导新星——掺杂 C_{60} 的结构和特性,从而对高温超导体有一些具体的认识。

C_{60} 分子是 60 个 C 原子组成的一个空心球,由 12 个五边形和 20 个六边形围绕成 32 面体,形状很像足球(图 2-10),称为巴基球(Buckyball)或足球烯(Footballene)、富勒烯(Fullerence),具有很

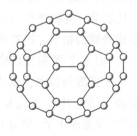

图 2-10　C_{60} 的球状结构

---

① 注:参阅黄昆《固体物理学》.北京:高等教育出版社,1988

多特性。1991年3月,美国电报电话公司贝尔实验室赫巴德(A. F. Hebard)发现在C_{60}中添加钾等碱金属后,原本绝缘的C_{60}固体会呈现超导电性,超导温度$T_c=18K$。C_{60}的超导转变温度对掺杂有明显的灵敏性。如:Rb_3C_{60},$T_c=28K$;$Na_2C_3(NH_3)_4C_{60}$,$T_c=29.6K$;Cs_2RbC_{60},$T_c=33K$。

C_{60}超导体具有弹性强、抗化学腐蚀、表面光滑、临界电流大、临界磁场高等特点,而且C_{60}薄膜易于在衬底上生长。这些特点决定了C_{60}超导体最有可能实用化。同时,有人预言巨型C_{240}、C_{540}等如果合成成功,将能成为室温超导体。

最后值得指出的是,1991年以前,高纯度C_{60}价格惊人。自从发现C_{60}掺杂的超导性后,高纯度C_{60}的需求大增,触发了改进制备方法、降低成本的研究。现已有许多制备方法,如:电弧法、火焰法、激光蒸发等,已能批量生产高纯C_{60},使"巴基球"以较低廉的价格进入市场。这也进一步说明超导掺杂C_{60}最易实用化。

3. 高温超导材料的制备

高温超导材料的制备方法较多,加工手段精细,通常是多种方法混合使用,制备出所需要的高温超导材料,下面按高温超导材料的形状要求,介绍其制备方法。

(1)线状超导材料的制备方法。高温超导体的线材是制备高温超导线圈必不可少的,一种极为流行的制备方法是机械热加工法,其具体操作过程是:先将超导粉料装入银管中,封闭银管的两端,经加工制成线材,然后把线材形成束,一边退火一边拉成细丝,得到更细的线材,其直径可达到1mm或更小,最后将此线材进行挤压并在840℃下加热30~50h,随后加压并在上述相同的温度下进行热处理,这就制成了超导线材。目前国内外已经制成了直径较细(如直径低于0.6mm)和数十米长的线材。

(2)高温超导薄膜的制备方法。高温超导薄膜是高温超导体在超导电子学方面的应用前提,目前制造薄膜的方法有很多,下面以YBCO(YBCO是氧化物超导体$YBa_2Cu_3O_{7-\delta}$的简称)薄膜制备为例介绍几种制造工艺。

(a)脉冲激光沉积法(PLD)

脉冲激光沉积法是将准分子脉冲激光器产生的高功率脉冲激光束聚焦并作用于靶材表面,使靶材表面产生高温熔蚀,进而产生高温高压等离子体,这种等离子体定向局域膨胀发射,形成等离子体羽辉,最终在基片上沉积而形成薄膜。其特点是工艺可重复性好;化学计量比精确;沉积速率高,便于大面积成膜;操作简单,尤其是可避免沉积过程中对基片和已形成薄膜的损害;其基片温度要求不高,而且薄膜成分与靶材保持一致。

(b)磁控溅射法(MS)

磁控溅射技术的基本原理是在真空下电离惰性气体形成等离子体,气体离子在靶上附加偏压的吸引下,轰击靶材,溅射出金属离子沉积到基片上。磁控溅射制备的薄膜密、均匀性好、设备成本低(相对PLD),且对生长薄膜厚度、质量厚度均匀性、结晶状态等控制能力强,可获取高度重复一致性的薄膜品质。

脉冲激光沉积和磁控溅射是目前最普遍、最有效的两种薄膜制备技术,磁控溅射法是适合于大面积沉积的最优生长法之一,而脉冲激光沉积法能简便地使薄膜的化学组成与靶的化学组成达到一致,并且能有效地控制薄膜的厚度。

(c) 金属有机沉积法(MOD)

金属有机沉积法制备超导薄膜的原理是：将金属有机化合物溶解在适当的溶剂中,形成溶胶,再用匀胶法将其沉积在衬底上,经过预热处理,使有机成分分解挥发,再在高温下烧结,最后形成所需的薄膜。相比其他制膜技术,具有薄膜化学成分与结构均匀、容易调控、沉积速率高和有利于大面积成膜和批量生产,实现产业化等。由于 MOD 法制作成本低和生产率高,用三氟乙酸盐-金属有机沉积的方法制备 YBCO 薄膜是目前国际上广为采用的方法。

(d) 金属有机物化学汽相沉积法(MOCVD)

MOCVD 法是采用 Ⅱ、Ⅲ 族元素的有机化合物和 Ⅳ、Ⅴ 族元素的氢化物等作为生长源材料,以热分解反应在衬底上进行汽相外延,生长 Ⅲ-Ⅴ 族、Ⅱ-Ⅳ 族化合物半导体以及它们的多元固溶体的薄层单层。此法无须高真空系统,设备价格低廉,成分易控制并可随意增减添加剂,可制备大面积以至双面膜,满足各种形状及大小的衬底。

(e) 分子束外延(MBE)

分子束外延是把所需要外延的膜料放在喷射炉中,在 10^{-8} Pa 量级的超高真空条件下使其加热蒸发,并将这些膜料组分的原子(或分子)按一定的比例喷射到加热的衬底上外延沉积成膜。其特点是残余气体杂质极少,可保持膜表面清洁；可制备表面缺陷极少、均匀度极高的单晶薄膜；可方便控制组分浓度和杂质浓度；可以用反射式高能电子衍射原位观察薄膜晶体的生长情况。

分子束外延法需超真空条件,且薄膜生长速度慢,不利于制备 YBCO 薄膜。因此,目前大多采用 MBE 法与其他方法相结合来制备 YBCO 薄膜。

(f) 溶胶-凝胶法(sol-gel)

溶胶-凝胶法是指把金属有机或无机化合物通过溶胶-凝胶的转化和热处理的过程,制备氧化物或其他固体化合物的一种工艺方法。这种方法的基本原理是将金属醇盐或其他盐类溶解在醇、醚等有机溶剂中形成均匀的溶液,溶液通过水解和缩聚反应形成溶胶,进一步经溶胶-凝胶反应形成凝胶,再将凝胶热处理,除去剩余的有机物和水分,最终形成所需的薄膜。采用 sol-gel 法生产成本低、纯度高、均匀度好、化学计量可精确控制,可达到分子水平,可低温操作。

(3) 块状超导材料的制备方法。将混合均匀的原料在低于熔点的温度下进行烧结,不同成分的原材料的颗粒在相互接触处发生化学反应,并放出一定的热量,使反应不断地进行下去,最后得到所需的多晶或陶瓷超导体。

2.4 超导电技术的应用

超导材料广阔的应用领域,潜在的经济价值,使超导电性自发现以来一直是很具吸引力的研究课题和探索目标。高 T_c 超导体的发现,使超导技术的商业化应用前景更加辉煌。超导体在电子工业、电力工业、交通运输、能源等方面都有诱人的应用前景。

1. 超导核磁共振断层成像（医用）装置（MRI—CT）

该装置在对软组织诊断方面优于 X 射线的断层扫描装置，其工作原理简述如下。如图 2-11 所示，将人体置于超导强磁场中，人体中水或其他分子的氢核相对于磁场取向排列，输入高频脉冲波，使氢核处于共振状态，脉冲消失后，氢核又重新返回初始状态并释放能量，这一能量被探测器接收并形成图像，连续改变磁场大小就能得到描绘人体组织状态的断面图。比如，癌细胞的氢核释放能量比正常细胞慢，这一差异经计算机处理就可以准确显示癌变部分。

2. 超导量子干涉仪（SQUID）

根据超导电子对的隧道效应，制成约瑟夫森结。所谓约瑟夫森结就是在两块超导体之间夹一层很薄的绝缘体，超导体内的库柏对可通过隧道效应穿越势垒，形成通过绝缘层的电流。利用约瑟夫森结可制成超导量子干涉仪，图 2-12 是超导量子干涉仪的原理示意图，它是由两个完全相同的约瑟夫森结并联而成的一个环路，在与环面垂直的方向上加一个外磁场，当磁场有极其微小的改变时，就可引起环路电流发生变化。此仪器可测量 10^{-11} T 的微弱磁场变化，因此以它为基础可制成超导磁强计。利用超导磁强计的高精度性，可用它进行脑磁场的测量与分析，还可用它监视心脏的活动和功能，也可用其来探测地下和深海海底的矿藏，通过探测磁场及其变化就能确定矿藏的确切位置和种类，为合理开发和利用这些天然资源打下基础。

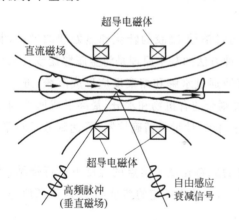

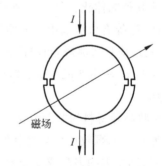

图 2-11　核磁共振断层成像装置示意图　　图 2-12　超导量子干涉仪的原理示意图

利用 SQUID 磁强计可以制成超高灵敏度的电压表和电流表。把磁强计耦合到超导回路上制成电流计，再把此电流计与一个电阻串联起来就组成一个电压表，其精度是其他电压表、电流表无法比拟的。

在军事上，利用 SQUID 磁强计，可以测量极弱的磁场及磁场的微小变化，可以提高测定地雷和水雷的精确度。另外，在水雷上安装 SQUID 磁强计（称为超导磁性水雷）作为追踪器，其命中率将远远高于其他种类的水雷。

在国防上还可以利用 SQUID 磁强计来探测沿海的各种船只，尤其是潜艇的动向。当潜艇靠近海岸时，破坏了地磁分布，这时 SQUID 磁强计就能立即显示出磁场的变化。这种反潜方法的优点是测量精度高并且是被动的，即它能发现潜艇而潜艇却不能发现其存在。

3. 超导计算机

应用超导环内可以感应出持续电流的特性，规定顺时针或逆时针超导环电流为二进制的 1 或 0 状态；利用约瑟夫森结组成门电路，实现各种逻辑和记忆，这是超导计算机的基本出发点。超导计算机最大好处是无散热问题，可以大大提高运行速度。1988 年日本富士通公司制成了世界上第一台约瑟夫森处理机，此机包含 1841 个可变阈值逻辑门，速度比相应半导体微处理机速度快 10 倍，而功耗却只有后者的千分之几。

4. 超导发电机

普通发电机的原理是电磁感应，即运动导体在磁场中切割磁力线，在导体的两端产生电压，将这两端的电压引入外电路就会产生电流。超导发电机的结构如图 2-13 所示，超导激磁线圈被装在一不锈钢杜瓦瓶内，在杜瓦瓶外面还有一层电介质，它不但可起到隔热作用，而且可防止电枢线圈产生的高频电磁场反作用于激磁线圈。与普通发电机比较，超导发电机的优点主要有

(1) 有利于改善系统的稳定性。超导发电机系统的稳定极限增加了近 4 倍。
(2) 发电机的旋转轴的长度只有 10～12 米，减少了一半左右。
(3) 机重只有 160～300 吨，减轻了一半。
(4) 效率很高，增加 40% 以上。
(5) 端电压提高到 26～500kV。

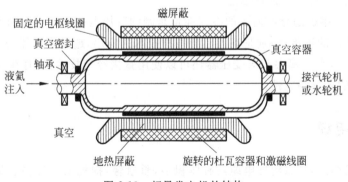

图 2-13 超导发电机的结构

5. 超导变压器

如果用超导材料代替铜作为变压器的绕组，变压器的重量会大大减轻，噪声也变小，更不用担心有火灾发生，即使发生泄漏，液态氮蒸发到空气中也不会污染环境，更重要的是减

少了损耗,而且具有一定的限制故障电流的作用。美国 Waukesha 公司在 1997 年就研制了 1MVA 的超导变压器。图 2-14 为 220kVA 超导变压器构造示意图。

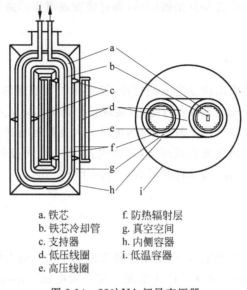

a. 铁芯　　　　　f. 防热辐射层
b. 铁芯冷却管　　g. 真空空间
c. 支持器　　　　h. 内侧容器
d. 低压线圈　　　i. 低温容器
e. 高压线圈

图 2-14　220kVA 超导变压器

与常规变压器相比,超导变压器在以下几方面具有较大的技术与经济优势。

(1) 体积小、重量轻。由于超导线的通电电流密度远大于铜等常规导体,利用超导线材制成的变压器绕组的体积和重量与常规变压器相比,分别只有后者的 30%～70% 和 40%～60%。

(2) 阻燃。在高温超导变压器中,液氮既是冷却剂,又是绝缘的一部分,而且具有良好的绝缘性能。又由于氮气不可燃,加上温度极低,超导变压器具有良好的阻燃特性。这一优点可提高变电站、发电厂的安全性能。

(3) 效率高。维护超导所需要的冷却能量是制约变压器效率的关键因素。由于超导线材技术和冷却技术的进步,特别是高温超导线材技术的应用,超导变压器的效率可比常规变压器高出 11%～15%。高温超导变压器还可以使用直接冷却技术,使其低于 77K 的温区运行,获得更高的超导稳定性。

6. 超导电缆

和常规电缆相比,高温超导电缆具有体积小,重量轻,损耗低和传输容量大的优点。因此采用高温超导电缆,(35kV,3000A) 就可取代目前用量最大的 110kV 截面为 630mm^2 的常规电缆。对于新建设项目,高温超导电缆在较低的电压等级就可传输大容量的电力。降低与电缆相配套的变电站的电压等级,也降低整个输电系统的造价。另外,对于现有地下电缆改造工程,可利用原有的排管和隧道,以高温超导电缆取代常规电缆,既增加了传输容量,又无须改造敷设条件,可大大降低工程费用。因此采用高温超导电缆输送电力是解决城市用电密度高、建设用地紧张的最佳输电方案。

美国是最早发展高温超导电缆技术的国家,1999年底,美国Southwire公司、橡树岭国家试验室、美国能源部和IGC公司联合开发研制的长度为30m、3相、12.5kV/1.26kA冷绝缘高温超导电缆,并于2000年在电网试运行,向高温超导技术实用化迈出了坚实的一步。

日本经济贸易工业省和新能源与工业技术发展组织制定了包括高温超导电缆研究与应用的超级ACE(超导交流输电设备研究开发计划)。2002年,日本住友电气与东京电力公司合作完成了长度为100m、3相、66kV/1kA电缆系统并进行了测试。古河电工与日本电力工业中心研究所等合作完成了单相长度为500m、77kV/1kA超导电缆系统,低温测试结果表明,该系统符合并网运行的要求。

2001年5月,丹麦北欧电缆公司、北欧超导公司和Eltra等电力公司联合开发的2kA、36kV,长度为30m三根室温绝缘(WD)高温超导电缆于2001年并入电网试运行。2002—2005年,日本Sumitomo与美国SuperPower、BOC与美国电网公司所属的Niagora Mohawk变电站联合进行纽约Albany高温超导电缆建设工程。同时,德国、韩国等国家也投入了大量的人力、物力和财力参与了高温超导电缆技术的研发,推动了高温超导电缆技术的发展和实用化进程。在我国,北京云电英纳超导有限公司及中国科学院电工研究所也在高温超导电缆方面进行了相关的研究。

研制较多的超导电缆有两种:圆筒式和多芯式。如图2-15所示,圆筒式超导电缆外层是热绝缘套管,管内有三根管状超导芯线,芯线内外流动冷却液氦或液氮。直径为100μm以下的超导芯线均匀分布在电气绝缘层里,外面是铜套管,这种电缆只能采用外冷式。

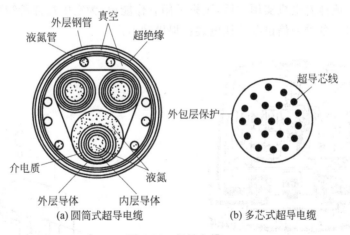

图 2-15 超导电缆

7. 超导磁悬浮列车

磁悬浮列车有常导和超导两种,备受瞩目的上海磁悬浮列车属于前者。1979年日本国铁公司试制成超导磁悬浮实验列车,它创造了504km/h的高速运行记录。我国第一辆载人高温超导磁悬浮列车已由西南大学研制成功。如图2-16所示,磁悬浮列车的铁轨为U字形,在U形铁轨底部铺设有数千个悬浮用铝线圈,在每列车厢两侧底部装有6~8个超导磁体。当列车起动和进站时,列车依靠车轮行驶,随着列车加速,超导线圈通电(约$2.7\times$

$10^4 A/cm^2$)产生强大磁场(约 5T),该磁场在铁轨铝线圈中感应出电流磁场,两个磁场方向相反,彼此排斥,使列车离开铁轨浮起,形成大约 10cm 的空气隙。同时,在 U 形铁轨的侧壁上,每一侧都安装有一排电磁铁,这些磁铁通过交变电流反复转换极性,轮番吸引和推斥列车上的超导磁体,一推一拉地使列车前进。

超导磁悬浮列车的优点是:行进平稳,没有颠簸,噪声小,所需牵引力小。据估计,如果列车可在真空管道中运行,使空气阻力大幅度减少,列车速度可进一步提高到 1600km/h。尽管磁悬浮列车技术有上述的许多优点,但仍然存在一些不足之处:(1)由于磁悬浮系统是以电磁力完成悬浮、导向和驱动功能的,断电后磁悬浮的安全保障措施,尤其是列车停电后的制动问题仍然是需解决的问题。其高速稳定性和可靠性还需很长时间的运行考验。(2)超导磁悬浮技术由于涡流效应悬浮能耗较常导技术更大,冷却系统重,强磁场对人体与环境都有影响。

8. 磁流体发电

磁流体发电机的原理如图 2-17 所示,使高温气体(等离子体)通过两平行的电极之间,两极板之间加上很强的磁场,当正负离子经过这个磁场时,正负离子因受到洛伦兹力作用分别向两极板偏转,从而在两极板之间产生电压。磁流体发电是直接将热能转换为电能的,其关键是强磁场的获得,用超导体产生的强磁场可以使热效率达到 55% 左右。磁流体发电是一种高效发电方式,随着超导技术的不断突破,为大容量、小型化磁流体发电机的研制提供了条件。这类磁流体发电机实用化后,飞机可用它作能源,为空中指挥所和预警飞机的大型雷达、大型计算机、各种通信设备等耗电装备提供动力。

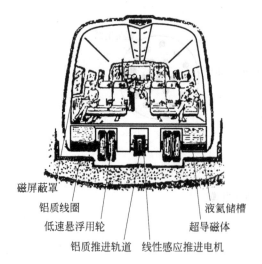

图 2-16 超导磁悬浮列车的模型图

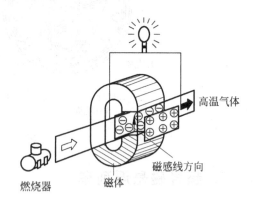

图 2-17 磁流体发电机的原理

超导的应用还有很多,比如超导磁选矿技术、超导磁屏蔽、超导加速器等,这里不一一介绍。

思 考 题

1. 超导电性中,最具特点的电性是什么?
2. 为什么不能说超导只是一种理想的电阻为零的导体?
3. 超导常规材料是元素超导、合金超导和化合物超导三种,高温超导($T_c>30K$)首先是在哪一种材料中被发现的?
4. 低温超导理论中,最基本的理论是什么?
5. 超导状态对磁场及电流有什么限制?
6. 为什么说"超导从发现的第一天起就预示着其极大的应用价值"?
7. 为什么说"超导史也是一段低温史"?历史上第一个实现超导的金属材料是什么?是在什么低温溶液中实现的?
8. 超导磁悬浮是利用什么效应的直接结果?简述磁悬浮列车的工作原理。
9. 为什么说高温超导对 BCS 理论提出了最有力的挑战?

参 考 文 献

1. 严燕来,叶庆好. 大学物理拓展与应用. 北京:高等教育出版社,2002
2. 陈秉乾等. 电磁学专题研究. 北京:高等教育出版社,2001
3. 伍勇等. 超导物理基础. 北京:北京大学出版社,1997
4. 陈泽民. 近代物理与高新技术物理基础. 北京:清华大学出版社,2001
5. 陈艳. 超导技术发展现状. 科技资讯,2006,31:15-16
6. 宗曦华,张喜泽. 超导材料在电力系统中的应用. 电线电缆,2006,5:1-6

专题三

医学成像物理基础

现代医学成像技术包括 X 射线断层成像(X-CT)、核磁共振(MRI)、核医学成像(RNI)及超声成像等,是在 20 世纪 70 年代兴起的一门新技术,是随着计算机和显示技术的迅速发展而形成的一种最新临床诊断手段。由于现代医学影像提供了丰富的组织与器官的形态、功能和细胞的物质与能量代谢的信息,使人们可以全面、深入地认识人体内发生的生理、生化和病理过程。本章主要内容包括 X-CT、MRI 及超声成像等现代医学成像的物理原理及应用。

3.1 X 射线计算机断层成像

X 射线计算机断层扫描,简称 X-CT,是通过 X 射线环绕人体某一层面的扫描并利用探测器测得从各个方向透过该层面后的衰减,将光电信号转换变为电信号,再经模拟/数字转换器转为数字信号,利用图像重建原理获得此层面的二维衰减系数值的分布,再应用电子技术把二维衰减系数值的分布转变为图像画面上的灰度分布。

1. 图像重建的物理基础

(1) X 射线在介质中的衰减

当 X 射线穿透介质时,由于 X 射线与物质的相互作用致其因吸收和散射而被衰减。单能窄束 X 射线透射均匀介质时强度衰减的物理规律为

$$I = I_0 e^{-\mu x} \tag{3-1}$$

I_0 为入射 X 射线的强度,I 为出射 X 射线的强度,μ、x 分别为介质线性衰减系数和 X 射线透过介质的厚度。

式(3-1)两边同取对数并整理可得

$$\mu = \frac{1}{x} \ln \frac{I_0}{I} \tag{3-2}$$

(2) 像素、体素与 CT 值

X-CT 中,图像是以单个图像单元的矩阵形式来重建的,单个图像单元被称为像素。像素是按一定的大小和一定的坐标人为划分的,像素的大小对于图像的质量起重要作用,必须根据满足某种临床需要的原则加以选定。

图像中的每个像素都与受检体内欲成像的层面中的体积单元相对应,即坐标上要一一对应,这一层面的体积单元称为体素。一般体素的大小是长和宽约为 1~2mm,高(即体层的厚度)约为 3~10mm。实际中体素划分是对扫描视野,即受检体所在的接受扫描的空间进行划分。

由于 X-CT 中测得的 X 射线强度是相对值,因此测得的 μ 值也是相对值,在图像重建过程中,并不直接运用衰减系数 μ 来重建图像,而是用与每个体素中被检组织的衰减系数 μ 有关的 CT 值表示(图 3-1)。CT 值是以能量是 73keV 的 X 射线在水中的线性衰减系数 μ_w 作为基准。将被检体的衰减系数 μ 与 μ_w 相比较,其对应的 CT 值由下式给出

$$CT = K\frac{\mu - \mu_w}{\mu_w} \tag{3-3}$$

CT 值的单位为"亨"(H),K 称为分度因数,实际中多取 $K=1000$。

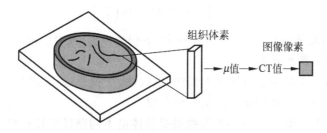

图 3-1 体素衰减系数 μ 值与像素 CT 值的关系

按式(3-3)CT 值的定义,则水的 CT 值为零,空气的 CT 值为 -1000H,致密骨 CT 值为 $+1000$H 左右,其他人体组织的 CT 值介于 -1000H~$+1000$H 之间,金属(如手术钳)CT 值超过 1000H。

2. 图像重建的数学模型

(1) X 射线通过非均匀介质

如果在 X 射线束扫描通过的路径 l 上,介质是不均匀的,我们可将沿路径 l 分布的介质分成若干小块,每一小块为一个体素,厚度为 d,且 d 很小,小到每个体素可视为均匀介质,如图 3-2 所示,μ_1、μ_2、μ_3、…、μ_n 分别为各体素的衰减系数。

X 射线通过第一个体素的衰减为

$$I_1 = I_0 \exp(-\mu_1 d)$$

通过第二个体素的衰减为

$$I_2 = I_1 \exp(-\mu_2 d)$$

据此类推,则通过第 n 个体素时,有

$$I = I_n = I_{n-1} \exp(-\mu_n d)$$

图 3-2 X 射线通过非均匀介质

则有

$$I = I_0 \exp[-(\mu_1 + \mu_2 + \cdots + \mu_n)d] \tag{3-4}$$

或

$$\mu_1 + \mu_2 + \cdots + \mu_n = \frac{1}{d}\ln\frac{I_0}{I_n} \tag{3-5a}$$

上式表示为求和形式,则有

$$d\sum_{i=1}^{n}\mu_i = \ln\frac{I_0}{I_n} = p \tag{3-5b}$$

式(3-4)中的 X 射线出射强度 I 称为投影,投影的数值称为投影值。实际中也把式(3-5b)由 I 确定的 p 称为投影。

上式是测定物质线性衰减系数的基本关系式和基本依据。重建 CT 像的重要环节就是从这一基本关系出发,通过对受检体的扫描,测出足够的投影值,再运用一定的数学算法对投影值进行处理,确定各体素的衰减系数 μ_i 的数值,从而获取衰减系数值的二维分布矩阵。

在 X 射线束扫描通过的路径 l 上,如果介质不均匀,且衰减系数连续变化,即衰减系数是路径 l 的函数,则式(3-5b)可表示为连续变化的求和,即积分形式

$$p = \int_{-\infty}^{+\infty}\mu(l)\mathrm{d}l = \ln\left(\frac{I_0}{I_n}\right) \tag{3-5c}$$

式中衰减系数 $\mu(l)$ 是随路径 l 连续变化的函数,p 仍为投影,或投影函数。

(2) 图像重建的基本方法

图像重建的数学方法主要有联立方程法、迭代法、反投影法、滤波反投影法以及二维傅里叶变换法等。二维傅里叶变换法这里不作介绍。

(a) 联立方程法。按式(3-5b),X 射线对受检体沿不同路径进行扫描,就会得到一系列的投影值,从而获得若干个线性方程。从方程的联立中可求出所有体素的衰减系数 μ_i 的数值,由此得到 μ_i 值的二维分布矩阵,这种图像重建的数学方法称方程法。一般的二维图像,至少也得划分成(160×160=25 600)个体素。若按此方案划分体素,则需有 25 600 个独立方程联立求解才行,故此种运算费时较多,所以实际中并不采用方程法。

(b) 迭代法。用迭代法可以解决上述联立方程法所遇到的困难。迭代法是用逐次近似法来解联立方程。其步骤是:①假定各像素的初始值;②把透射路径的像素值加起来,得计算值;③用计算值与实测值作比较,求出它们的差,从而得到校正值;④将这些校正值对透射路径的像素进行校正;⑤用已经校正的像素值取代初始值,重复①~④各步骤,如此反复进行。当然,校正的次数愈多像素值就愈准确。EMI 公司第一台扫描机用的就是此法,其缺点是计算耗时过长,扫描后 5~10min 才能显像。

(c) 反投影法。当 X 射线束沿平行于 X 轴方向投影,得相应的一组投影值,沿投影的反方向,把所得投影值反投回各体素中去;然后将 X 射线源和探测器绕坐标的原点(一般取层面的几何中心)一起转动一很小的角度 θ,记录该方向上的投影值,再次沿投影的反方向,把所得投影值反投影回各体素中去。继续改变角度 θ,每改变一个角度就记录该方向上的投影值,再沿投影的反方向,把所得投影值反投影回各体素中去,直到记录足够多的投影值符合图像重建的需要为止,最后通过计算机进行一定的运算,求出各体素 μ 值而实现图像的重建。

(d) 滤波反投影法。投影图像重建法的缺点是会出现图像的边缘失锐(即一种伪像)现象。为了消除反投影法产生的图像的边缘失锐,在实际中采用的算法是滤波反投影法,即把

获得的投影函数作滤波处理,得到一个经过修正的投影函数,然后再将此修正后的投影函数作反投影运算,就可以达到消除伪影的目的。滤波反投影法在实现图像重建时,只需作一维的傅里叶变换。由于避免了费时的二维傅里叶变换,滤波反投影法明显地缩短了图像重建的时间。

通过上述图像重建方法得到衰减系数值的二维分布,再按 CT 值的定义把各个体素的衰减系数值转换为对应像素的 CT 值,于是就得到 CT 值的二维分布(即 CT 值矩阵)。此后,再把图像画面上各像素的 CT 值转换为灰度,就得到图像画面上的灰度分布,此灰度分布就是 X-CT 像。

3. X-CT 扫描机

X-CT 扫描装置主要由 X 射线管、扫描床、检测器和扫描架等,如图 3-3 所示。X 射线管和检测器固定在扫描架上组成扫描机构,它们围绕扫描床上的受检体进行同步扫描运动,这种扫描运动形式称为扫描方式。

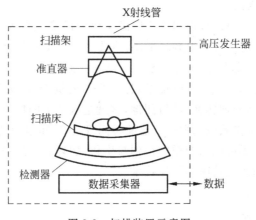

图 3-3 扫描装置示意图

由于使用的 X 射线束的不同和检测器数量的不同,所以采用的同步扫描方式也不同,这里就不详细介绍了。

4. X 射线成像技术的应用及发展趋势

X-CT 从根本上解决了常规摄影、透视及体层摄影中存在的影像重叠问题,特别是螺旋 CT 技术,使数据采集速度大大提高,可达每层 300ms,并提高了密度分辨率和空间分辨率。通过螺旋或多层螺旋 CT 采集的数据进行三维实时成像,把分辨力提到更高层次,实现实时、高速显像。

日本国家高能物理实验室 KazuoHavashi 等从理论分析和实验证实,用 100keV 能量范围内的单色 X 射线,经一定的处理和作用,采用第一代 CT 扫描和图像重建的方法,可获得微米级 X-CT 图像的建立。用此法已获取活鼠头颅的 X-CT 图像,其分辨力可达 $2\sim4\mu m$。采用高分辨率超高速或电子束扫描代替现有 X-CT 机的 X 射线管与检测器的机械扫描,扫描速度可提高近百倍,从而可使心脏大血管获得清晰图像,并有利于三维 CT 血管造影(CTA)。此外还可准确实现脏器的动脉期、静脉期双相增强扫描,用于早期梗死灶的功能性血流灌注检查。

基于 X 射线穿透性成像的关键是 X 射线发生器、探测器和相应的成像软件。如何在减少对患者的辐射量的同时,提取更多更有效的信息,并最有效地处理这些信息?因此,继续降低扫描剂量,提高扫描、重建和图像后处理速度,改善图像质量,特别是螺旋 CT 的图像质量,以及开发新的功能,如 CT 血管造影术和 CT 导向介入技术等是 X 射线成像技术发展的主要趋势。

3.2 核磁共振成像

1946 年美国布格赫和珀赛尔首先发现了核磁共振(NMR)现象,并于 1952 年获诺贝尔物理学奖。2003 年美国保罗·劳特伯尔和英国彼得·曼斯菲尔因为在核磁共振成像技术方面的贡献获得当年的诺贝尔医学奖。

核磁共振成像技术[①](NMRI)是继 CT 后医学成像的又一重大进步。其基本原理是将人体置于特殊的磁场中,用无线电射频(RF)脉冲激发遍于人体内的自旋不为零的某种原子核(例如氢核、磷核等),引起原子核的共振——核磁共振(NMR),并吸收能量,在停止射频脉冲后,该原子核按特定频率发出射电信号,将吸收的能量释放,被体外的检测器检测并接受,输入计算机,经过数据处理转换,获得图像,这就是医学上的核磁共振成像。

磁共振成像是一种多参数(核密度 ρ、弛豫时间 T_1、T_2 和组织流动 $f(v)$)的成像,不仅可以反映形态学的信息,还可以从图像中得到与生化、病理有关的信息。因此被认为是一种研究活体组织、诊断早期病变的医学影像技术。

1. 原子核的磁矩

由原子物理学可知,原子核的自旋角动量 L_I 相应产生的磁矩称自旋核磁矩 μ_I。

$$\mu_I = g_I \frac{e}{2m_p} L_I = g_I \frac{e}{2m_p} \sqrt{I(I+1)} \hbar = g_I \sqrt{I(I+1)} \mu_N \tag{3-6}$$

式中 I 是核自旋量子数,I 只能取整数和半整数,不同的核 I 值不同。式中 $\mu_N = \dfrac{e\hbar}{2m_p}$,称为核磁子,$m_p$ 是原子核质量,e 是原子核电荷,g_I 是原子核的朗德因子,是一个无量纲的量,其值因原子核不同而异。由于原子核的质量比电子的质量大 1836 倍,所以原子核的磁矩比电子磁矩小三个数量级。

具有磁矩的原子核处在外磁场(也称为主磁场)$\boldsymbol{B}_0$ 中,磁场对核磁矩有一个作用,使核的自旋轴与磁场方向成一角度,此时原子核在自身旋转的同时又以 $\boldsymbol{B}_0$ 为轴作进动,如图 3-4(a)

---

① 核磁共振(Nuclear Magnetic Resonance,NMR),是指处于静磁场中的原子核在另一交变磁场作用下发生的物理现象。通常所说的核磁共振指的是利用核磁共振现象取得分子结构、人体内部结构信息的技术,即核磁共振成像技术(Nuclear Magnetic Resonance Imaging,NMRI)又称磁共振成像(Magnetic Resonance Imaging,MRI)。

所示。

根据量子理论,核磁矩在空间的取向是量子化的,核磁矩的在 z 轴分量为

$$\mu_{Iz} = g_I \frac{e}{2m_p} I_{IZ} = \frac{e\hbar}{2m_p} g_I m_I \tag{3-7}$$

即

$$\mu_{Iz} = g_I m_I \mu_N \tag{3-8}$$

自旋核在外磁场沿 z 轴方向的附加能量

$$\Delta E = -\boldsymbol{\mu} \cdot \boldsymbol{B}_0 = -\mu_{Iz} B_0 = -g_I m_I \mu_N B_0 \tag{3-9}$$

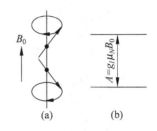

图 3-4 ^1H 核能级在磁场 B_0 中

m_I 为核磁量子数,且 $m_I = I, I-1, I-2, \cdots, -I$,共有 $2I+1$ 个可能值。对氢核而言 $I=1/2$,故 $m_I = 1/2$ 和 $-1/2$ 两个取值,其能级的劈裂及裂距 A 如图 3-4(b)所示。裂距 A 为

$$A = g_I \mu_N B_0 \tag{3-10}$$

2. 核磁共振

(1) 自旋核数密度与核磁化强度矢量

大家知道,个别原子核的行为是观测不到的,我们能观测到的只能是大量微观粒子的集体表现,即宏观现象。单位体积自旋核磁矩的矢量总和称为介质的核磁化强度矢量,用符号 $\boldsymbol{M}$ 表示。按定义

$$M = \sum_{i=1}^{N} \mu_{Ii} \tag{3-11}$$

求和遍及单位体积。可见 $\boldsymbol{M}$ 具有磁矩的本质。

自旋核磁矩不为零的原子核置于外磁场 $\boldsymbol{B}_0$ 时,原子核与外磁场 $\boldsymbol{B}_0$ 相互作用的结果出现了两方面的变化,一方面是产生核绕 $\boldsymbol{B}_0$ 的进动,另一方面是产生了核的附加能量,造成了原子核能级的分裂。

核绕 $\boldsymbol{B}_0$ 进动的角频率 ω_N 由拉莫尔方程决定

$$\omega_N = \gamma_I B_0 \tag{3-12}$$

对应的进动频率为

$$\nu_N = \frac{1}{2\pi} \gamma_I B_0 \tag{3-13}$$

式中 γ_I 是原子核的自旋磁矩与自旋角动量之比,称为核磁旋比,是一个与原子核性质有关的常数。

下面以 ^1H 核为例说明原子核能级的分裂。

^1H 核磁矩又称质子磁矩,在外磁场方向的分量取两种平衡状态,即平行或反平行于外磁场,如图 3-4(a)所示,平行于外磁场方向的 ^1H 核为稳定平衡,势能低;反平行于外磁场方向的 ^1H 核为不稳定平衡,势能高。它们的能量差为 $2\mu_{Iz} B_0$,μ_{Iz} 是 ^1H 核磁矩在 z 轴的分量,B_0 是外加磁感应强度的值,这种原子核发生能级的分裂的现象称为塞曼效应,如图 3-4(b)所示。

根据微观粒子在热平衡状态下的玻耳兹曼分布律,在高能级上的粒子数要比低能级上

的少。这样,总的合成结果,即合矢量是同 B_0 方向一致且不等于零的磁化强度矢量 M_0(图 3-5),M_0 与样品内自旋核的数目、外磁场 B_0 的大小以及环境温度有关。

当 B_0 的大小为几个特斯拉时,能级劈裂的间距相当于 10~100MHz 电磁波的能量,这个波段的电磁波称为射频(RF)电磁波。所以,当用 RF 电磁波对样品照射时,如果 RF 电磁波的能量 $h\nu_{RF}$ 刚好等于原子核能级劈裂的间距 ΔE 时,就会出现样品中的原子核强烈吸收电磁波能量,从劈裂后的低能级向相邻的高能级跃迁的现象,这就是核磁共振现象中的共振吸收。

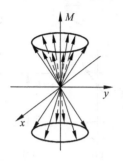

图 3-5　样品的磁化强度矢量

(2) 射频电磁波对样品的激励

在外磁场磁场 B_0 作用下,介质磁化后的磁化强度矢量 M_0 沿外磁场方向。然而对 MR 信号的检测是在 xy 平面内进行的,因此必须将磁场 B_0 中样品的 M_0 转到 xy 平面上。为此,沿 x 轴方向加入一磁场 B_r。由于初始状态的 $M(M=M_0)$ 与 B_0 平行,所以初始状态 B_0 对 M 的作用力矩为零;但初始状态的 M 与 B_r 互相垂直,与 B_r 相互作用产生一力矩,该力矩将使 M 以 M_0 为初始磁化强度矢量绕 B_r 进动,进动的结果使 M 与 B_0 方向的夹角不断增加。为了能使 M 稳定地绕着 B_r 进动,加入的 B_r 必须是以与自旋核绕 B_0 进动的频率 ω_N 相同的旋转磁场。M 在 B_0 和 B_r 作用下,运动轨迹为从球面顶点开始逐渐展开的螺旋线,如图 3-6(a)所示。

从上面的分析可知,沿着垂直于 B_0 方向,向样品射入一频率与 M 绕 B_0 进动频率相同的电磁波,就提供了一个恰到好处的旋转磁场 B_r。这个电磁波是由 MRI 设备所提供的,即前面已经提到的 RF 电磁波。可见,RF 电磁波对样品起激励的作用。

RF 电磁波对样品的激励作用的宏观表现是,磁化强度矢量以 $M=M_0$ 为初矢量,而后偏离外磁场方向 θ 角。θ 角越大,表示样品从 RF 中获得的能量越多。在 MRI 中常用的 RF 有两个基本脉冲,即 90°、180°脉冲。设 $Oxyz$ 为固定坐标系,Oz、Oz' 轴重合,$Ox'y'z'$ 为以角频率 $\omega_0(\omega_0=\omega_N)$ 绕 z 轴旋转(在 xy 平面内旋转)的坐标系。具体地说,90°脉冲的作用是使磁化强度矢量 M 从热平衡态 M_0 偏离外磁场 B_0 90°角,其矢端运动轨迹为从球面顶点开始逐渐展开成半球面螺旋线,在 $y'z'$ 平面上划过四分之一圆周;180°脉冲是使其偏离 180°,其矢端运动轨迹为从球面顶点开始逐渐展开而后又逐渐收缩成球面螺旋线,在 $y'z'$ 平面上划过半个圆周(图 3-6)。所以做成脉冲形式的 RF 电磁波又统称为 θ 角脉冲。

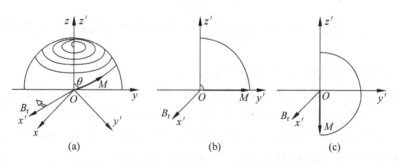

图 3-6　θ 角脉冲、90°脉冲和 180°脉冲对 M 的作用

(3) 弛豫过程和弛豫时间

(a) 弛豫过程。核系统在平衡状态时,其磁化强度矢量 M 在 B_0 方向的分量 $M_{z'}=M_0$,而在 $x'y'$ 平面上的横向分量 $M_{x'y'}=0$。当在 B_0 垂直方向施加一 90°激励脉冲,M 将偏离 z 轴一角度而处于不平衡状态;此时,当激励脉冲刚结束时,$M_{z'}=0$,$M_{x'y'}=M_0$,之后核磁矩只受到外磁场 B_0 的作用而逐渐恢复到原来的热平衡状态的过程称为弛豫过程。

根据磁化强度矢量的两个分量 $M_{z'}$、$M_{x'y'}$ 向平衡状态恢复的速度与它们离开平衡位置的程度成正比,得

$$\frac{dM_{z'}}{dt}=-\frac{M_{z'}-M_0}{T_1},\quad \frac{dM_{x'y'}}{dt}=-\frac{M_{x'y'}}{T_2} \tag{3-14}$$

公式中的负号表示弛豫过程是磁化强度矢量变化的反过程。解上面两式得弛豫过程中 $M_{z'}$、$M_{x'y'}$ 随时间按下式变化

$$M_{z'}(t)=M_0(1-e^{-\frac{t}{T_1}}) \tag{3-15}$$

$$M_{x'y'}(t)=M_0 e^{-\frac{t}{T_2}} \tag{3-16}$$

式中 T_1、T_2 都是时间常数,即 T_1 表示 $M_{z'}$ 随时间变化的快慢,T_2 表示 $M_{x'y'}$ 随时间变化的快慢,例如当 $t=T_1$ 时,$M_{z'}(T_1)$ 恢复到 M_0 的 63%,而如当 $t=T_2$ 时,$M_{x'y'}(T_2)$ 衰减为 M_m 的 37%。T_1 称为纵向弛豫时间,T_2 称为横向弛豫时间。

(b) 弛豫时间。纵向弛豫,这是针对 $M_{z'}$ 而言的。习惯上将射频脉冲停止后磁化强度矢量的运动称为自由进动。由于自由进动时,核磁矩力图顺 B_0 取向,愈来愈多的核磁矩克服热骚扰而跃迁到上进动圆锥绕 B_0 进动,其结果必然使得纵向分量 $M_{z'}$ 增加,最后达到平衡时的值 $M_{z'}=M_0$。在此弛豫过程中,样品中的自旋核与晶格以热辐射的形式相互作用。所以也称由 T_1 表示的弛豫过程为热弛豫,或自旋-晶格弛豫。

由于作为样品的人体组织或器官不是单一的纯净物,而是由多种化学元素构成的化合物或混合物,这里所提到的器官或组织的 T_1 或 T_2 是指组织或器官内在不同分子结构中^{1}H 核的 T_1 或 T_2 值的平均值。在不同结构中的 ^{1}H 核的磁共振频率是不同的,它们的 T_1 值也是不同的,以 H_2O 中的 ^{1}H 核的 T_1 为最长,这样,当组织或器官中含水量增加时,如水肿,该组织的 T_1 会增加。有些病灶在不同阶段上含水量不同,这也可以表现在 T_1 的大小,利用这一点可以对病灶作病理分期。

从量子力学的观点看,热辐射也是一个能级跃迁的电磁辐射过程,其可以有两个辐射过程,即受激辐射和自发辐射两种可能。无论哪一种可能(概率)增加或减小都会使热辐射进程加快或减慢,T_1 缩短或增长。根据受激辐射理论,当外界电磁波频率与能级跃迁频率一致时,受激辐射就将发生。样品的 ^{1}H 核因处于不同的分子中而有不同的共振频率,这样样品就有一个共振频率段,样品环境的热辐射电磁波谱是一个很宽的谱,但总有一部分和共振频率段相重叠,总的趋势是当温度越高,重叠部分越小,样品发生的受激辐射的概率减小,从而使 T_1 增长。

横向弛豫,这是针对 $M_{x'y'}$ 而言的。弛豫启动之初,一般 $M_{x'y'}\neq 0$,这是因为诸核磁矩 μ_I 在进动圆锥上的相位几乎一致,这种相位相干性是弛豫之前射频脉冲作用的结果。现在射频脉冲已过,核磁矩绕 B_0 进动。但各自旋原子核所处的局部环境不同,使得各自旋核所受到的局部磁场不同,引起各处自旋核的进动频率 ν 不等,从而引起 $M_{x'y'}$ 的衰减速度加快,即在停止射频脉冲后,核磁矩将很快失去其相位一致性(去相位状态)。在 xy 平面内设置一

检测线圈,随着 $M_{x'y'}$ 的衰减,在接收弛豫过程中,线圈中产生的感生电动势,就是检测到的 MR 中的信号,感生电动势的幅值也渐渐衰减。这一衰减信号由于是在自由进动过程中感生的,故称为自由感应衰减(或简称 FID),如图 3-7 所示。其本质是自旋核的磁矩方向由相对有序状态向相对无序状态的过渡过程。自旋核之间存在磁的相互作用,作用的结果就是使核磁矩从聚焦的方向上分散开来,这种分散就是 $M_{x'y'}$ 大小衰减的原因,所以横向弛豫也叫自旋-自旋弛豫。

自旋-自旋弛豫只是磁的相互作用而不存在能量向外的释放,故 T_2 与环境温度、黏度无关;T_2 与外磁场的相关性不大;T_2 与外磁场的均匀性关系特别大,因为磁场的不均匀会大大加剧自旋核磁矩方向分散,使 T_2 明显缩短,我们常常把存在外磁场不均匀性因素的横向弛豫时间标为 T_2^*(图 3-8);还有,在顺磁环境中 T_2 的数值也有明显缩短。在一般情况 T_2 的大小比 T_1 值小一个数量级。

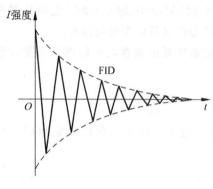

图 3-7 自由感应衰减信号

不同的正常组织与器官以及同一组织、器官的不同病理阶段上的弛豫时间 T_1、T_2 是不同的,这就为用 MRI 进行病理分期成为可能。例如人体内的水分子可以是游离的,也可以是与蛋白质膜和其他大分子结构相结合的。我们知道,人体含水量很大,有 80% 在细胞之内,20% 在细胞外。水分子中的氢的弛豫时间很长,所以含水的多少对组织的平均弛豫时间长短举足轻重。根据水分子运动的自由度多少可把细胞外的水分为自由度少的"结合水"和自由度多的"自由水"。结合水主要集聚在生物大分子的周围,它较少平动。"结合水"中的质子的弛豫时间 T_2 相对"自由水"明显短。据此可深入了解病变内部的组织形态。

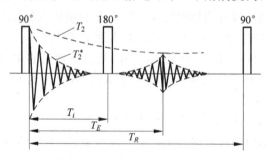

图 3-8 自旋回波脉冲序列及 FID、SE 信号

3. 核磁共振成像原理

在一般情况下,MRI 的主要成像参数是自旋核密度 ρ 和 T_1、T_2,但 ρ、T_1、T_2 并不能在 MR 中直接测得,它们是隐含在弛豫过程样品的磁化强度矢量 M 在检测线圈中感应出的信号中。成像参数 ρ、T_1、T_2 只能通过人为手段提高权重,以 MR 信号的形式表现出来,这种获得成像参数的方法与其他成像有很大的不同。

为了提高 MR 信号的幅度及消除客观条件对时间常数的影响,RF 电磁波多数是由

90°、180°脉冲组成的脉冲序列。在临床最具代表性、使用最多的是自旋回波序列(SE)。

(1) 自旋回波序列(SE)

自旋回波(SE)序列由 90°、180°脉冲组成，其结构如图 3-8 所示。图中 T_l 为脉冲间隔时间，T_R 为序列重复时间。此脉冲序列中第一个脉冲即 90°脉冲是起对样品的激励作用，使样品产生 $M_{x'y'}$，而 MR 信号的大小变化都取决于 $M_{x'y'}$。磁场 B_0 总是存在一定的空间不均匀性，造成自旋核磁矩方向的分散，处于一种去相位状态，宏观的效果是 $M_{x'y'}$ 衰减得很快，这个衰减的时间常数就是 T_2^*。磁场的不均匀性造成 T_2 的缩短和 MR 信号幅度大减。为消除这个磁场不均匀造成 MR 信号测量的不利，在 90°脉冲之后又加入一个 180°脉冲，这时其进动的速度大小和方向不变，故原来分散的核磁矩又重新会聚起来，于是 $M_{x'y'}$ 由零开始增大，但达到最大后又散开，后又变为零，这段时间称为自旋-回波时间，用 T_E 表示，T_E 为回波时间，一般取 $T_E = 2T_l$，这个信号称为自旋-回波信号。180°脉冲的作用是相位回归，即使处于去相位状态的自旋核磁矩重新会聚起来，抵消了磁场不均匀性造成的不利影响，FID 与 SE 信号幅值之间以时间常数 T_2 衰减。

由于 T_1 是热弛豫时间，是表示 $M_{z'}$ 恢复到 M_0 的时间常数，它与磁场的不均匀性无关。$M_{x'y'}$ 来源于 $M_{z'}$，而 $M_{z'}$ 的大小又决定于 M 恢复到 M_0 的程度，只有当 $T_R \to \infty$ 时 $M_{z'}$ 才等于 M_0，当 T_R 为有限值时，由式(3-15)得 $M_{z'}$ 的大小

$$M_{z'} = M_0(1 - e^{-\frac{T_R}{T_1}}) \quad (3-17)$$

而 M_0 正比于 B_0、ρ，所以，经 SE 序列，回波信号的幅度可写成

$$I = K\rho B_0 e^{-\frac{T_E}{T_2}}(1 - e^{-\frac{T_R}{T_1}}) \quad (3-18)$$

考虑到信号大小还与自旋核的运动状态 $f(v)$ 有关，式(3-18)一般写成

$$I = KB_0 \rho f(v) e^{-\frac{T_E}{T_2}}(1 - e^{-\frac{T_R}{T_1}}) \quad (3-19)$$

K 是与外磁场、自旋核种类有关的常数。

在磁共振成像中，接收线圈所接收到的 MR 信号也携带着人体组织空间定位的信息(图 3-9)，磁共振成像就是一个显示来自人体层面内每个组织体素的 MR 信号强度大小的像素阵列。MR 信号强度大小与核密度 ρ、弛豫时间 T_1、T_2 和组织流速 v 有关。在磁共振成像中，希望一帧 MRI 的断面图像主要由一个成像参数决定，这就是 MRI 中图像加权的概念。下面我们以 SE 序列对静止组织的核是如何通过适当选择 T_R、T_E 来达到图像加权作一说明。

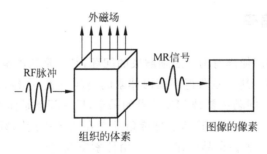

图 3-9 磁共振成像原理

(2) 加权图像

(a) ρ 加权(ρIW)。当 $T_R \gg T_1$ 时，式(3-19)中的因子 $(1 - e^{-\frac{T_R}{T_1}}) \to 1$；选 $T_E \ll T_2$，则因

子 $e^{-\frac{T_R}{T_2}} \to 1$，对非血流显像情况，式(3-19)变成 $I = K\rho B_0$，K、B_0 均为不变常量，即 MR 信号仅由 ρ 决定与 T_1、T_2 相关不大，这就是 ρ 加权。一般 T_R 取 1500～2500ms，T_E 取 15～25ms。

(b) T_2 加权（T_2IW）。当 $T_R \gg T_1$ 时，有 $(1-e^{-\frac{T_R}{T_1}}) \to 1$，而 T_E 选取适当的值，例如在 90～120ms 中选取，此时式(3-19)变成

$$I = K\rho B_0 e^{-\frac{T_E}{T_2}} \tag{3-20}$$

I 由 ρ、T_2 决定，称为 T_2 加权。在 T_2IW 中，如不考虑 ρ，当 T_E 一定时，如 $T_2(1)$ 小于 $T_2(2)$，有

$$I(1) = K\rho B_0 e^{-\frac{T_E}{T_2(1)}} < I(2) = K\rho B_0 e^{-\frac{T_E}{T_2(2)}}$$

就是说，T_2 大的组织有强信号（亮），T_2 小的组织表现为弱信号（暗）。

(c) T_1 加权（T_1IW）。T_E 选取较小值，如 15～25ms，若 T_R 选取中等大小如 200～800ms，则公式(3-19)变为

$$I = K\rho B_0 (1 - e^{-\frac{T_R}{T_1}}) \tag{3-21}$$

I 主要由 ρ、T_1 决定，称为 T_1IW，在 T_1IW 中 T_1 大的地方呈弱信号（暗），T_1 小的地方呈强信号（亮）。

从上面图像加权的概念介绍中可以看出，图像加权决定于 T_R、T_E 的选择及 T_1、T_2 的大小。图 3-10 说明了 A、B 两种组织的对比度的形成情况。

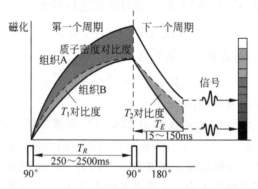

图 3-10　各情况发生的序列和图像对比度关系

4. 空间位置编码

任何一种断层数字图像都有两个必须解决的问题，其一是从体素上测得成像参数，并用以控制对应像素的灰度；其二是获得层面内体素的空间位置，这包括层面及体素在层面上的位置。在 MRI 中前一问题主要是 MR 信号的采集，后一问题是体素的空间位置编码。

MRI 的空间位置编码的理论基础是自旋角动量在磁场中进动频率公式。进动频率大小正比于磁场 $\boldsymbol{B}_0$，如果人为在样品中建立一个由体素空间坐标 (x,y,z) 决定的磁场 $\boldsymbol{B}(x,y,z)$，则此体素上发生的核磁共振频率 ν 就与 x、y、z 有线性相关的关系，也就是说有可能用频率 ν 去表示体素的空间坐标。MRI 中体素的空间位置的标定是分步进行的，如首先标定层面位置 z，而后标定体素在层面内的 x、y 坐标位置。位置标定需提供加在外磁场 $\boldsymbol{B}_0$ 上的分

别与 x、y、z 有线性关系的梯度磁场,梯度磁场大小比外磁场小得多,例如当外磁场为 1.0T 时,梯度磁场变化范围仅为 $-25 \sim 25\text{G}(1\text{G}=10^{-4}\text{T})$。

(1) 层面选择

将成像物体放置于方向沿 z 轴的均匀磁场 $\boldsymbol{B}_0$ 中,在 z 方向上选层,应在 z 方向上加一随 z 线性变化的梯度磁场 G_z,根据进动频率公式,在不同 z 上,将有不同的共振频率,也就是说可用不同的共振频率来表示自旋核所在的层面位置。

(2) 相位编码

设在激励脉冲作用下,在 z 方向选取某一断面,诊断面中的所有自旋核(如质子)的核磁矩于激励脉冲结束瞬间在进动圆锥上都处于同一相位,如图 3-11(a) 所示。若沿层面的 y 方向加一梯度场,经过一定时间后,由于不同位置的质子所受磁场强度不同,其核磁矩的进动频率沿 y 方向递增,在一定时间 t_y 后,各像素的磁化强度矢量在进动圆锥上所处位置不同,也就是说空间位置 y 用相位编码,如图 3-11(b) 所示。

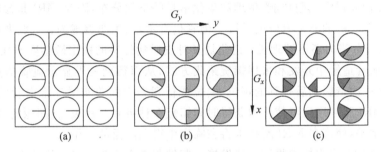

图 3-11 相位编码与频率编码

(3) 频率编码

若沿 y 方向的梯度磁场持续作用 t_y 时间后撤销,转而沿 x 方向加一梯度磁场。由于刚加上梯度场时,各质子的初相已受 y 方向梯度场编码,将这些初相数据储存在计算机的存储器中,作为像素的 y 位置信息。现在,在 x 方向梯度磁场作用下,则各像素的磁化强度矢量以图 3-11(b) 中的初相开始进动,进动频率沿 x 方向逐渐增加,在某一时刻 $t=t_x$ 如图 3-11(c) 所示。

5. 图像重建

经过选层、相位编码和频率编码,把整个层面的体素一一进行标定。由于观测层面中体素的磁化强度矢量是在 RF 脉冲激励下进动,停止 RF 脉冲照射时,各体素的磁化强度矢量在回到平衡态的过程中,磁化强度矢量的方向发生变化,在接收线圈中可感应出这种由于磁矩取向变化而产生的感应信号。这个信号是各体素带有相位和频率编码特征的 MR 信号的总和。为取得层面各体素 MR 信号的大小,需要利用信号所携带的相位和频率编码的特征,把各体素的信号分离出来,该过程称为解码。这一工作完全由计算机来完成,即计算机对探测到的 MR 信号进行二维傅里叶变换处理,得到具有相位和频率特征的 MR 信号的大小,最后根据与层面各体素编码的对应关系,把体素的信号大小依次显示在显示器上,信号大小用灰度等级表示,信号大,亮度高;信号小,亮度低。这就可以得到一幅反映层面各体素 MR 信号大小的图像。图 3-12 是成像过程的原理框图。

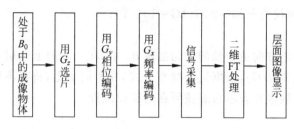

图 3-12　磁共振成像过程框图

6. 磁共振成像的现状及发展前景

MRI 技术突出的优势是能提供脏器和组织的解剖学图像，同时，多个成像参数成像还能提供反映受检体器官代谢功能、生理和生化信息的空间分布，因此 MRI 是诊断早期癌症、急性心肌梗死等疾病的非常有效的手段。但它仍有不足，主要表现为：一般来说，扫描时间相对较长；空间分辨力还不够理想；钙化灶及骨皮质病灶等的检出敏感度不如 CT 等。

近年来，血管造影中开发和采用螺旋采集方式，从而得到三维显示血管信息，即经导管向靶血管注射一次造影剂后得到的正位、侧位或任意斜切面等实时三维血管图像。目前已开发的多种 MRI 脉冲序列可使图像获得时间缩短在秒级和亚秒级，且图像的分辨率明显提高，可达微米水平，使许多 MRI 新技术将在临床中得到广泛的应用。

近年来，磁共振成像技术得到迅速发展。归纳起来主要是快速扫描技术、磁共振频谱学检查、磁共振扩散(弥漫)加权成像术(MRDWI)、磁共振血管造影术、磁共振成像造影剂、脑功能性 MRI 检查(fMRI)等。其中脑 fMRI 是一项 20 世纪 90 年代初才开展的，以 MRI 研究活体脑神经细胞活动状态的崭新检查技术。它主要利用快速或超快速 MRI 扫描技术，测量人脑在思维、视觉或听觉，或局部肢体活动时，相应脑组织的血流量，血流速度，血氧含量以及局部灌注状态等的变化，并将这些变化显示于 MRI 图像上。

3.3　超声波成像

通常超声波的频率范围在 $2\times10^4 \sim 5\times10^9$ Hz 之间。超声波具有声波的共性外，又由于超声波频率高、波长短，因而还具有方向性强、能量集中、穿透本领大等特性。在医学上，超声波用来诊断、治疗以及进行生物组织超声特性的研究。超声成像是物理学、医学和电子工程技术相结合的一门新兴科学。超声成像具有操作简单、安全、非创伤性等优点，超声影像对人体软组织的探测和心血管脏器的血流动力学观察与 X-CT、核医学、MRI 相比有其独到之处。

超声波的临床医学诊断技术可分为两大类，即基于回波扫描的超声探测技术和基于多普勒效应的超声诊断技术。基于回波扫描的超声探测技术基本原理是利用超声波在不同组织中产生的反射和散射回波形成图像或信号来鉴别和诊断疾病。这种技术主要用于解剖学范畴的检测，以了解器官组织形态学方面的状况和变化。常用的有 A 型、B 型、M 型等超声诊断仪。基于多普勒效应的超声诊断技术基本原理是利用运动体散射和反射声波时造成的频率偏移现象来获取人体内部的运动信息。这种技术主要是用于了解组织器官的功能状况和血流动力学方面的生理病理状况，如观测血流状态、心脏的运动状况和血管是否栓塞等。常见的有多普勒血流成像仪、多普勒组织成像仪。

1. 超声波成像的物理基础

（1）超声波在介质中的传播规律

（a）超声波的反射和折射

在声学中，介质是以声阻抗来划分的，所谓声波的介质界面就是指声阻抗不同的介质分界面。当一束平面超声波入射至两种介质交界面时，若界面的线度远大于声波波长及声束的直径，就会产生反射和折射，并遵从反射定律和折射定律。

如图 3-13 所示，有

$$\theta_i = \theta_r \tag{3-22}$$

$$\sin\theta_i / \sin\theta_t = u_1/u_2 \tag{3-23}$$

式中 u_1、u_2 分别为超声波在这两种介质中的传播速度。

超声强度的反射系数 α_{Ir} 和透射系数 α_{It} 由下式决定

$$\alpha_{Ir} = \frac{I_r}{I_i} = \left(\frac{Z_2\cos\theta_i - Z_1\cos\theta_t}{Z_2\cos\theta_i + Z_1\cos\theta_t}\right)^2 \tag{3-24}$$

$$\alpha_{It} = \frac{I_t}{I_i} = \frac{4Z_2 Z_1\cos^2\theta_i}{(Z_2\cos\theta_i + Z_1\cos\theta_i)^2} \tag{3-25}$$

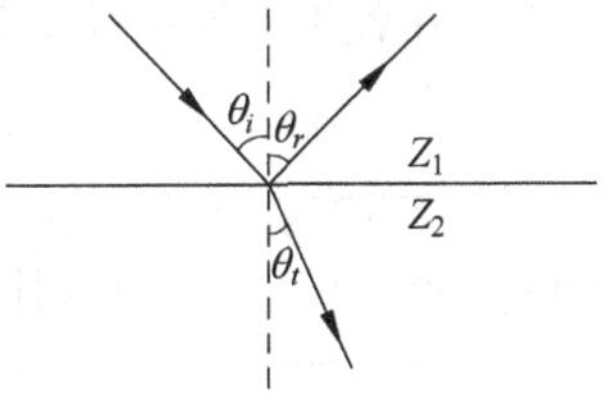

图 3-13 超声波在介质中的反射和折射

式中 I_i、I_r 和 I_t 分别为入射、反射和透射超声波的强度；Z_1、Z_2 分别为这两种介质的声阻抗。在垂直入射时，$\theta_i = \theta_r = \theta_t = 0$，则

$$\alpha_{Ir} = \frac{I_r}{I_i} = \left(\frac{Z_2 - Z_1}{Z_2 + Z_1}\right)^2 \tag{3-26}$$

$$\alpha_{It} = \frac{I_t}{I_i} = \frac{4Z_2 Z_1}{(Z_2 + Z_1)^2} \tag{3-27}$$

超声波成像所依据的脉冲回波检测技术，就是利用超声波在传播路径上遇到介质的不均匀界面能发生反射的物理特性，检测回波信号，并对其进行接收放大和信号处理，最后在显示器上显示。由式(3-24)、(3-25)可知：在非垂直入射时，探头所接收到的回声强度与入射角明显相关，因此在超声成像时，探头的角度是必须考虑的因素。

（b）超声波的衍射与散射

超声波传播过程中遇到障碍物时，在一定条件下，可以绕过障碍物的边缘传播，这一现象叫超声波的衍射。当超声波波长与声阑线度相仿或大于声阑线度时，衍射现象较为明显；当障碍物线度较大，声波不能完全绕过障碍物，在其后存在有声波不能达到的空间，称为声影；当目标尺寸远小于超声波波长时，散射现象明显，这时探头所接收到的回声强度与入射角无明显关系。脏器或组织内部的微小结构对入射超声呈散射现象，是超声成像法研究内部结构的重要根据。当超声进入人体中，大的光滑表面的器官符合反射的情况，而像血球这样的小靶及血管、肌肉纤维这类结构则符合散射情况。

（c）超声波在介质中的吸收衰减规律

吸收衰减的本质是声能转变为其他形式的能量，其主要有黏滞吸收、热传导吸收和弛豫吸收。吸收衰减与声波频率关系甚大，同时介质对声波的吸收又有影响。将一平行窄束声波通过无限大均匀介质，设超声波沿 x 轴正向传播。在 $x=0$ 处声压和声强分别为 P_0 和 I_0，则在介质中深度为 x 处的声压和声强分别为

$$P = P_0 \exp(-\alpha_p x) \tag{3-28}$$

$$I = I_0 \exp(-\alpha x) \tag{3-29}$$

α_p、α 分别为超声波的声压吸收系数和声强吸收系数，且两者之间的关系为

$$\alpha = 2\alpha_p \tag{3-30}$$

(2) 超声成像的物理假定与时间增益补偿

超声诊断成像的基本原理以三个物理假定为前提：

(a) 声束在介质中直线传播；

(b) 在各类介质中都认为声速均匀一致；

(c) 在各类介质中都认为介质的吸收系数均匀一致。

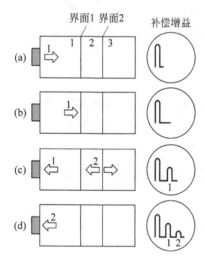

图 3-14 脉冲回波成像的基本原理

人体组织和脏器具有不同的声速和声阻抗，在界面上会反射声波。图 3-14 为脉冲回波成像的基本原理示意图，说明了如何利用超声脉冲回波来测量产生回波的界面深度。探头（换能器）可以作为发射器，用于发射超声波，也可以作为接收器，用于接收超声波。根据脉冲发出并达到界面以及返回所经历的往返路程与声速的关系，可知声源至界面的距离为

$$S = ut/2 \tag{3-31}$$

式中 t 为从发出超声到接收界面反射回波的一段时间。依据不同界面的回波时间 t，可以得到各个界面与探头之间的距离，这就是广泛用于脉冲回波测距的理论基础。

脉冲回波成像系统主要分为三部分：①换能器。将电脉冲信号转换成超声脉冲信号发射到人体内，再接收体内组织反射的回波声信号并转换为电信号。②信号处理部分。对换能器接收到的信号进行检波、放大等一些必要的处理，使之适合于显示和记录的需要。③显示和记录部分。

在不同深度处的回波脉冲幅度，由于其声程不同，造成的吸收程度也不同，这就导致回波脉冲幅度的差异很大，而回波幅度又决定了像点的亮度（灰度），因此，同样声学性质的介质，在不同深度处，由于吸收衰减使回波亮度有很大差异，给成像造成困难。

如果探头发出的超声，经 S 距离达到某界面，并经原路返回，其入射声压和反射声压分别是 P_i 和 P_r，由公式

$$P_r = P_i \exp(-\alpha 2S/2)$$

从中看出因为吸收而减少的分贝数为

$$L(\mathrm{dB}) = 20\lg\{P_i/[P_i\exp(-\alpha S)]\} = 10\alpha S \lg e = 10\alpha ut \lg e \tag{3-32}$$

其中 u 是声波在介质中的传播速度，t 为传播过程中经历的时间。当介质确定时，α、u 均被确定，由此可知，声波在 S 厚度上幅度减少的分贝数与声波穿过该层介质的时间成正比。

超声波在介质中的吸收衰减,不但会使有用回波信号淹没在噪声中,造成信号检出的困难,还会使处于不同深度的同一介质产生的回波不具有一致性,导致对介质类型的错误判断,因此必须对不同深度上的回波进行增益补偿。依式(3-32),可以使接收器的增益 G 与回波时间成正比,其原则是按衰减的幅度补偿,使接收器的增益随扫描时间而增加,由此进行的幅度补偿称为时间增益补偿(TGC),也称深度增益补偿(DGC)或灵敏度时间补偿(STC)。

(3) 检波、抑制与视频放大

回波信号中含有目标的多种信息,如幅度、频率、相位、时间等。不同的诊断设备,其终显信号所显示信息亦不同,检波器应根据终显要求检出所需要的相应信息。故有幅度检波、相位检波、频率检波之分。对它们的要求均为波形失真小、传输系数大、滤波性能好、输入电阻大。常规超声诊断仪中,大多采用幅度检波,亦即检出信号的包络,如图 3-15(a)所示。当幅度检波并滤除高频分量后,回波脉冲包络如图 3-15(b)所示,也称视频信号,提取频率和相位信息时(比如 D 型超声诊断仪需要频率检波),则应采用相应的鉴频器和鉴相器。

抑制电路,主要用来抑制不希望有的干扰信号和杂波噪声,也就是限定视频信号的下限电平,对动态范围的下限进行压缩,去掉小信号及毛糙(噪声),以便显示有用信号,如图 3-15(c)所示。

检波后的视频输出信号动态范围在 30dB 左右,最大峰值电压较小,约为 1V 左右,故应根据终显要求将其信号进一步放大,而动态范围进一步压缩。为了使信号轮廓增强,常在视频电路中对信号进行微分处理,目的是使信号前后沿突出。如图 3-15(d)所示。

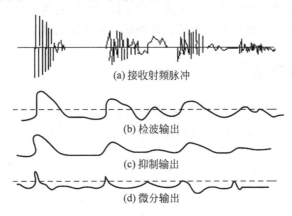

图 3-15 常规超声诊断仪的幅度检波

2. A 型超声成像

A 型显示是超声诊断仪最基本的显示方式。它属于幅度调制,即回波的脉冲大小决定显示器中脉冲的幅度。显示方法是在荧光屏上出现脉冲波形,脉冲的幅度依反射回波的强度大小而定,脉冲之间的距离正比于反射界面之间的距离。

A 型超声诊断仪(简称 A 超),其方框原理图如图 3-16 所示。仪器的主控电路是一个产生幅值达近百伏的高频振荡电压,此电压信号输出三个同步信号,分别控制延迟发送电路、时标电路和扫描电路。提供反射面的深度信息的深度扫描电路,接收到同步信号后,即产生锯齿波信号,送到示波器的水平偏转板,在光屏上得到一条扫描基线;时标电路接收到

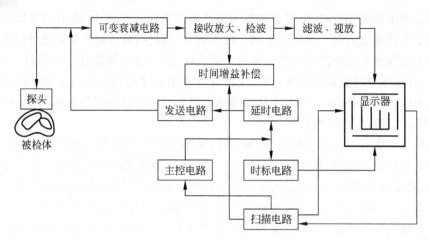

图 3-16　A 型超声诊断仪原理方框图

同步信号后在荧光屏上产生两条扫描线,并在下扫描线上产生时标;与此同时延迟电路也收到同步信号,经延迟一定时间去触发发送电路,发送电路产生一高频脉冲电压,其为一持续几微秒,频率为 1~12MHz 的脉冲调制波。高频脉冲电压加到探头的晶片上,由于晶片的压电效应,探头发出超声波,超声波的频率是随探头晶片的特性而定的。

A 超主要用于颅脑的占位性病变的诊断。由回波脉冲的幅度反映反射界面两侧的声阻抗差信息,而回波脉冲与初始脉冲的距离正比于体表到反射界面的距离,由此可测算病灶到体表的深度,并根据回波脉冲幅度及形状推测病灶的某种物理性质。

3. M 型超声成像

M 型超声诊断仪(简称 M 超)是在 A 超基础上发展起来的,适用于观察心脏的运动状况,又有超声心动仪之称。其工作原理结构示意图如图 3-17 所示。

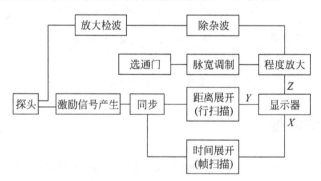

图 3-17　M 型超声技术的基本原理

M 超的探头与 A 超一样,固定不动,信号经放大检波后加在示波器的阴极或控制栅极上,即回波幅度的大小控制光点的亮度;其深度扫描电压加在显示器的垂直方向,即图像的垂直方向表示探测深度;而在显示器的水平方向上加入慢扫描锯齿波信号,以形成时间扫描,使整个深度扫描线沿水平方向缓慢移动,把心脏活动的周期变化用超声心动图形式显示出来。

M超专门用来对心脏各种疾病进行诊断,如心血管管径、厚度、瓣膜运动等。与同步周期展现的心电图、心音图比较,M超可用来研究心脏的各种疾病,也可对胎儿心脏搏动情况作检查。

4. B型超声成像

B型超声断层成像(也称B超)得到的是人体内部脏器和病变的二维显像,成像速度很快,因此可以进行实时的动态观察,还能与其他形式的超声设备复合成更先进的超声诊断系统。

(1) 成像原理

图3-18为B超的基本原理框图。和M超一样,B超的回波信号加在电子枪阴极或控制栅极上,控制光点的亮度,所以B超是辉度调制型。和M超一样,与发射脉冲同步的深度扫描电压加在显示器的垂直方向,即图像的垂直方向表示探测深度,这样自上而下的一串光点表示在各个深度界面上的回波。在显示器的水平方向加扫描电压,使电子束或光点随探头的移动同步移动。当声束沿一直线移动时,由于荧光屏采用长余晖荧光材料,相应图像将表现为二维断层形态图像。实际的B超为提高其性能和使用方便增加了许多电路和结构,然而所有这一切都是在图3-18所示的原理基础上发展起来的。

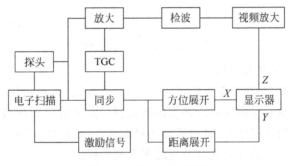

图3-18　B超原理框图

(2) B超的扫描

声束掠过某剖面的过程称为扫描。最初B超采用手动和机械扫描,即接收器探头或声束的移动是手动和机械控制运动。这两种扫描方式的共同缺点是扫描速度慢,探头的移动又受人体表面的限制,所以在线阵式、面阵式探头开发出来后采用了电子扫描,大大提高了扫描速度,使B超实现了实时成像。

5. 超声多普勒成像

(1) 超声多普勒频移公式

超声多普勒技术(UDT)是研究和应用超声波由运动物体反射或散射所产生的多普勒效应的一种技术。它在医学临床诊断中广泛用于心脏、血管、血流和胎儿心率的诊断,常用的诊断仪器有超声血流测量仪、超声胎心检测仪、超声血管显像仪以及超声血压计、超声血流速度剖面测试仪等。

当超声源与反射或散射目标之间存在相对运动时,接收到的回波信号将产生多普勒频移,频移程度与相对运动速度大小和方向有关。在医用超声多普勒技术中,发射和接收探头是固定的,由人体内运动目标,如运动中的血细胞和运动界面等,这样,接收到的回波信号产生多普勒频移,由此就可确定其运动速度大小和方向及其在断层上的分布。

图(3-19)是测量血流速度的原理图。设入射超声波频率、声速分别是 ν 和 u,$(\pi-\theta_i)$ 是入射波与血流速度矢量 v 的夹角。反射波与血流速度矢量的夹角为 θ_r。

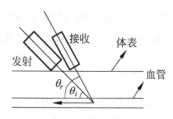

图 3-19 多普勒频移测量原理

流动的血液作为接收者所接收的超声波频率为

$$\nu' = \frac{u + v\cos\theta_i}{u}\nu \tag{3-33}$$

接收器所接收到的流动血液反射回来的超声波(简称回波)的频率

$$\nu'' = \frac{u}{u - v\cos\theta_r}\nu' = \frac{u + v\cos\theta_i}{u - v\cos\theta_r}\nu \tag{3-34}$$

发射器发出的超声波频率与接收器接收的回波频率之差,即多普勒频移 $\Delta\nu$ 为

$$\Delta\nu = \frac{v(\cos\theta_i + \cos\theta_r)}{u}\nu \tag{3-35}$$

或

$$v = \frac{u}{\nu(\cos\theta_i + \cos\theta_r)}\Delta\nu \tag{3-36}$$

根据上式,可以算出血流速度 v 的大小。

一般情况下,频移 $\Delta\nu$ 均在音频范围内,可用扬声器监听,也可用示波器观察频移变化的波形。超声多普勒诊断仪换能器所接收的回波信号是各种反射回波信号的组合,既包括运动目标产生的多普勒频移信号,又包括静止目标或慢运动目标产生的杂波信号。所以,需通过解调器从复杂的回波信号中提取有用的多普勒频移信号。

(2) 连续多普勒(CWD)和脉冲多普勒(PWD)超声仪

超声多普勒成像分为连续式多普勒(CWD)超声仪和脉冲式多普勒(PWD)超声仪。

(a) 连续式多普勒(CWD)超声仪

连续式多普勒超声仪只能观察某些浅表的组织结构和动脉血流,例如胎心和颈动脉等。连续式多普勒技术使用双晶片探头。一个晶片连续地发射超声波,另一个晶片连续地接收反射回声。在大多数仪器中,连续式多普勒仪有测量高速血流的能力,对于定量分析心血管系统中的狭窄、返流和分流性病变,是一个非常重要的优点。

由于连续式多普勒超声仪的探头连续发射和接收超声波,多普勒超声束内的所有回波信号均被记录下来。因此,当声束与血流方向达到平行时,声束内所包含的红细胞数量最多,出现特征性音频信号和频谱形态;相反,当声束与血流方向之间出现夹角时,声束内的红细胞数量锐减,使音频信号和频谱形态出现明显的变化。因此,连续式多普勒仪对于指导探查声束的方向,尤其对于探查奇异方向的高速射流,具有明显的优点。

连续式多普勒仪的主要缺点是缺乏距离选通的能力,无法确定声束内回声信号的来源,故不能进行定位诊断。

(b) 脉冲式多普勒(PWD)超声仪

针对连续式多普勒超声仪缺乏距离选通的能力,可采用脉冲式多普勒超声仪来检测某指定深度处的血流速度、方向及分散情况,即具有距离选通功能。血流仪发射的是脉冲波,发射和接收超声信号是由同一块晶体完成的。发射脉冲的宽度比较窄,只有 1~2 个微秒,而两个脉冲之间的间隔时间较脉冲本身的宽度大得多。脉冲多普勒血流仪发射和接收超声波的过程与 B 型显像仪相一致。因此脉冲多普勒技术与 B 型显像仪组合,能显示解剖结构的声像图。脉冲式多普勒探测技术的特出优点是增加了血流定位探测的准确性。

脉冲式多普勒超声仪的主要缺点是由于最大显示频率受到脉冲重复频率的限制,在检测高速血流时容易出现混叠现象。根据 Nyquist 采样定理,脉冲重复频率必须大于多普勒频移($\Delta \nu$)的 2 倍,才能准确地显示频移的方向和大小。其最大显示频率必须小于或等于脉冲重复频率的一半。另外,不同深度的最大探测速度也不同,深度愈大,可测速度愈小。这是因为当采样深度增加时,脉冲波从探头至声靶,再从声靶返回探头的时间就会增加,使脉冲重复频率降低,从而降低了多普勒频移的可测值;反之,当采样深度减小时,脉冲波在探头和声靶之间往返的时间就会缩短,使脉冲重复频率增加,从而增大了多普勒频移的可测值。

(3) 多普勒血流成像仪和多普勒组织成像仪

人体中的超声多普勒信号,在速度(或多普勒频移)-振幅图上可分为两部分:一是速度高(如血液中的红细胞速度可达 150cm/s)、振幅小的散射型多普勒信号;二是速度低(如运动的室壁与瓣膜速度很少超过 10cm/s)、振幅大的运动组织产生的反射-散射型多普勒信号以及速度低、振幅小的低速血流产生的散射型多普勒信号。采用监频器就可将这两部分分离开。但若将低速血流产生的散射型多普勒信号与运动组织产生的反射-散射型多普勒信号分开,需用特定的逻辑电路和不同的算法进行幅度和频率的双重鉴别,才能将运动组织产生的反射-散射型多普勒信号取出,得到多普勒组织图像(DTI),同时还能将低速血流产生的散射型多普勒信号取出。

(4) 彩色多普勒血流成像仪(简称"彩超")

"彩超"是由一个常规的 B 超成像系统、一个带有快速傅里叶分析的连续波和脉冲波系统以及二维彩色血流成像系统三部分组成。它是实时将二维血流成像迭加显示在 B 型图像上。

成像仪的振荡器产生的高频电压,一方面作为超声反射的激励信号和多普勒解调信号,另一方面经过分频后作为时钟脉冲同步触发各个电路,使整个系统同步工作。

成像仪的换能器收到的回波信号经前置放大、对数放大、检波和 A/D 变换后,形成 B 型图像,另一路多普勒频移信号经前置放大等送至一对正交解调器解调,其输出经 A/D 变换后再通过低通滤波器,滤除静止或慢运动组织的反射波,在自相关器内,用扫描视频积分器对相关信号积分,积分时间随显示方式(如 B 型、M 型等)不同而改变,获得速度大小、方向及方差信息,再将提取的信号转变为红色、蓝色、绿色的色彩显示。根据三原色原理,可用红色表示正向流,即朝探头的流动;用蓝色表示反向流,即背向探头的流动。并用红色和蓝色的亮度分别表示正向流速和反向流速的大小,此外用绿色及其亮度表示方差(血流速度分布分散程度)的大小。三种颜色混合在一起,如图 3-20 所示,速度方差越大,则绿色混合程度越大。如果血流图像中某部位呈黄色,则意味着该处血流朝向探头且速度方差较大;当某一部位呈青色时,则意味着这一部位血流背向探头且速度方差较大。尤其是利用先进的实时二维彩色超声多普勒成像系统,使血流图像与 B 超同时显示。由于这种技术可无损伤地显示心血管内的血流,不仅可加快过去 B 超对心脏疾病检查的速度,而且还可以直接采集到心内血流速度轮廓的信息,这对于临床是十分重要的。

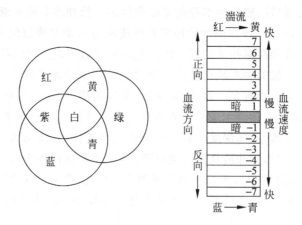

图 3-20　血流的彩色显示规律

6. 超声成像的发展趋势

超声成像具有操作简单、安全和几乎无创伤性等优点,常用于超声引导下的穿刺及介入。它能动态显示心脏大血管的运动图像,对肝胆胰脾等腹部脏器的检查具有优势。超声心动图对心瓣膜及大血管病变的诊断具有重要价值,但对含气器官(肺、胃、肠道)的检查常受到限制,形成的伪像较多,显示范围少,图像的整体不如 CT。

20 世纪 90 年代后开始把数字技术应用到超声的发射和接收,即采用数字声束形成的技术,发射一次超声脉冲后,利用多个阵元接收的回波信号,形成多条接收声束。目前,高档超声诊断仪均采用全数字化声束形成方式,实现了动态聚焦和动态变迹,提高了成像的分辨率和实时性。另外,超声设备的计算机系统向着运算速度更快、成像后处理软件更多、功能更强的方向发展。

多普勒组织图像(DTI)是近几年产生并迅速发展起来的新技术。因其可提供实时量化的心肌运动信息,因而为观察与评价心肌激动的起源与传导,研究心肌运动,尤其是局部心肌在正常、负荷和缺血等状态下的运动及功能,提供了前所未有的无创定量分析手段。

进入新世纪以来,三维成像已成为医学成像技术重点发展的方向。对 X 射线、MRI 等成像技术,计算机的断层成像在这一发展阶段是很突出的。超声计算机断层成像虽然也有一些研究报道,但效果不太突出。其原因在于超声在体内传播过程中需要考虑的因素比较多,例如需要考虑反射、折射、衍射、吸收、衰减等因素的影响。对三维超声成像而言,虽然也存在类似问题,但由于三维成像建立在图形几何学考虑的因素比建立在波动物理过程考虑的因素更多,所以应用前景较好。目前,大多数超声三维数据的采集是借助已有的二维超声成像系统完成的。也就是说,在采集二维图像的同时,采集与该图像有关的位置信息。在将图像与位置信息同步存入计算机后,就可以在计算机中重构出三维图像,这与 X-CT 以及 MRI 的三维重建方法是不同的。

3.4 核医学成像

放射性核素显像(RNI)是医学四大影像之一,是核医学诊断中的重要技术手段。它以放射性同位素示踪法为基础的核医学成像技术,是利用放射性同位素作标记,制成标记化合物注入人体,以形成体内感兴趣部位中某种规律分布的放射源。通过对射线的检测就可获得反映放射性核素在脏器和组织中的浓度分布以及随时间变化的图像。核医学成像不仅可用于人体组织和脏器的显影与定位,还可以根据放射性示踪在体内和细胞内转移速度与数量的变化,提供判断脏器功能与血流量的动态测定指标。此外,研究代谢物质在体内和细胞内的吸收、分布、排泄、转移和转变,为临床诊断提供了可靠的依据。核医学成像是在分子水平上动态的认识生命过程的本质,所以 RNI 技术是很具有发展潜能的医学影像技术。目前,RNI 的主要仪器设备为 γ 照相机、单光子发射型计算机断层扫描(SPECT)及正电子发射型计算机断层扫描(PET),其中 PET 极可能成为脑功能图像的主要技术手段。但限于本书的篇幅,在此不再作详细的论述。

思 考 题

1. 何为体层?何为体素?何为像素?在重建 CT 像的过程中,体素与像素有什么关系?
2. 何为投影?在目前的医学实际中,实用的重建 CT 像的方法是反投影法。什么是反投影法?实际应用反投影法重建 CT 像时为何要用滤波反投影法?
3. 何为 CT 值?它与衰减系数 μ 有什么关系?
4. 简述 X-CT 重建图像原理。
5. 具有自旋的原子核置于外磁场中为什么会发生自旋或角动量进动?
6. 具有自旋的原子核置于外磁场中,能级劈裂的间距等于什么?
7. 计算 ^{1}H、^{23}Na 在 0.5T 及 1.0T 的磁场中发生核磁共振的频率。
8. SE 脉冲序列中的 90°脉冲和 180°脉冲的作用是什么?如何从 SE 序列的 MR 信号幅度公式给出图像加权的概念?
9. 简述频率、位相编码的物理概念?
10. 核磁共振断层成像与 X-CT 成像的原理有何不同?核磁共振成像有何优点?
11. 已知超声探测器的增益为 100dB,探头是发射和接收两用型,在某组织中的最大探测深度是 0.5m,求该组织的吸收系数。
12. 试比较 M 型与 A 型、B 型超声成像的异同点?
13. 在"彩超"中,如何通过色彩与亮度表现血流的方向、速率大小及湍流程度?

参 考 文 献

1. 罗时葆. CT 技术. 南京：江苏科学技术出版社，1985
2. 马文蔚等. 物理学(第五版). 北京：高等教育出版社，2006
3. 谢楠柱等. 现代医学成像——物理原理与临床应用. 广东：广东科技出版社，1985
4. 张泽宝. 医学影像物理学. 北京：人民卫生出版社，2000
5. Perry Sprawls,Jr. 黄诒焯主译. 医学成像的物理原理. 北京：高等教育出版社，1991
6. 舒贞权. 医学超声影像技术的新进展[J]. 世界医疗器械. 2000,(4)：12-17
7. Sutherland G, Stewart M, Groundstream K, et al. Color Doppler Myocardoal Imaging：A New Technique for the Assessment of Myocardial Founction [J]. JASE,1994,7：441-458

专题四

液晶材料及液晶显示技术

1888年,奥地利植物学家莱尼采尔(F. Reinitzer)在研究胆甾醇酯类在植物中的生理作用时,观察到了一种奇怪的现象,把胆甾醇苯甲酸脂加热到145.5℃时晶体熔化了,熔化以后的液体是浑浊不清的,当把这种浑浊的液体继续加热到178.5℃时,这种液体突然变得清亮透明,这就是人类首次观察到的液晶相。生物学家在研究生物活细胞膜的结构时发现,用现代高分辨率显微镜观察到的生物细胞膜的结构是一些立方形或六角形排列,十分类似于晶体的原子结构(图4-1)。进一步的实验又发现,光在这类物质中传播时可以发生双折射现象。说明这类物质的光学性质与一般的液体不同,完全类似于晶体。人们把这种外观上

(a) 肌原纤维横切面俯视图,粗丝肌球蛋白,细丝肌动蛋白,作六角形相互间隔排列(主月甲虫)

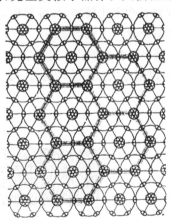
(b) 模式图,表示肌动蛋白如何排列,据(a)的电镜图所见

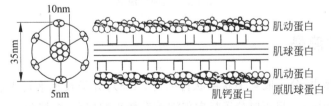
(c) 纵向切片模式图,表示肌动蛋白,肌球蛋白的联系

图 4-1 生物细胞膜的结构示意图

像液体,而其光学性质又类似于晶体的物质形态称为"液晶"。莱尼采尔发现的现象是物质形态从晶体到液晶再到液体的典型的相变现象。1890年莱曼(O. Lehmann)在对有机化合物作系统研究时,又发现了许多这类中间相。这类事实说明,液晶相只能存在于一定的温度范围内,其下限温度被称为"熔点",上限温度被称为"清亮点"。但并非所有的物质都具有液晶相,通常只有那些分子形状是长形,轴宽比在4~8∶1,相对分子质量在200~500道尔顿或者更高的材料才具有液晶相。

自液晶发现以来,迄今已发现了几千种不同的液晶材料。本专题讨论液晶材料的基本属性和液晶显示技术的基本原理及其应用。

4.1 液晶的物理形态

自然界的液晶物质可以分为两大类,热致液晶和溶致液晶。热致液晶是一种单组分体系;溶致液晶是由一种化合物溶解于另一种化合物中形成的多组分体系。

根据热致液晶的分子结构,又可以分为三个亚类,即向列相液晶,胆甾相液晶和近晶相液晶。在此作一简单的介绍。

1. 向列相液晶

向列相液晶分子呈棒状,分子的长宽之比大于4,分子的长轴相互平行,但不排列成层。分子间短程相互作用比较弱,其排列和运动比较自由,所以它能上下、前后、左右滑动,它的主要特点是对外界作用相当敏感。

向列相液晶具有单轴晶体的光学性质,目前它是显示器件的主要材料。向列相液晶分子排列方向,可以用棒状分子的平均指向矢 n 表示,实验表明 n 相当于晶体的光轴方向(图4-2)。

向列液晶分子排列　　　　向列相

图 4-2　向列相液晶

2. 胆甾相液晶

在胆甾相液晶中,分子成扁平状层状排列(图4-3),分子长轴平行于层平面,每层分子的排列很像向列相液晶,相邻层分子指向矢彼此有微小的扭角,多层分子长轴指向矢扭转成螺纹状排列,其螺旋对称的空间周期为 L,L 也俗称螺距,通常 L 为 10^3 Å 的数量级,且 L 将随温度的改变而改变。

这类液晶广泛存在于动植物的体内,大部分为胆甾醇的衍生物,故称胆甾相液晶。

3. 近晶相液晶

近晶相液晶由棒状或条状分子组成,分子排列成层,层内分子长轴互相平行,其方向垂直于层面,或与层面呈倾斜排列,层的厚度等于分子的长度,各层之间的距离可以变动。分子可以在层内前后左右滑动,但不能在上下层内移动,分子排列整齐,有点类似于晶体,故称近晶相。分子质心在层内无序,可以自由平移,所以有流动性,但黏度较大(图4-4)。

由于前二类液晶的光学效应显著,故应用也最为广泛。

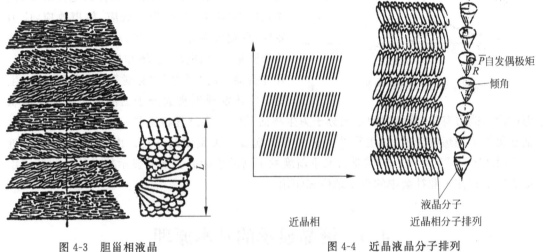

图 4-3　胆甾相液晶　　　　图 4-4　近晶液晶分子排列

4.2　液晶的相变

可以说,热致液晶的这三种亚态类或三种结构只是液晶的三个不同的相。随着温度的变化,液晶材料在不同的温度区域呈现出不同的相。温度越高,热运动越激烈,液晶分子的有序程度越低;温度越低,液晶分子的相互作用越占优势,分子排列的有序程度越高。

从图4-5中可以看到物质从晶体-近晶相-胆甾相-向列相-液体的各种物理状态相关变化的过程。液晶不同亚类之间的变化称为液晶的相变,但与一般物质的固-液-气态相变不

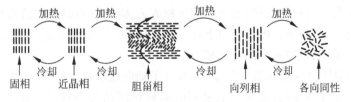

图 4-5　物质从固体变为液晶三种相和普通液体的示意图

同,液晶的相变过程没有明显的潜热,也无明显的体积变化,因此一般认为,液晶的相变为连续相变。事实说明,只要外界给予很小的能量干扰,如轻微的扰动,或与液晶所接触的玻璃表面有一点不均匀,都会使液晶的结构发生明显的改变。另外,当我们改变液晶所处的外界环境,如改变外界的电场和磁场,液晶分子就会在外界诱导力的作用下发生趋向的变化,会立即呈现不同的相结构。

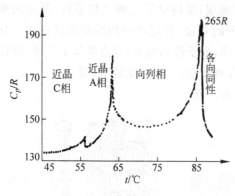

图 4-6 液晶 8S5 的热容

图 4-6 显示了一种简称 8S5 的液晶材料的热容随温度变化的曲线,其更好地说明了液晶的相变理论。

在液晶相变理论的指导下,物理学家、化学家从实验上发现了液晶的许多性质。目前已经认识到的液晶的性质大致可以分为电光效应,热光效应,电热光效应,光电效应,超声效应,应力效应,理化效应等。人们可以利用液晶的这些性质来测量温度、电场、磁场和执行各种传感功能,开辟机器人的"视觉"、"味觉"、"嗅觉"能力。生物学家还发现生物大分子的液晶结构和生命状态的活动能力有关,液晶中的定向分子为生物活动的催化过程特别是一些复杂的生物化学活动提供了理想的介质,对生物的生长和繁衍起着至关重要的作用。由于这种种原因,近 20 年来,"液晶"这个"古老"的学科又重新焕发了新的生命力。液晶显示技术的发明和应用更表明了它在工业社会中的重要地位和作用。

4.3 液晶显示的基本原理

今以向列相液晶和胆甾相液晶为例,研究液晶的光学性质及其在显示技术中的应用。

我们已经介绍过光在液晶中传播时产生光的双折射现象,液晶双折射现象中的"o"光和"e"光的折射率之差 $\Delta n=|n_e-n_o|$,Δn 随外界的温度变化而变化,当温度高于某一临界温度时,$\Delta n=0$,这时液晶就转变成为一般的液体。

对于胆甾相液晶,除了 Δn 随温度变化外,其螺距随温度的变化也很显著。由于胆甾相液晶是由大量的分子薄层组成,光的反射是在层与层的界面上进行,当温度变化,层与层的间距发生变化时,反射光的光程差也发生了变化,因此在反射光方向看到的相干波的波长就不同了,光的颜色就会发生变化。反之,根据观察到的反射干涉光的颜色的变化,就可以判断局部液晶的温度改变,用这种方法可以显示温度为 0.5℃ 的差别。这种性质可以用来测量电子元件的温升和电机的发热,也可以用来检查人体病变的区域,如检查肿瘤的位置。

此外,向列相液晶分子在电场作用下,其排列方向也会发生改变,利用偏振技术就可以用来作为光控开关,用于控制光路的通断(图 4-7)。

在向列相液晶中加入少量旋光物质,液晶分子轴向就会发生扭转,如果事先将液晶盒的两个内表面作沿面排列处理,就会使上表面的向列相液晶分子与下表面液晶分子成 90°排列。这时,若有一束通过(上)偏振片后形成振动方向与上表面液晶分子取向一致的偏振光,

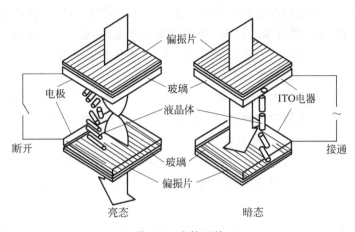

图 4-7 光控开关

垂直照射在它上面,那么偏振光的振动方向将随着液晶的分子轴旋转,并以平行于出口处(下)偏振片的偏振化方向射出,使光路开通,如图4-7左侧所示,呈亮态。

如果我们对液晶盒两面施加一个电场,当电场达到一定的强度时,液晶的分子轴向排列通常就不会发生变化了,出射光的振动方向沿液晶分子排列方向也不会改变,但因为它与下偏振片的偏振化方向垂直,所以,偏振光不能透过下偏振片,使光路关断,如图4-7右侧所示,呈暗态。

根据向列相液晶的扭曲效应,已将液晶大量地用于制作显示屏,呈亮态显示屏的结构和光控开关的结构十分类似。液晶显示屏具体的构成是这样的:由两块透明的导电玻璃将扭曲向列相液晶夹于其中,液晶分子的长轴平行于玻璃基板表面,上下玻璃板间的液晶分子长轴连续扭曲排列成90°。在上下两玻璃基板的外表面分别贴有偏振化方向相互平行的偏振片,并在玻璃基板的内表面贴有透明导电膜(图 4-8),其显示机理完全类似于前面的光开关。当自然光通过屏的上偏振片(起偏器)后成为偏振光,液晶显示屏在没有任何外加电信号时,偏振光的偏振方向随液晶分子的扭曲而变化,在到达下玻璃基板内表面时,光的振动方向刚好转过90°,但因上、下偏振片的偏振化方向相互平行,因此,对透射光而言,显示屏呈暗态,而对反射光而言,显示屏呈亮态。

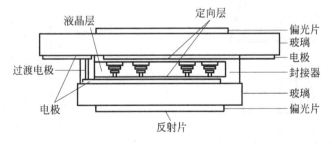

图 4-8 液晶显示屏结构示意图

今在导电膜上加电压,于是液晶分子在电场作用下清除了原来的扭曲结构。这样,偏振光透过液晶盒下表面时,振动方向保持不变,光可以透过下偏振片。所以,对透射光而言,显示屏呈亮态,对反射光而言呈暗态。若在下偏振片(检偏器)底面涂上黑色的吸光物质,从上往下看就呈暗态。如果我们改变玻璃基板上透明导电膜的结构,使上玻璃基板上的导电膜成"吕"七段显示器,并使段与段之间成为相互隔离的小电极,在每一个电极上接相应的信号线,下板不变,这时从显示屏的上面往下看反射光,加电压的电极部位就呈暗态,没加电压的电极部位和没有电极的部位都呈亮态(图 4-9)。

在玻璃基板上制作多个七段显示器,并将它们的小电极与译码电路相连接,那么就可以把译码器中的电路状态用阿拉伯数字显示出来。由于这种电极上的信号有别于连续脉冲,相对说来有一段稳定的时间,故称这种显示形式为静态显示。

与静态显示相对应的是动态显示。当连续脉冲的电信号不断地作用于电极上,使显示屏上的光信号随电信号变化而变化,这种显示常称动态显示。动态显示常采用点阵式矩阵显示方案。

当两块玻璃基板上的透明条状电极成正交结构时,相互交叉重叠部分构成点阵式像元。当 X、Y 方向上电极数分别为 n 时,就可以用这 $2n$ 个电极构成 n^2 个像元(图 4-10)。

如果一个像元处于第 i 行第 j 列,当第 i 行的电位为 $-\frac{V}{2}$,第 j 列的电位为 $\frac{V}{2}$,该像元点的电位差为 V,若 V 已达到液晶的阈值电位差,那么该点就显示出一个暗点,我们称第 i 行,第 j 列的像元被选通,这种显示方式称为点阵式矩阵显示(图 4-11)。

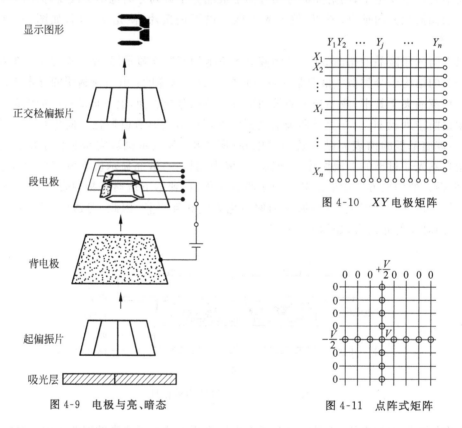

图 4-9　电极与亮、暗态

图 4-10　XY 电极矩阵

图 4-11　点阵式矩阵

液晶矩阵显示器总是采用逐行显示方式驱动,X 方向的电极按时间顺序从上到下逐行"选通",Y 方向的电极按显示信号加上"选"与"非选"的信号。按上面的假设,如果 X 方向的电极的选通电压为 $-\dfrac{V}{2}$，Y 方向的电极的"选通"信号为 $\dfrac{V}{2}$，那么被选通的像元的电压为 V，未被选通的像元电压为 $\dfrac{V}{2}$ 或 0。由于 $\dfrac{V}{2}$ 的电压没有达到液晶的阈值电压，故称相应的点为"半选点"。半选点往往会出现不应有的部分显示，所以，这种半选点是必须克服的。目前常采用电子开关等方法进行改善，且已经达到了彩色电视的显示要求，但成本往往较高。

现代的科学技术已经成功地实现了液晶的彩色显示，液晶的彩色显示也可分为静态显示和动态显示，这里介绍其基本原理。

为了讨论液晶的静态彩色显示，我们首先回顾偏振光干涉的基本知识。

设有两个偏振化方向相互垂直的偏振膜，中间夹有液晶，液晶的厚度为 d，液晶分子的长轴（即光轴）为 Z，通过起偏器的偏振光在液晶中分解为平行于 Z 轴的"e"光和垂直于 Z 轴的"o"光，由于 o 光和 e 光在液晶中的折射率不同，因此通过中间夹有厚度为 d 的液晶的偏振膜后，将产生相位差

$$\Delta = \dfrac{2\pi}{\lambda}(n_o - n_e)d + \pi$$

当 Δ 等于 π 的偶数倍时相干加强，等于 π 的奇数倍时就相干减弱。若 d 是确定的，那么其透射光与反射光的颜色也就确定了（图 4-12）。

如果考虑到液晶的旋光性，那么只要调整起偏膜和检偏膜偏振化方向间的夹角，同样能实现上述效果，根据调整的角度不同，常常可以获得"黄模"或"蓝模"显示。打字机和文字处理机就采用这种模式。

对动态彩色显示系统我们以液晶彩色电视显示屏为例。

彩色电视系统的液晶显示原理是在点阵式矩阵显示模式中，在每一个像元位置的上层玻璃板下，安排红蓝绿（R.B.G.）滤色膜，在滤色膜下是三原色驱动电路。只要电路提供三原色显示信号，在液晶屏上就可以显示出色彩丰富的画面（图 4-13、图 4-14）。

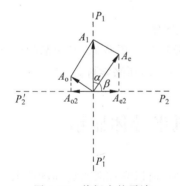

图 4-12　偏振光的干涉

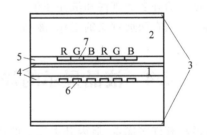

图 4-13　液晶彩色电视显示屏示意图
1—液晶；2—玻璃基板；3—偏振片；4—定向处理层；
5—公共磁极；6—像元电极；7—彩色滤膜

几十年来液晶显示器几乎改变了手表计时行业的传统技术，它使电子表、计算器风行全世界，由液晶屏装备起来的笔记本计算机正在改变着人类的生活，甚至改变着战争的形式。液晶电视一改传统电视机笨重的憨态，使人们可以随意将它挂在墙壁上欣赏，既省空间，又不会产生电磁污染。液晶在显示器中的地位越来越高，主要是由其独特的优异特性所决定

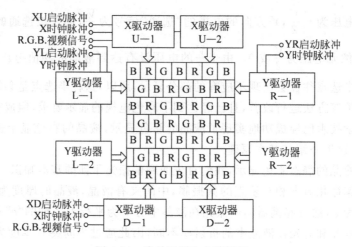

图 4-14 液晶屏周边电路框图

的,概括地说,有以下几个方面的优点。

(1) 节约能源。液晶的工作电压只有 3~5V,工作电流密度也只有几个微安每平方厘米,所以液晶显示可以和大规模集成电路直接匹配,广泛地应用于电子计算机和仪表显示器中。

(2) 显示信息量大。与传统的电子束显像管相比,没有荫罩的限制,像素可以做得很小,可以制成高清晰度电视和各种医疗显示屏。

(3) 液晶屏的基本结构是由两层玻璃做成的夹层结构,适宜采用集成化生产工艺技术,进行大批量的生产,在一个自动化流水线上,只要几个工人操作,每天就可以生产上千万片的液晶显示器。同时,它的尺寸可大可小,既可用于大屏幕显示,也可用于袖珍式小电视机。

(4) 液晶本身不发光,是一种被动型显示器,主要靠外界光的不同反射量决定对比度,符合人类的用眼习惯,不易疲劳。

(5) 液晶显示屏的寿命很长,几乎没有什么老化、劣化问题。

液晶显示的许多优越性和液晶在生物生命体中的重要作用告诉我们,对液晶的研究和开发利用是一项有深远意义的工作,液晶已成为正在发展的一门新兴学科。

4.4 液晶显示的局限与有机半导体显示

液晶显示有许多优点,但因其本质上的物理形态为液体,所以它在激烈运动的状态下会出现结构变异,导致显示能力的丧失,这一点也被飞机上仪表的液晶显示屏所证实。在飞机起飞、降落的过程中,由于加速度的存在,液晶必须承受惯性力的冲击,这一冲击使其形态和分子结构失去稳定性而无法显示,因此,装有液晶显示屏的飞机在起飞和降落过程中处于不能辨别自身状态的盲区。同样,坦克等作战装备上也不可能选用液晶作显示器。另外液晶对温度比较敏感。温度变化剧烈的地区也不适宜液晶屏的正常工作。为此,常用高稳定性等离子显示屏取代液晶屏。虽然等离子显示屏和液晶显示屏,都具有较小的体积和较大的显示面。但等离子显示需要较大的电压驱动(>100V),所以对电路及其器件又提出了更高的要求。

目前一种有机半导体发光器(OLED)①制作的显示屏具有液晶低电压驱动和等离子高稳定性、高可靠性显示的特点。图4-15所示的就是柯达公司的典型的OLED结构。玻璃基板上是一层透明的氧化铟锡阳极,上面覆盖着增加稳定性的钝化层,再向上就是P型和N型有机半导体材料,最顶上是镁银合金阴极。这些涂层厚度非常薄。在电极两端加上5~10V的电压,P/N结就可以发出相当明亮的光,该光是从玻璃基板向下发射的。

1988年,OLED①获得另一项重大突破。在英国剑桥大学卡文迪许实验室工作的博士生Jeremy Burroughes发表了一篇论文。他的研究证明,不仅小分子有机材料有发光性质,大分子的聚合物也有场致发光效应。这种方式被称为 PLED(Polymer LED)或 LEP(light emitting polymer)。它们的制造工艺更加简单,而且发光效率更高。

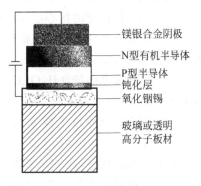

图4-15 OLED器件原理示意图

目前我们能够看到的OLED样品大多是单色或多色的,但材料和工艺的多样性让OLDE有多种途径可以实现彩色显示。最典型的有如下六种方式:①不同材料发出红、绿、蓝三色,像阴极射线显像管显示一样,由三基色像素拼接成一个彩色像素;②采用发出白光的材料,像液晶显示一样,通过三色滤色镜形成彩色像素;③采用特殊的材料,能够在不同的驱动电压下显示不同的色彩;④使用发出蓝色光线的材料,激发荧光物质发出各种色彩的光线;⑤激光共振方式;⑥将红、绿、蓝三基色发光膜重叠起来,构成彩色像素。

目前OLED显示屏的驱动也分为有源与无源两类。最早出现的是无源驱动OLED,它采用行列扫描的方式驱动相应的像素发光,形成屏幕显示,因此成本较低,工艺也比较简单,但由于刷新速度等问题,只用于小尺寸的显示屏;1995年,柯达与三洋公司签署协议,通过三洋的低温多晶硅技术和柯达的电致发光材料实现了有源矩阵OLED,有源显示技术是将OLED发光材料集成在硅片上,每个像素都由一个晶体管驱动。为了发挥OLED响应速度快的优势,目前厂家倾向于采用最新的低温多晶硅(LTPS)技术驱动OLED,这会在大尺寸显示器、高分辨率微型显示器中得到应用。目前索尼公司已经展示了大尺寸有源OLED显示屏的样品,柯达和三洋也都许诺会在近期推出装备有源矩阵OLED显示屏的数码相机,而且包括专业型号的产品。

从1987年到现在,OLED技术发展神速,尤其是器件的稳定性得到很大提高,基本上达到商业应用的要求。其中绿光材料的半衰期已达到2万~5万h,蓝光材料的半衰期也已超过3万h。而在发光效率方面,OLED则远远高于等离子显示器(PDP)和有源液晶显示的水平,PLED器件的发光效率已超过20lm/W,OLED器件的发光亮度已经超过$100000cd/m^2$。我们的企业在初入阴极射线显示器与液晶显示器市场时,已经错过了产业高利润阶段,只能

---

① OLED是英文organic light emitting display(有机发光显示器)的简称,它的发光原理是指有机半导体材料和发光材料在电驱动下,通过载流子注入和复合导致发光的现象。通过搭配不同的材料,发出不同颜色的光,来达到全彩显示器的需要。

依靠强大的生产能力参与市场的角逐。而正处于萌芽期的 OLED 给了所有企业一个近乎平等的机会,中国很有希望在这项技术上与世界保持同步,一起分享高速成长的利润,甚至可能占据一定的主导地位。

与液晶相比,OLED 具有以下突出优势:

（1）OLED 器件的核心层厚度很薄,厚度可以小于 1mm,为液晶厚度的 1/3;

（2）OLED 器件为全固态机构,无真空、液体物质,抗振性好,可以适合巨大的加速度、振动等恶劣环境;

（3）主动发光的特性让 OLED 几乎没有视角问题,在很大角度内观看时显示的画面不失真;

（4）OLED 器件单个像素的响应速度是液晶元件的 1000 倍,可以实现精彩的视频重放;

（5）低温特性好,在 $-40℃$ 能正常显示,而液晶在低温下显示效果不好;

（6）对材料和工艺的要求比液晶的低得多,成本将会更低;

（7）发光转化效率高,能耗比液晶略低;

（8）OLED 器件单个像素尺寸可以相当小,而且还有很大的"减肥"潜力,非常适合应用在微显示设备中;

（9）OLED 能够在不同材质的基板上制造,可以做成能弯曲的柔软显示器。

思 考 题

1. 什么是"液晶"？它可分成哪几类？
2. 热致液晶在相变过程中有哪三个亚类？
3. 液晶显示领域选用哪一类液晶材料？
4. 液晶具有哪些理化特性？
5. 液晶显示屏可分静态和动态显示两种,试以黑、白显示为例简要说明它们各自的显示原理。
6. 试述晶液显示的优缺点。

参 考 文 献

1. 陆果. 基础物理学. 北京: 高等教育出版社, 1997
2. 李维诖, 郭强. 液晶显示器应用技术. 北京: 北京邮电大学出版社, 1993
3. 柴天恩. 平板显示器件原理及应用. 北京: 机械工业出版社, 1996

专题五

红外辐射及其应用技术

在电磁波谱中,我们将波长从 0.76～1000μm 波段的电磁波称为红外线,这是一个很宽的波谱区,为了研究的方便人们又将它分为四部分:近红外($\lambda=0.76\sim1.5\mu m$)。中红外($\lambda=1.5\sim6\mu m$)、远红外($\lambda=6\sim15\mu m$)和甚远红外($\lambda=15\sim1000\mu m$)(如图 5-1 所示)。

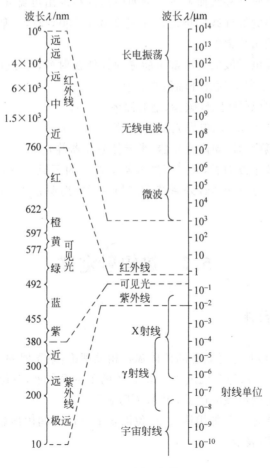

图 5-1 电磁波谱

红外线和可见光一样，在同一介质中直线传播，遵守反射、折射定律，具有散射、干涉和偏振等特性。本专题主要内容有红外辐射的基本理论，红外探测器的原理以及红外探测技术的应用与原理等。

5.1 红外辐射

我们的肉眼虽然看不见红外线，但红外线无处不在。太阳光就包含了大量的红外线（约50%），宇宙中，除了最靠近我们的恒星——太阳是红外线的巨大发射源以外，其他的星球，甚至人造地球卫星，宇宙飞船都能够发射大量的红外线。实验证明，一切物体在高于绝对零度的任何温度下都会辐射红外线，我们称这种现象为红外辐射，因此，举目四望，到处都是红外辐射源，到处都充满着红外线。

由于红外线的波长大于可见光波长，其频率比可见光小，因此红外光子的能量（$E=h\nu$）明显小于可见光光子，例如波长为 $2\mu m$ 的光子的能量大约是可见光光子能量的 1/4，所以它不可能使一般的胶片感光，但红外线的热效应比可见光显著得多，因此红外辐射又称热辐射。事实上它并没有任何特别的热性质，所谓热效应仅仅是指红外辐射被吸收的结果。自然界大量的物体容易吸收红外线而发热。例如白炽灯在发出可见光的同时发出大量的热，这种热量是白炽灯发出的红外线的标志。在温度低于 500℃ 时，一般的物体不会发出可见光，但能产生红外线，发出热辐射。

任何发射红外波段电磁波的物体都可能称为红外辐射源，除了上述我们介绍的自然界红外辐射源外，在工业上典型的红外辐射源还有：

(1) 标准辐射源（能斯脱灯、硅碳棒、绝对黑体模型）；

(2) 工程用辐射源（白炽灯、电发光辐射器、弧光灯等）；

(3) 激光器（气体激光器、固体激光器、半导体激光器等）。

另外从红外探测技术方面看，又可将红外辐射源分为三类。一是作为标准辐射源的主动式红外人工辐射源；另一种是红外系统探测的目标辐射源；再就是干扰红外系统探测的背景辐射源。

5.2 热辐射定律

1. 黑体辐射规律

在讨论黑体辐射时，对已经熟悉的黑体辐射相关理论，略作回顾。

(1) 单色辐出度——从绝对温度为 T 的物体的单位面积上，单位时间内，在波长 λ 附近单位波长范围内所辐射的电磁波能量，用 $M_\lambda(T)$ 表示。

(2) 辐出度——温度为 T 的黑体，在单位面积上单位时间内所辐射的各种波长的电磁波能量的总和，用 $M(T)$ 表示。

$$M(T) = \int_0^\infty M_\lambda(T) \mathrm{d}\lambda \tag{5-1}$$

(3) 斯特藩-玻耳兹曼定律

黑体的辐出度与黑体的温度的四次方成正比

$$M(T) = \int_0^\infty M_\lambda(T) \mathrm{d}\lambda = \sigma T^4$$

式中

$$\sigma = 5.670 \times 10^{-8} \mathrm{W} \cdot \mathrm{m}^{-2} \cdot \mathrm{K}^{-4} \tag{5-2}$$

(4) 维恩位移定律

当黑体的热力学温度升高时，单色辐出度的峰值所对应的波长向短波方向移动

$$\lambda_\mathrm{m} T = b$$

式中

$$b = 2.898 \times 10^{-3} \mathrm{m} \cdot \mathrm{K} \tag{5-3}$$

(5) 最大辐射定律

峰值波长 λ_m 对应的辐出度 $M_{\lambda\mathrm{m}}(T)$ 称辐射体的最大辐出度，由普朗克黑体辐射公式

$$M_\lambda(T) = \frac{2\pi hc^2}{\lambda^5} \frac{1}{\mathrm{e}^{\frac{hc}{\lambda kT}} - 1} \tag{5-4}$$

将 $\lambda_\mathrm{m} = \dfrac{b}{T}$ 代入上式得

$$M_{\lambda\mathrm{m}}(T) = BT^5 \tag{5-5}$$

$$B = 1.2862 \times 10^{-11} \mathrm{W} \cdot \mathrm{m}^{-2} \cdot \mathrm{\mu m}^{-1} \cdot \mathrm{K}^{-5}$$

说明在一定的温度下，对应最大辐射波长的辐出度与温度 T 的五次方成正比。

2. 灰体辐射规律

通常一个物体在辐射能量的同时，也吸收周围物体的辐射能，如果某物体吸收的辐射能多于同一时间内放出的辐射能量，则其总能量增加，温度升高；反之能量减少温度下降。

当一个物体吸收外界的辐射能时，一般会发生三个过程，即一部分反射，一部分吸收，还有一部分透射。而对于一个不透明的物体，可以忽略其透射能，只考虑其反射能和吸收能。定义被吸收的能量与入射总能量之比为吸收本领 α_λ，被反射的能量与入射总能量之比为反射本领 ρ_λ，显然对于不透明物质

$$\alpha_\lambda + \rho_\lambda = 1 \tag{5-6}$$

如图 5-2 所示，真空容器中有两个不透明物体 A 和 B，假定 A 为黑体，B 为一般物体。经过一段时间后达到热平衡，物体与容器达到同一温度。这时容器内仍存在热交换，只不过是每一物体的吸收能等于其辐射能。设物体 A 的单色辐出度为 $M_{\lambda A}(T)$，物体 B 的单色辐出度为 $M_{\lambda B}(T)$，B 吸收的能量为 $\alpha_{\lambda B} M_{\lambda A}(T)$，同时被 B 反射一部分能量，这部分反射能为 $\rho_{\lambda B} M_{\lambda A}(T)$，这一能量又重被 A 吸收，除此以外，B 发出的辐射能全部被 A 吸收，按热平衡理论，黑体 A 辐射的能量应等于

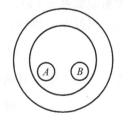

图 5-2 真空密闭容器内的物体

其吸收的能量。

$$M_{\lambda A}(T) = M_{\lambda B}(T) + \rho_{\lambda B} M_{\lambda A}(T)$$

于是

$$M_{\lambda A}(T) = \frac{M_{\lambda B}(T)}{1 - \rho_{\lambda B}}$$

对于不透明物体,应遵循式(5-6),则

$$M_{\lambda A}(T) = \frac{M_{\lambda B}(T)}{\alpha_{\lambda B}}$$

因此可以推论得

$$\frac{M_{\lambda 1}(T)}{\alpha_{\lambda 1}} = \frac{M_{\lambda 2}(T)}{\alpha_{\lambda 2}} = \cdots = M_{\lambda 0}(T) = f(\lambda, T) \tag{5-7}$$

式中 $M_{\lambda 0}(T)$ 表示黑体的单色辐出度。该式称为基尔霍夫定律,对一切物体的辐出度的基尔霍夫定律可表示为

$$\frac{M_1(T)}{\alpha_1} = \frac{M_2(T)}{\alpha_2} = \cdots = M_0(T) = f(T) \tag{5-8}$$

$M_0(T)$ 为黑体的辐出度。

基尔霍夫定律说明,一个物体的辐出度与其吸收本领的比值是与物体性质无关的量,它等于同一温度下的黑体的辐出度。因此对任何物体,吸收本领大的物体,其辐射本领也大。如果一个物体不能辐射某一波长的电磁波,那么它也绝对吸收不了同样波长的电磁辐射能。

按基尔霍夫定律,引入"辐射发射率"的概念(或称比辐射率),用"ε_λ"表示

$$\varepsilon_\lambda = \frac{M_\lambda(T)}{M_{\lambda 0}(T)} = \alpha_\lambda \quad 0 < \varepsilon_\lambda < 1 \tag{5-9}$$

辐射发射率定义为一定温度下,某辐射体在某波长的单色辐出度,与同一温度下的黑体在同一波长的单色辐出度之比值。ε_λ 也称"光谱黑度",在数值上与该物体的吸收本领相同。

按 ε_λ 的差别,我们将辐射体分为三类,如图 5-3 所示。

(1) $\varepsilon_\lambda = 1$,这类辐射体为黑体。

(2) $\varepsilon_\lambda = \varepsilon < 1$,这类辐射体为灰体。

(3) $\varepsilon_\lambda < 1$,且 $M_\lambda(T)$ 随波长和温度的变化而显著变化,这类辐射体称选择体。

严格地讲,自然界并不存在黑体和灰体,但在限定的波长范围内,许多物体的辐射特性的精度可近似为黑体或灰体。一些常用材料及地面覆盖物的辐射发射率如表 5-1 所示。

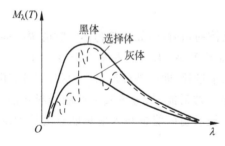

图 5-3 三种辐射光谱辐射曲线示意图

引入了辐射率 ε_λ 以后,一般物体的辐出度

$$M(T) = \int_0^\infty M_\lambda(T) d\lambda = \varepsilon_\lambda \int_0^\infty M_{\lambda 0}(T) d\lambda$$

对于灰体 $\varepsilon_\lambda = \varepsilon < 1$,故灰体的辐出度

$$M(T) = \varepsilon \int_0^\infty M_{\lambda 0}(T) d\lambda = \varepsilon \sigma T^4 < \sigma T^4 \tag{5-10}$$

表 5-1　一些常用材料及地面覆盖物的辐射发射率

材　料	温度/℃	ε	材　料	温度/℃	ε
毛面铝	26	0.55	平滑的冰	20	0.92
氧化的铁面	125～525	0.78～0.82	黄土	20	0.85
磨光的钢板	940～1100	0.55～0.61	雪	−10	0.85
铁锈	500～1200	0.85～0.95	皮肤・人体	32	0.98
无光泽黄钢板	50～350	0.22	水	0～100	0.95～0.96
非常纯的水银	0～100	0.09～0.12	毛面红砖	20	0.93
混凝土	20	0.92	无光黑漆	40～95	0.96～0.98
干的土壤	20	0.9	白色瓷漆	23	0.90
麦地	20	0.93	光滑玻璃	22	0.94
			牧草	20	0.98

当辐射体温度改变 dT 时，引起灰体的辐出度的相对变化率

$$\frac{\mathrm{d}M}{M} = 4\,\frac{\mathrm{d}T}{T} \tag{5-11}$$

上式说明，对于辐射体温度控制的要求，取决于对辐射源辐出度变化的要求。如果要求辐射体的辐出度变化小于 1‰，则对辐射体温度变化的要求，应不超过 0.25‰。

5.3　红外线在介质中的衰减

光通过任何介质都会或多或少地被吸收，这是光通过介质以后减弱的一个重要原因。

如图 5-4 所示，在介质中，沿光的入射方向建立一维坐标，设在 $x \to x + \mathrm{d}x$ 的薄层介质中，光强的损失为 dI，设介质单位长度的吸收系数为 k，则损失的光强正比于光强和介质厚度 dx，即

$$-\mathrm{d}I = kI\mathrm{d}x$$

如果进入介质的光强为 I_0，介质的厚度为 l，最终穿出介质的光强为 I，对上式积分

$$\int_{I_0}^{I} \frac{\mathrm{d}I}{I} = -k\int_0^l \mathrm{d}x$$

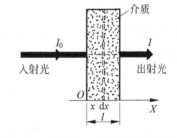

图 5-4　光强通过介质后衰减示意图

得

$$I = I_0 \mathrm{e}^{-kl} \tag{5-12}$$

光强在介质中按指数规律衰减。定义介质的透过率

$$\tau = \frac{I}{I_0} = \mathrm{e}^{-kl} \tag{5-13}$$

对不同的介质，在不同波长段的吸收系数 k，会表现出很大的差异，例如对可见光，金属的吸收系数 $k = 10^5 /\mathrm{cm}$，玻璃的吸收系数 $k = 10^{-2} /\mathrm{cm}$，而大气对可见光的吸收系数 $k = 10^{-5} /\mathrm{cm}$。同一种玻璃对可见光的吸收过程中，不同波长吸收又不一样，一般说玻璃对绿

光、蓝光、紫光具有强烈的吸收,而对橙光、红光和近红外线的吸收就较弱。因此玻璃是一种比较好的红外光学材料,另外还有不少红外光学材料可以参考应用。如图 5-5 所示。

大气对红外辐射的吸收具有明显的选择性,某些波长的红外线在大气中具有良好的透明度,某些波长的红外线被大气吸收得很厉害,这就好比在整个闭封的大气层上,被打开了几扇透光的"窗户"(如图 5-6 所示),所以研究红外线穿越大气时有"大气窗口"一说。

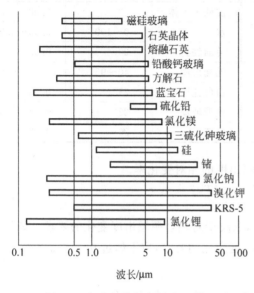

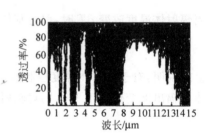

图 5-5　部分红外材料的透光范围　　　图 5-6　海平面上大气透过率曲线

在光的传播过程中,除了介质的吸收外,介质中的悬浮微粒对光的散射也很强烈,且对不同的波长,颗粒散射的情况也不一样,红外一般不容易被散射,所以在薄雾天,红光传得比较远。

因散射引起的光的损耗也遵守指数规律,设散射系数为 β,在综合吸收和散射两种损耗以后,光的总透过率

$$\tau = e^{-(k+\beta)l} \tag{5-14}$$

5.4　红外探测器简介

因为红外线在人们的"视野"之外,所以若要借助红外线"看清"物体,必须依赖于"红外探测器"。红外探测器在红外技术的应用和发展中占有极其重要的地位,它是红外技术的"核心"。

红外探测器的原理是利用不同物质的各种物理特性,将人们不易感知的红外信息转变为可测量的能量信号。红外线是光,所以它与可见光有许多共性;同时红外线还具有不同于可见光的个性,那就是它的热效应比可见光要显著得多。根据这两点,目前设计的红外探测器可以分为的两大类:一类是根据红外光的热效应设计制作的热探测器;另一类是根据光电效应设计制作的光子探测器。

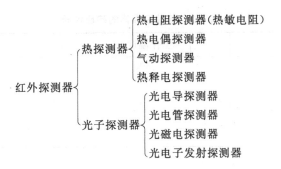

热探测器是根据物体吸收辐射能受热升温的原理而制成。许多物质受热后的体积会膨胀(气体),电导率增加(本征半导体),利用这些性质可制成热电阻探测器和气动探测器;热电偶是根据不同的金属的逸出功的差异而设计的;热释电探测器是一种较为新型的探测器,热释电探测器是用热电晶体制成,热电晶体是一种自发极化晶体,在自然环境下,晶体内会自发出现正、负电荷分离现象,而当温度上升到某一临界温度以上时自发极化现象消失,等价于晶体的电荷因受热而释放掉——"热释电",其释放的电荷引起回路电流的增加,形成相应的电信号(如图5-7所示)。

光子探测器是按量子理论发展起来的一类光探测器。一种是依据光电效应理论而设计的光电子管,可以用来探测光的作用;另一种是半导体受光照以后产生的电子空穴对,将极大地改变本征半导体的电导率(亦称内光电效应),利用这一原理可以制成光敏电阻(图5-8),由光敏电阻组成的电桥(如图5-9所示)。若在无光照时电桥平衡,一旦受到光的照射,平衡破坏、光信号变成了电信号;在光子探测器中,还有一种光磁电探测器,是利用了光生载流子在磁场中受到洛伦兹力的作用而产生的霍耳电压,从而探测到光的作用的。另外,半导体理论和技术水平的提高,为红外探测器的研制提供了良好的理论基础,光电二极管就是光电探测的重要元件,由于不同的半导体材料制作的光电二极管就对响应波长不一样(表5-2),有时要根据需要,选择不同的半导体材料或选择不一样的工艺条件来制造光电器件。

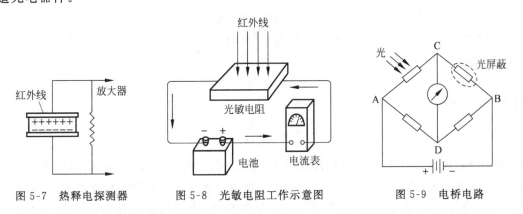

图5-7 热释电探测器　　图5-8 光敏电阻工作示意图　　图5-9 电桥电路

通常衡量探测器性能的优劣有以下几个参数:响应波长、响应时间、灵敏度、工作温度。例如热释电探测器可以在整个红外波段有平坦的频率响应,光子探测器的响应时间较短(10^{-9}s),在一般情况下光子探测器较热探测器灵敏度高,但有些光子探测器却要在很低的温度下才能正常工作,这就需要增加辅助设备。

表 5-2　各种半导体的响应波长

材　　料	工作温度/K	响应波长/μm
锗 G311	300	0.5~0.95
硅	300	0.5~1.06
砷化铟	300	1~3.7
锑化铟	77	0.6~5.6
碲镉汞	77	6~15

5.5　红外技术的应用

目前，红外技术已经成为工农业生产、科学研究和国防建设各个领域不可缺少的尖端技术，具体的应用领域有红外控制、红外测温、红外测距、红外追踪、红外成像、红外加热、红外遥感、红外通信等。

1. 红外测温技术

红外温度计广泛地应用于电力系统的发电、输电和用电过程中对电力器件的安全运行的监测和维护。也用于对大流量人群的快速测温，以监视高热传染病人活动流向。由于这是一种快速响应的非接触测温技术，所以它在许多情况下成了独一无二的测温手段。按照对红外辐射的不同的测量方法，介绍三种典型的测温原理。

（1）辐射功率测温法

由式(5-10)可知，物体的辐出度 $M(T)$ 与 T^4 成正比，如果选择一种探测器将辐射功率与电信号 V 建立起对应的关系，则

$$V = \varepsilon k\sigma T^4 \tag{5-15}$$

只要知道比例系数 k 及辐射发射率 ε，就可以由电信号 V 的大小测出辐射体的温度 T。但比例系数 k 很难确定，为此常选黑体作为比较的标准。设黑体在温度 T_0 时的辐出度为 $M_0(T)$，相应电信号为 V_0，则

$$V_0 = k\sigma T_0^4 \tag{5-16}$$

将式(5-15)和式(5-16)两式中消去 k，得

$$T = \sqrt[4]{\frac{V}{\varepsilon V_0}} T_0$$

V_0 这个量必须预先测定，不同的辐射发射率 ε 的值可以在测算时临时输入，但黑体的温度 T_0 必须预先知道，或者另外测量。一般的辐射体由于表面的形状和粗糙度的关系，辐射发射率 ε 值会有所改变，这一变化常常影响测量的精度，因此这种方法的应用受到一定的限制。

（2）单色测温法

单色测温法是专测某一波长的单色辐出度，测量时必须在探测器前面的测量光路中加入一块单色滤光片，只让该波长的辐射能转变为电信号，然后和黑体的单色辐出度对应的电

信号比较,由黑体的温度推算出辐射体的温度。这一原理与辐射功率测温法没有本质的区别。

(3) 双色测温法

双色测温法是用两块单色滤光片分别放置在两条光路里,测量两个波长的单色辐出度之比,然后用黑体标定的这两个单色辐出度之比来确定辐射体的温度。

由普朗克黑体辐射公式衍生出灰体的单色辐出度

$$M_\lambda = \varepsilon c_1 \lambda^{-5} \frac{1}{e^{\frac{c_2}{\lambda T}} - 1}$$

对照式(5-4),其中 $c_1 = 2\pi hc^2$, $c_2 = \dfrac{hc}{k}$,当 λ 不是很大时 $e^{\frac{c_2}{\lambda T}} \gg 1$,所以

$$M_\lambda(T) \approx \varepsilon c_1 \lambda^{-5} e^{-\frac{c_2}{\lambda T}}$$

辐射体波长 λ_1, λ_2 的单色辐出度之比

$$\frac{M_{\lambda_1}(T)}{M_{\lambda_2}(T)} = \frac{\varepsilon_1}{\varepsilon_2} \left(\frac{\lambda_2}{\lambda_1}\right)^5 e^{-\frac{c_2}{T}\left(\frac{1}{\lambda_1} - \frac{1}{\lambda_2}\right)} \tag{5-17}$$

$\varepsilon_1, \varepsilon_2$ 分别表示波长为 λ_1, λ_2 的辐射发射率,而黑体辐射中波长为 λ_1, λ_2 的单色辐出度之比

$$\frac{M_{\lambda_1}(T)}{M_{\lambda_2}(T)} = \left(\frac{\lambda_2}{\lambda_1}\right)^5 e^{-\frac{c_2}{T_0}\left(\frac{1}{\lambda_1} - \frac{1}{\lambda_2}\right)} \tag{5-18}$$

当两者单色辐出度之比相等时,由式(5-17)和式(5-18)得

$$\frac{\varepsilon_1}{\varepsilon_2} e^{-\frac{c_2}{T}\left(\frac{1}{\lambda_1} - \frac{1}{\lambda_2}\right)} = e^{-\frac{c_2}{T_0}\left(\frac{1}{\lambda_1} - \frac{1}{\lambda_2}\right)} \tag{5-19}$$

式(5-19)两边取对数,整理后得

$$\frac{1}{T} - \frac{1}{T_0} = \frac{\ln\varepsilon_1 - \ln\varepsilon_2}{c_2\left(\dfrac{1}{\lambda_1} - \dfrac{1}{\lambda_2}\right)}$$

只要 $\varepsilon_1 = \varepsilon_2$,辐射体温度 T 就等于同它单色辐出度比值相同的黑体的温度 T_0。

图 5-10 是一个典型的红外测温系统的结构示意图,由此,我们可以方便地说明其测温原理。

先看调制盘的结构(图 5-11),调制盘的透射区和不透区的面积相等,且可绕其中心垂直轴转动。目标信号中的红外辐射,经光学系统聚焦以后直接穿过透射区,作用到测温仪的探测器上,而黑体辐射信号只能由调制盘的不透射区域反射到探测器。因调制盘是由小型

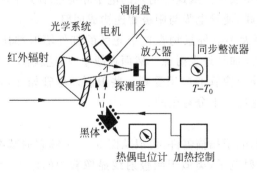

图 5-10 典型的红外测温系统

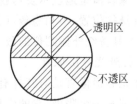

图 5-11 调制盘图案

电机带动旋转,目标信号和黑体辐射信号轮流输入至探测器,探测器将获得的光信号转换成电信号。所以探测器可获得两组交流信号,两信号经过放大、整流以后成为一个直流信号,这个直流信号的绝对值与目标信号和黑体信号发射体的温差 $T-T_0$ 成正比。调节黑体温度,改变黑体辐射信号,直到直流信号值为零。这样,黑体温度 T_0 与目标温度 T 就一一对应了。当目标信号辐射率 $\varepsilon=1$,黑体温度 T_0 就是目标温度 T;当 $\varepsilon\neq 1$ 时必须将黑体温度除以 $\varepsilon^{\frac{1}{4}}$ 才是目标的精确温度。所幸的是,大部分的目标辐射体的发射率 ε 都接近 1,修正量不大。

目前电力系统大多采用这种红外测温仪,它遥控测量距离在 2~40m,测量时间只须 2~3min,测量温度范围 0~500℃,测温误差小到 ±1%。

对运动中的物体,如列车轴箱的温度的测量,常常关系到安全运行的问题,利用红外遥控测温仪可以作为列车的安全监测装置。

2. 红外成像技术

在很多时候,我们不但要探测红外信号,而且希望能够直接看到红外辐射体的图像,红外成像器件就是将红外辐射体的图像变为可视图像的关键器件。下面介绍几种红外成像器件。

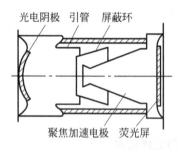

图 5-12 红外变像管示意图

(1) 红外变像管

这是一种把红外图像变为可见图像的电真空器件,其结构如图 5-12 所示。

红外变像管由三部分组成,分别是光电阴极,电子光学系统和荧光屏。光电阴极是由能接受红外线并产生光电子的材料组成的,这种材料是一些半透明的银-氧-铯红外敏感材料,将它们均匀地蒸涂在管子一端内壁表面。红外辐射于内壁表面上,产生光电子,光电子的数量与红外光强成正比。电子光学系统的任务是将光电阴极发射出来的电子加速会聚到荧光屏上,对电子的加速电压常常选取 10^3~10^4 V 的直流电压,这样一个强电场可使阴极光电子以高速射向荧光屏。在光电子到达荧光屏之前,还要用"电子透镜"对电子束聚焦,聚焦后的高速电子冲击在荧光屏上,使荧光物质(硫化锌)发光。其光迹就是红外辐射体的像。荧光屏接受电子以后,必须及时排遣这些射入的电子才能继续工作,因此在荧光物质的表面,还需要涂一层透明导电膜,使导电膜与阳极相连构成回路。

由于光电阴极的红限在 1.1μm,而大多数外景物在这个光区的红外辐射都比较弱,所以要使变像管清楚地显示发射物,必须外加红外发射源。然而在战争时,这就常常容易暴露观察者自身的位置,不利隐蔽,因此红外变像管的应用受到一些限制。尽管如此,在民用方面,或对不具备红外探测仪的敌对方,这还是十分有用的。

(2) 红外光导摄像管

红外光导摄像管是对红外有响应的电子扫描器件,可以从图 5-13 了解它的基本构造。

其左端是一个阴极,它的作用是发射电子,类似于阴极射线显像管中的电子枪,向右依次是加速电极和指挥电子束偏转的偏转线圈,偏转线圈分为水平方向和垂直方向两组,最右

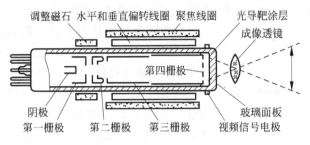

图 5-13 红外光导摄像管

端是光导靶及透明阳极,右端外缘是一组红外成像透镜。电子枪发射电子束,此电子束经栅极加速,同时经偏转线圈形成的磁场改变方向,成为方向可控的高速电子流,根据偏转线圈绕组的设计和电流的大小,电子束在光电靶上形成"扫描"动作。红外成像系统将像成在光导靶上,光导靶各点的电导率将由该点像的浓淡而确定,这样,电子束在扫描时,由于各点的电导率的差异形成电信号的差别。摄像管用电子束扫描的方法把像上各点的信息按一定顺序逐个传输给电子放大电路(如图 5-14 所示),然后再还原成光学图像。

与光导摄像管原理类似,还有一种硅靶摄像管,它的靶面直径只有二十几毫米,却排列着 625×625 个硅光电二极管,这些二极管互相独立、互不影响。在摄像管内将 P 型层对着电子束方向,N 型层对着红外像,这样,硅二极管就形成反向连接。在红外线的作用下二极管内形成光生载流子,光生载流子的数量与照在该光电管上的光强成正比。经电子束扫描以后,每一个光电管的电信号,分别按一定的顺序形成视频信号向外电路输出。

(3) 电荷耦合成像器件

电荷耦合器件的基本结构是半导体衬底上(S)生成一层均匀的氧化层(O),然后在氧化层上蒸上一层铝膜形成金属电极(M)。在半导体器件中,这种结构的器件有一个专门的名称,称为 MOS 管(图 5-15)。

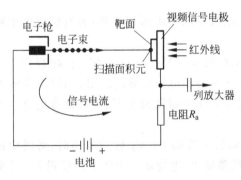

图 5-14 电子束扫描回路

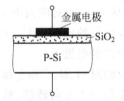

图 5-15 MOS 结构示意图

假定半导体材料为 P 型硅,其多数载流子为空穴,少数载流子为电子。当 MOS 结构金属电极接正极时,空穴将远离金属,形成表面耗尽层,耗尽层的深度与金属电压近似为线性关系。对少数载流子——电子而言,它会受到金属阳极的吸引而向金属电极汇集,所以在耗尽层中常有少数载流子聚集。由于被吸引的电子具有比较低的能量,所以金属电极附近电子能级比周围低,我们称其为电子的"势阱",金属电极电压越高,电子"势阱"越深。光子入射时,半导体内产生电子、空穴对,当电子被引入半导体的表面层时,电子将很快落入势阱中，由于外电路被 SiO_2 绝缘层阻断，所以电子在势阱中被储存起来。

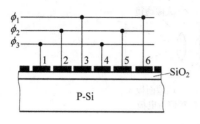

图 5-16 CCD 结构示意图

电荷耦合器件是由上述一系列的 MOS 结构组成，简称 CCD①，如图 5-16 所示，它是 20 世纪 70 年代问世的一种新型半导体器件，也是一种理想的固体成像器件。

CCD 中的 MOS 结构靠得很近，其电极间距小于 $3\mu m$，当电极在同一阳极电压作用下，金属电极下的势阱会相互沟通（如图 5-17 所示）。这里，我们以一维 CCD 器件为例，说明 CCD 的工作原理。

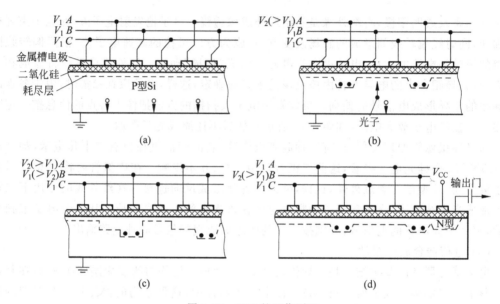

图 5-17 CCD 的工作原理

图 5-17(a)表示各金属电极的电压相同，电极下的势阱深度一样，若有储存电子则电子在各电极处随机分布。

图 5-17(b)表示，当 A 的电压 V_2 大于 B、C 的电压 V_1 时，与 A 相连的电极下的势阱较深，电子将从 B、C 所对应的电极处纷纷向 A 所对应的电极处靠拢。图 5-17(d)表示当 B 的电压为 V_2，A、C 的电压为 V_1（$V_2 > V_1$）时，对应的深势阱就发生了转移，储存的电子也随之转移到其旁边的电极下。

如果我们对 A、B、C 加上按时序变化的幅值不等的 V_1、V_2 脉冲电压时，势阱中的电子将会不断地向一个方向转移，最后通过输出线路输出，电荷从一个势阱转移到下一个势阱的过程称为电荷耦合，这就是把 CCD 称为电荷耦合器件的由来。

假设势阱中的电子是由外界的光子激发产生的，因为光强的大小决定于光子的数量，所以光强的大小就直接与势阱中的电子数对应起来，这样瞬间得到的电信息和 CCD 上的光信

---

① 1969 年，美国贝尔实验室 W. S. Bogle 和 G. E. Smith 提出了 CCD 的概念。CCD 是英文 charge coupled device 的缩写，中文译为"电荷耦合器"。CCD 是在 MOS 晶体管电荷储存器的基础上发展起来的，1970 年 CCD 问世以来，由于其独特的性能而迅速发展，重点应用于航天、遥感、工业、农业、天文及通信等军用及民用领域和信息存储以及信息处理等方面。

息一一对应,当按时序变化的脉冲电压作用在其上时,CCD 上与光信息对应的电信息就按一定的顺序向外输出,这就是视频信号的产生。

在 CCD 输出端上的半导体构成一个 PN 结(图 5-18),它与外电路连接方式为反向连接,这样便于形成一个较强的结间电场,以吸引电子向外电路转移,形成对应的信号电流的输出。

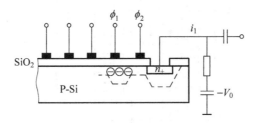

图 5-18　电流的输出

实际的线型 CCD 器件即为一维 CCD 器件,用它来完成平面型的二维结构摄像。其第二维常用旋转镜或光机扫描的办法来完成(如图 5-19 所示),如拍摄资料照片时,常采用如图所示的摄像系统。

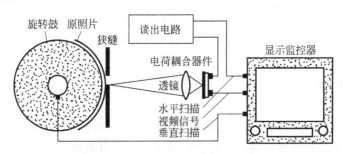

图 5-19　线型 CCD 摄像系统示意图

面型 CCD 摄像器件常将 MOS 结构按二维矩阵式排列,每一列都是一个线型的 CCD 器件,列与列之间要进行沟阻隔离,防止出现信号的干扰,信号电荷的转移通常采用三种方式,即帧转移、行间转移和线转移,我们以结构简单的帧转移为例说明其工作原理。

帧转移要求器件面积较大,可以将它划分为三大区域:光积分区、读出储存区、输出寄存区。如图 5-20 所示,光积分区是 4×4 个 CCD 摄像区,读出储存区是 4×3 个 CCD 储存区,在一系列时序电脉冲的作用下,可将摄像区的信号向储存区转移。在储存区的下面是读出储存区,实际上它又是一个线型 CCD 器件,它在另一组时序电脉冲控制下,不断将读出储存区的信号向外电路输出。在一个时段内,它将储存的一行信号输完的过程,相当于完成一次行扫描,当它完成 4 个行扫描后,相当于完成了一帧画面的扫描。这样在各个时序脉冲的驱动下,周而复始地输出视频信号。从图中可以看出,储存区与摄像区并不完全对称,这种不对称并不影响摄像机的工作。

获得视频信号以后,还必须经过放大,然后由显像设备还原成辐射体的图像,这个过程可由电子线路的一套成熟的技术完成。

红外成像技术无论在工农业生产,军事和科学研究中都有其独特的作用,它的应用现在已越来越普遍。

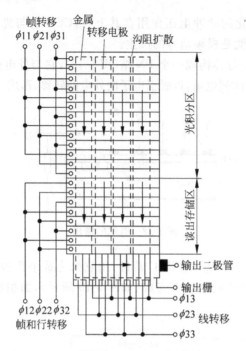

图 5-20 帧转移面型 CCD 摄像器件的原理图

3. 红外遥感

所谓的遥感,是指那些利用现代技术的遥感仪器从距地面几十公里、几百公里甚至于几千公里的高空对地球资源和环境进行的感知和测量。尤其是航天技术发展以后,人们可以从更高的人造卫星上揭示天空、地面、海洋、森林和地下的奥秘。遥感技术可用于地质勘探、天气预报、森林火灾报警、农作物监视、军事侦察等。

因为红外波段比较宽,不同温度区域红外线的波长和强度都不一样,所以可以通过红外技术提供给我们更多的信息。电子工业的发展正在不断地制造出各种探测器,这样就为我们提供了各种波段的红外探测仪。

当然遥感的手段是多种多样的,除了在红外部分进行探测外,我们不会放弃可见光波的探测,甚至紫外光的探测等都将得到充分的利用。它一般采用多个镜头,配上不同的滤色片和不同的感光片,最后将它们综合后,进行比较,得到我们所需要的各种信息。

4. 远红外加热新技术

远红外加热是利用热辐射直接作用到被加热的物体上。目前民用产品中的微波炉,光波炉实际就是远红外加热技术的应用。

红外加热的效果主要决定于被加热物体吸收红外能量的多少。每一种物质都有自己的固有的吸收频率(图 5-21),当红外线的频率和物质的固有频率接近时,就产生一种"共振吸收"现象,把红外辐射的能量转化为分子热运动的能量。水、玻璃、无机物、绝大多数有机物和高分子物质都能强烈地吸收远红外线。以水为例,水对 $3\mu m$ 以内,$5\sim 7\mu m$,$14\sim 16\mu m$ 的远红外线都有大量的吸收带,而水对近红外辐射的能量吸收比较差,所以远红外加热比近红外加热优越得多。在加热干燥的过程中,我们的目的是要水分子受热蒸发,所以可以设计远红外加热炉。利用远红外加热技术可以节约大量能源,全国的干燥行业涉及到农业(饼干、茶叶、粮食干燥)、工业(印染、油漆、造纸、陶瓷、制药等),其对能源的需求占国家燃料消耗总量的10%~15%,利用红外干燥技术对节约能源减少污染的意义十分重大。

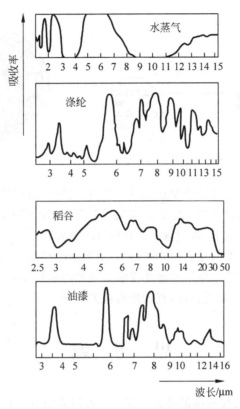

图 5-21　几种物质的红外吸收特性

远红外加热还有一些其他的优点,如它加热均匀、干燥速度快、容易控制产品质量、设备规模小、投资少、寿命长、卫生、维修方便等。

5. 红外追踪

导弹的威力表现在它能主动地追击目标,特别是像战斗机、坦克、装甲车、军舰之类的战斗目标,导弹的命中率之高令人吃惊。它的自动跟踪系统主要是依靠红外制导。

凡是有动力的战斗机械都有功率强大的发动机,而这些发动机又都是强大的红外线发射源。导弹在探测到这一红外辐射源以后,便依靠自身的操纵控制系统引导导弹自动接近目标,最后与目标同归于尽。导弹的制导系统中,红外导引头(图5-22)是导弹最关键的部分,它包括整流罩光学系统、调制盘、红外探测器、陀螺等。

光学系统的作用主要用于目标物的聚焦。调制盘独特的结构(图5-23)用于接受辐射体的像,由于目标物处于云层、烟雾等背景辐射之中,所以调制盘的作用是将目标物与背景的信号分开。它安置在光学系统的焦平面上,盘面是一些透明与不透明的间隔小区,一个小区的大小刚好可以容纳一个目标辐射物的像,当盘面随着陀螺转子以某一角速度旋转时,它黑白相间的图案扫过目标像点,红外探测器就将这间隔的像点转换成交流信号。由于云层、烟雾面积大,对应的红外探测器测得其像点的频率与目标物明显不同,这样系统就可捕捉到目标物。陀螺的作用是接受操纵系统输出指令,指挥导弹的飞行方向。

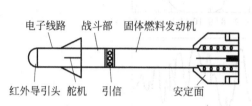

图 5-22　响尾蛇导弹的外形和它的组成示意图

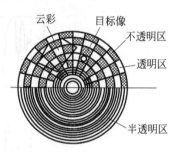

图 5-23　调制盘图案

当携带导弹的歼击机的驾驶员发现敌机后就对准目标,直到敌机在导弹的射程之内,同时导弹上的红外跟踪系统也开始工作后就即刻发射。由于敌机的红外辐射不断地通过整流罩和光学系统聚焦在调制盘上,调制盘根据目标像点落在它上面的位置不同,调制成不同的红外信号。由探测器将红外信号转换成电信号,再经电子线路放大,并与原有的基准信号比较,得出误差电信号,利用这一电信号驱使操纵系统和陀螺转动机构带动舵机不断地校正导弹的飞行方向,使导弹逐步逼近目标,直到最后摧毁目标。

思 考 题

1. 说明红外线的分类与对应的波长范围。红外线遵循哪些物理规律?
2. 什么是黑体?什么是灰体?什么是基尔霍夫定律?
3. 通常从哪些方面去衡量红外探测器的优劣?
4. 为什么红外加热干燥能节约能源?
5. 简述 CCD 摄像器件的结构与工作原理?
6. 红外测温具有哪些优越性?

参 考 文 献

1. 穆恭谦等.奇妙的红外辐射.北京:中国青年出版社,1984
2. 张敬贤.微光与红外成像技术.北京:北京理工大学出版社,1995
3. (苏)Л.З.克利克苏诺夫著,俞福堂等译.红外技术原理手册.北京:国防工业出版社,1986
4. 杨德骥.红外测距仪原理与检测.北京:测绘出版社,1989
5. 赵秀丽.红外光学系统设计.北京:机械工业出版社,1986

专题六

光纤与光纤通信技术

自然界中存在着大量的能够传递光的物质，我们称之谓光的透明介质，如空气、水、玻璃、石英晶体……但这些透明介质有一个共同的不足就是光在其中的损耗很大。这些损耗包括材料本身的杂质或缺陷的吸收和散射，光线在其界面上的反射引起的损耗等。由于这些原因，一般的透明介质并不能用来进行长距离的光学信息的传递。

用高纯度的石英可以制作成径向尺寸很小的光学纤维。这就是我们通常所说的"光纤"。实验证明，石英光纤的最低极限损耗值在 0.2dB/km 左右，而目前望远镜上使用的最高级的光学玻璃的损耗值都在 500dB/km 以上，显然光纤的损耗要小得多。这样，利用"光纤"来远距离传递信息就成了可能。

世界上许多国家已经成功地利用光缆来进行远距离通信、数据传输等。与铜导线相比较，光学纤维具有损耗低、线径细、重量轻、可挠性好、无感应、无串话、频带宽等优点。

本专题内容包括光学纤维的种类和输出特性的介绍，重点讨论光纤通信的基本理论，信号转换原理以及光纤通信一些重要器件的性能。

6.1 介质薄膜波导

1. 平面波的反射与折射

在光纤通信中，传输光信号的介质是光纤。为分析问题的方便，我们采用薄膜介质模型来分析。如图 6-1 所示，设中间一层介质的折射率为 n_1，厚度为 d（d 约在 $1\sim 10\mu m$ 之间），光就在这一层介质中传播，其上、下分别是折射率 n_2、n_2' 的其他介质，为了使光能在薄膜中形成全反射，所以 n_2、n_2' 必须小于 n_1。若 $n_2=n_2'$，称其为对称薄膜波导[①]。

一个波长为 λ_0 的平面波在介质中传播时其波矢为

---

① 波导通常是指引导电磁波的一组物质边界或构件的传输线。

$$k_1 = \frac{2\pi}{\lambda_1}e_r = \frac{2\pi n_1}{\lambda_0}e_r = n_1 k_0 \quad \left(k_0 = \frac{2\pi}{\lambda_0}e_r\right) \tag{6-1}$$

e_r 为波的行进方向。当波在介面上反射或折射时（图 6-2），由反射定律和折射定律告诉我们

$$\theta'_1 = \theta_1 \tag{6-2}$$

$$n_1 \sin\theta_1 = n_2 \sin\theta_2 \tag{6-3}$$

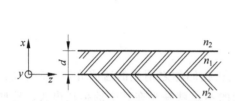

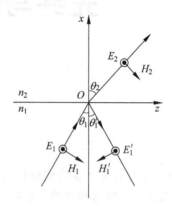

图 6-1 介质薄膜波导的结构　　图 6-2 水平偏振波的反射与折射

当 $n_1 > n_2$ 且 $\sin\theta_2 = 1$，$\left(\theta_2 = \frac{\pi}{2}\right)$ 时入射角 θ_c 满足 $\sin\theta_c = \frac{n_2}{n_1}$，此时的入射角 θ_c 称临界角，要使波在介面上发生全反射，入射角 θ_1 必须大于 θ_c。

2. 反射波的相位突变

设入射波、反射波、折射波的电场强度表示式分别为

$$E_1 = E_{01}\exp(-ik_1 \cdot r) \tag{6-4}$$

$$E'_1 = E'_{01}\exp(-ik'_1 \cdot r) \tag{6-5}$$

$$E_2 = E_{02}\exp(-ik_2 \cdot r) \tag{6-6}$$

E_{01}，E'_{01}，E_{02} 分别表示入射波、反射波和折射波的复振幅，r 表示波在行进过程中的某点的位置矢量。

显然 $k \cdot r = \frac{2\pi}{\lambda_n}r = \frac{r}{\lambda_n}2\pi$，表示波在行进过程中的相位变化，定义

反射系数

$$R \equiv \frac{E'_{01}}{E_{01}} = |R|\exp(i2\phi_1) \tag{6-7}$$

折射系数

$$T \equiv \frac{E_{02}}{E_{01}} = |T|\exp(i2\phi_2) \tag{6-8}$$

ϕ_1，ϕ_2 分别表示在介面上反射波、折射波比入射波超前的相位。

为了方便，我们以电场矢量与入射面垂直的水平偏振波为例，讨论其反射系数。

由电场和磁场的边界条件

$$E_1 + E_1' = E_2 \tag{6-9}$$
$$H_1\cos\theta_1 - H_1'\cos\theta_1' = H_2\cos\theta_2 \tag{6-10}$$

和电磁波的 E, H 关系

$$\begin{cases} \sqrt{\varepsilon_1} E_1 = \sqrt{\mu_1} H_1 \\ \sqrt{\varepsilon_1'} E_1' = \sqrt{\mu_1'} H_1' \\ \sqrt{\varepsilon_2} E_2 = \sqrt{\mu_2} H_2 \end{cases} \tag{6-11}$$

将式(6-11)代入式(6-10),利用透明介质中 $\mu_1 = \mu_1' = \mu_2$,得

$$\sqrt{\varepsilon_1} E_1 \cos\theta_1 - \sqrt{\varepsilon_1'} E_1' \cos\theta_1' = \sqrt{\varepsilon_2} E_2 \cos\theta_2 \tag{6-12}$$

利用式(6-9)、式(6-12)消去 E_2 得

$$E_1(\sqrt{\varepsilon_2}\cos\theta_2 - \sqrt{\varepsilon_1}\cos\theta_1) + E'(\sqrt{\varepsilon_2}\cos\theta_2 + \sqrt{\varepsilon_1'}\cos\theta_1') = 0$$

故

$$R = \frac{E'}{E_1} = \frac{\sqrt{\varepsilon_1}\cos\theta_1 - \sqrt{\varepsilon_2}\cos\theta_2}{\sqrt{\varepsilon_1'}\cos\theta_1' + \sqrt{\varepsilon_2}\cos\theta_2}$$

因折射率 $n = \dfrac{v_0}{v} = \dfrac{\sqrt{\varepsilon\mu}}{\sqrt{\varepsilon_0\mu_0}} = \sqrt{\dfrac{\varepsilon}{\varepsilon_0}}$,且 $\theta_1' = \theta_1, \varepsilon_1' = \varepsilon_1$

所以

$$R = \frac{n_1\cos\theta_1 - n_2\cos\theta_2}{n_1\cos\theta_1 + n_2\cos\theta_2} \tag{6-13}$$

由折射定律

$$\cos\theta_2 = \pm\sqrt{1 - \sin^2\theta_2} = \pm\sqrt{1 - \left(\frac{n_1}{n_2}\right)^2 \sin^2\theta_1}$$
$$= \pm i\sqrt{\left(\frac{n_1}{n_2}\right)^2 \sin^2\theta_1 - 1} \tag{6-14}$$

i 前可取"−"号或"+"号,但当取"+"时第二介质中光波的幅度将随离开界面的距离而增加,在无限远处增加为无限大,故取"−"号。因此反射系数

$$R = |R|\exp(i2\phi_1)$$

$$= \frac{n_1\cos\theta_1 + in_2\sqrt{\left(\dfrac{n_1}{n_2}\right)^2 \sin^2\theta_1 - 1}}{n_1\cos\theta_1 - in_2\sqrt{\left(\dfrac{n_1}{n_2}\right)^2 \sin^2\theta_2 - 1}}$$

$$= \frac{\cos\theta_1 + i\sqrt{\sin^2\theta_1 - \left(\dfrac{n_2}{n_1}\right)^2}}{\cos\theta_1 - i\sqrt{\sin^2\theta_1 - \left(\dfrac{n_2}{n_1}\right)^2}}$$

由复数关系式 R 可表示为

$$R = \exp\left[i2\arctan\frac{\sqrt{\sin^2\theta_1 - \left(\dfrac{n_2}{n_1}\right)^2}}{\cos\theta_1}\right] \tag{6-15}$$

比较式(6-15)与式(6-7),得 $|R| = 1$。

$$\phi_1 = \arctan \frac{\sqrt{\sin^2\theta_1 - \left(\frac{n_2}{n_1}\right)^2}}{\cos\theta_1} = \arctan \frac{\sqrt{\sin^2\theta_1 - \sin^2\theta_c}}{\cos\theta_1} \quad (6\text{-}16)$$

可以看出,在全反射的情况下,界面上反射波比入射波超前的相位由 n_1、n_2 和入射角 θ_1 决定,当 $\theta_1 = \theta_c$ 时反射不引起相位的突变,全反射时入射角 θ_1 必须满足于 $\theta_c < \theta_1 < \frac{\pi}{2}$。在介质中满足全反射的波称导行波,简称导波。对光波导而言导波是一种重要的波型,导波在薄膜介质中,既有入射波,又有反射波。我们可以根据式(6-4)、式(6-5)和式(6-7)求得其合成波的电场

$$E = 2E_{01}\cos(k_{1x}x + \phi_1)\exp[-\mathrm{i}(k_z z - \phi_1)]$$

说明合成波在 z 方向呈行波状态,合成波是沿 z 方向传播的,在 x 方向,则不传播,呈驻波分布。

3. 导波的特征方程

前面已经说明平面波的入射角 $\theta_1 > \theta_c$ 时在波导中形成导波,但在 $\theta_1 > \theta_c$ 的范围内 θ_1 是不连续的,只有当 θ_1 满足某些条件时才能在薄膜中传播形成导波。

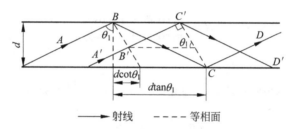

图 6-3 推导特征方程的平面波图形

设波导中有两束来自同一波源的波线分别为 $ABCD$ 与 $A'B'C'D'$,两条虚线为它们的波面,这时两波的相位差

$$\Delta\phi = \frac{2\pi}{\lambda_n}(BC - B'C') - 2\phi_1 - 2\phi'_1$$

$2\phi_1, 2\phi'_1$ 分别表示 $ABCD$ 波在上、下界的反射形成的相位突变,由图 6-3 知

$$BC = \frac{d}{\cos\theta_1}, \quad B'C' = d(\tan\theta_1 - \cot\theta_1)\sin\theta_1$$

所以
$$BC - B'C = 2d\cos\theta_1$$

故
$$\Delta\phi = \frac{2\pi}{\lambda_n}2d\cos\theta_1 - 2\phi_1 - 2\phi'_1$$
$$= k_0 n_1 2d\cos\theta_1 - 2\phi_1 - 2\phi'_1$$

为了保证传递过程中保持波的同步(不色散),必须满足 $\Delta\phi = 2m\pi$,即

$$k_0 n_1 d\cos\theta_1 - \phi_1 - \phi'_1 = m\pi, \quad m \text{ 为整数} \quad (6\text{-}17)$$

ϕ_1, ϕ'_1 由入射角 θ_1、折射率 n_1、n_2、n'_2 决定,所以式(6-17)表示在薄膜介质厚度 d、折射率 n_1、n_2、n'_2 确定的情况下,入射角 θ_1 必须满足的条件,此式叫做薄膜波导的特征方程或称薄膜波导的色散方程。

当 m 选择不同的数字时，θ_1 是不同的，说明导波在波导中传播时 θ_1 是不连续的。

4. 导波的截止波长

当波的入射角 θ_1 小于临界角 θ_c 时，波经过上下界面反射的同时还存在折射，造成波的能量损耗，这时波不能在介质中传播，由特征方程

$$\frac{2\pi}{\lambda_0}n_1 d\cos\theta_1 = \phi_1 + \phi'_1 + m\pi$$

对一个给定的模式，m 确定，λ_0 增加，θ_1 减小，当 $\theta_1 = \theta_c$ 时对应的入射波的波长称截止波长，用 λ_c 表示，由于

$$\cos\theta_1 = \cos\theta_c = \sqrt{1-\sin^2\theta_c} = \sqrt{1-\left(\frac{n_2}{n_1}\right)^2} = \frac{\sqrt{n_1^2-n_2^2}}{n_1}$$

对于对称薄膜波导，$n_2 = n'_2$，$\phi_1 = \phi'_1 = 0$，

可得

$$\lambda_c = \frac{2d}{m}\sqrt{n_1^2-n_2^2}$$

一般情况下，能在波导中传输的波的上限为 λ_c。当 $m=0$ 时，$\lambda_c = \infty$，这种模式没有入射波的波长限制。

5. 单模传输

为了讨论问题的方便，提出理想光纤的模型。所谓的理想光纤是指光纤的折射率严格对称，没有任何能量损耗的理想状态下的光纤。

当纤维的直径远大于光的波长时，可以采用几何光学原理来讨论光纤的光学性质。前面讨论的薄膜介质的波导理论具有相当重要的指导意义，如用波导理论来讨论光纤的传输特性时存在着一个光波的截止波长 λ_c，对于在截止波长 λ_c 以下的给定频率的入射光，存在着一系列分立的入射角 θ，入射光只有以这些 θ 角入射时方能在波导中传播。我们把每一种可以传播的方式称为光在该波导中可以存在的传输模，简称"模"，因此光纤有"多模"和"单模"之分。显然，单模光纤是理想的传输光纤。

我们把截止波长最大的模称为基模。显然，必须 $m=1$，这时最大的截止波长 $\lambda_c = 2d\sqrt{n_1^2-n_2^2}$。在实际应用中，只希望传输单模。适当地设计波导和选择工作波长，只让基模在波导内传播，而其他的高次模都截止，就可以实现单模传输了。

由以上讨论可知，薄膜波导理论物理概念清晰，得到许多有价值的结论，这些结论对光导纤维具有实际的指导意义。

6.2 光学纤维的构造和特性

光学纤维由折射率较大的芯体（光纤）和折射率较小的包层（涂层）构成。

设光纤部分为均匀的光密媒质，折射率为 n_i，包层的折射率为 n_t，设 $n_i > n_t$，光线由光纤

射向外界,只要入射角 θ_1 满足 $\theta_1 > \theta_c$ (θ_c 为临界角),光就会在光纤中形成全反射。如果没有包层,界面极易造成污染,引起漏光,形成附加损耗,或造成信息串通。由此可见,在光纤的外界加上一层包层是完全必要的。

当光纤的折射率 n_i 和涂层的折射率 n_t 都为均匀分布时,在它们的界面上,折射率形成阶跃型变化,故称此类光纤为阶跃型光纤。如果当光纤和涂层浑然一体,折射率从光纤的中央轴线到边界连续变化,显示出某种梯度时,这类光纤被称为梯度型光纤。

1. 阶跃型光纤中光的传播

当入射光从某一特殊位置射入光纤时,发现其所有的反射都在同一平面内。这束光被称为子午光,它们构成的平面称为子午面。对于圆柱形光纤而言,子午面是过光纤轴线的平面(图6-4)。

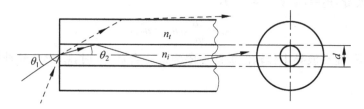

图 6-4 阶跃型光纤的子午面与子午光

当改变子午光纤端面的入射角,我们会发现在光纤中的折射光线斜率会发生变化,利用折射定律和几何关系,可以得到

$$n_0 \sin\theta_M = n_i \cos\theta_c = \sqrt{n_i^2 - n_t^2}$$

式中 n_0 为空气折射率,θ_M 为子午光线的最大入射角。

我们定义 $\text{N.A.} = \sqrt{n_i^2 - n_t^2}$,称为光学纤维的数值孔径,数值孔径(N.A.)决定了能被传播的光束的孔径角的最大值(图6-5)。

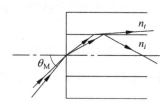

图 6-5 子午光的最大半孔径

如入射光线不是我们上述定义的子午光,我们称之谓斜光线,斜光线在光纤中的入射面构成了一个多棱柱,如图6-6所示。可以证明,斜光线的最大入射角大于子午光线的最大入射角,也就是说斜光线比子午光线有更大的最大入射角。

从图6-6中可以看出,当一束平行光线射到光纤端面,入射角同为 θ,因过轴的入射面是子午面,所以只有入射面与 MM' 剖面重合的光才构成子午光,其余都是斜光线。在子午面内,当 $\theta \geqslant \theta_M$ 时,不满足全反射条件,所以,子午光已经不能在纤维内传播。但斜光线还可以在纤维内发生全反射,因此它仍可在光纤中传播。

当光纤发生弯曲时,光纤中所有的入射光的传播轨迹都将发生变化,为了方便,我们仅观察子午光在弯曲光纤中的传播。如图6-7(a)所示,R 为弯曲光纤的曲率半径,当 R 变小时,子午线在弯曲光纤外侧的入射角小于内侧的入射角,当 R 小到使外侧的入射角不能满

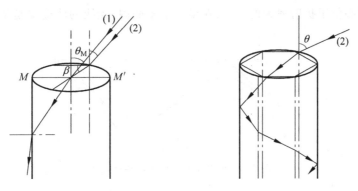

图 6-6　子午光与斜光线在光纤中的传递

足全反射条件时,便有一部分光从芯线弯曲部分的外侧面逸出,形成损耗。利用这一点可以制作四端定向耦合器(参见图 6-15)。当继续减小 R,还可能发生另一种情况,子午线只在外侧面发生反射,而接触不到内侧面,如图 6-7(b)所示。

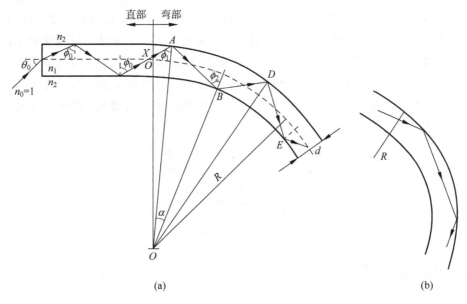

图 6-7　弯曲光纤对光传递的影响

可见纤维弯曲以后,使数值孔径变小,因而削弱了可以通过的子午线的光流,弯曲的曲率半径越小削弱得越多。但与直光纤比较,弯曲的子午面只有一个,这部分损失的光流只占整个光流的一部分,对某些短光纤,如果弯曲的曲率半径不是太小,弯曲的地方不是太多,可以忽略弯曲对光流的影响。但对于长距离使用的通信传输光纤,应尽量避免不必要的弯曲。

2. 梯度型光纤中子午光线的传播

梯度型光纤的折射率从中心到边缘是递减的,根据折射定律,子午光将沿着弯曲的路径传播,其曲率中心位于折射率大的一方,在整个子午面内,光线的轨迹便是某种周期性曲线(见图 6-8)。

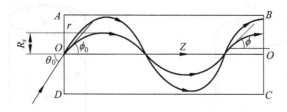

图 6-8 梯度型光纤中光的传播轨迹

如果光纤的折射率呈抛物线分布,即满足

$$n(r) = n(O)\left(1 - \frac{1}{2}k^2 r^2\right) \quad (k \text{ 为很小的常数})$$

式中 $n(O)$ 表示轴线 O 处的折射线,$n(r)$ 表示离轴线 r 处的折射率。光纤中传输光的轨迹似为正弦曲线。以不同的入射角入射的光线,满足等光程的条件,形成一种自聚焦现象。这种光纤又称自聚焦光纤。在自聚焦光纤中,不仅对轴上的光点,子午光线有自聚焦作用,对于轴外的光点,子午光线也同样有自聚焦作用。因此它可以使一个紧贴在纤维端面上的物体成像。当自聚焦光纤用来成像时,又称它为自聚焦透镜,因为它具有一般透镜的成像规则(图 6-9)。它不同于一般透镜的地方是它的焦距特小,称为"超短焦距",而且还可以随光纤弯曲传像,因而具有独特的用途。在医疗领域内使用的各种窥镜,多由这类光纤制作而成。

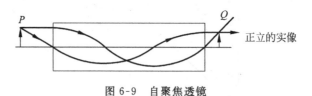

图 6-9 自聚焦透镜

3. 光纤的损耗

光纤的损耗导致光信号的衰减,因此,光纤的损耗是光纤品质的一个重要指标,常用衰减常数 A 表示。如光纤长度为 L,输入功率为 p_i,输出功率为 p_o,则对均匀损耗的光纤,衰减常数为

$$A = -\frac{1}{L} 10 \lg\left(\frac{p_o}{p_i}\right) \quad \text{dB/km}$$

4. 光纤的色散

光纤的色散是指光纤中不同频率信号或不同模式成分因传输速度不同而使信号散开的现象。色散影响光纤的带宽,限制光纤的传输容量与传输距离。

因信号频率不同,波长不同,折射率的差异反映了它们的传输速度的不同。因此,长距离传输,同时发出的信号不能同时到达,信号波形的改变形成色散。

发射模式不同时,由波导的特征方程可以看出同一波长的波在多模光纤中有多种入射角发射模式。由于入射角不同,光在光纤中经过的光程不同,最后在终端会导致信号波形的混杂而色散。其他的还有光纤材料本身的原因引起的色散,如梯度型光纤导致折射率不满足自聚焦特性引起的信号分散等。

5. 光学纤维的制作原理

因光学纤维由高折射率的玻璃和低折射率的涂层玻璃组成,所以要求两者具有相同的热膨胀系数。同时,为了提高光的传送效率必须要求它们具有极高的透明度,所以光纤的原材料实际上是一些符合特殊要求的专用玻璃原料,它们有一些特殊的配方。一般情况下纯石英中掺入五氧化二磷或二氧化锗时折射率会提高,掺入三氧化二硼(B_2O_3)时折射率会降低。

6. 光纤通信系统的方框图

这里列出了单信道通信方框图、多信道通信方框图和有线电视信号传输方框图。在单信道框图中,有两种中继器,一种为光电转换中继器(图 6-10(a));一种为光中继器(图 6-10(b)、(c))。目前的光中继器为掺铒光纤放大器,它工作在 $1.55\mu m$ 波段,光中继器简化了设备,提高了传输质量。

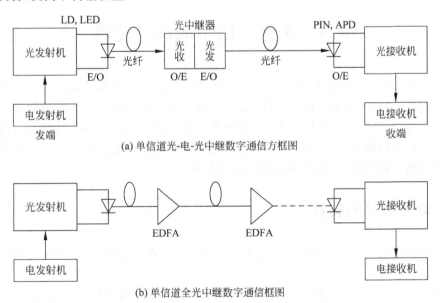

图 6-10 典型的光纤通信系统方框图

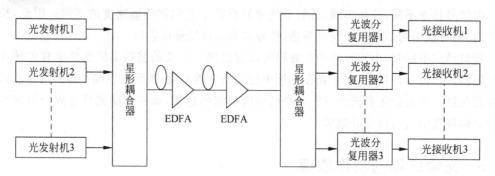

(c) 波分复用+掺铒光纤放大器数字通信方框图

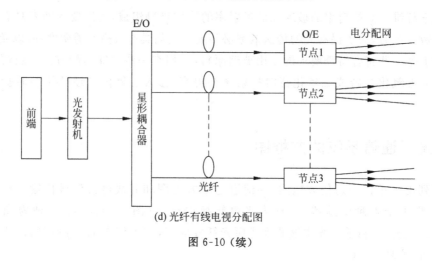

(d) 光纤有线电视分配图

图 6-10（续）

6.3　光纤通信中的信号转换

光纤使光信息进行远距离传递成为可能，但因为目前尚未发明直接由声转化为光的发话器，也没有发明由光直接转化为声的受话器。所以目前的光纤通信仍然遵循着由声信号转换为电信号，再将电信号转化为光信号的发射过程，和由光信号转换为电信号，再将电信号转化为声信号的接收过程。由于声、电之间的转换技术相对比较成熟，所以实现电光纤通信的技术关键是较好地实现电与光之间的相互转化。

1. 电光信号的转换

在发射端由电转化为光的器件是发光二极管或半导体激光器。激光的产生机理参见专题八——激光技术。

作为光通信中的发光二极管是利用注入有源区的载流子自发辐射而发光，它没有谐振腔，形不成激光，且发出的是荧光，是非相干光，我们以一个实际的砷化镓发光二极管为例进行说明。

发光二极管的中间层为 P 型砷化镓（GaAs），一边为 P 型 $Ga_{l-x}Al_xAs$，另一边为 N 型

Ga$_{l-y}$Al$_y$As，称为双异质结构（图 6-11）。

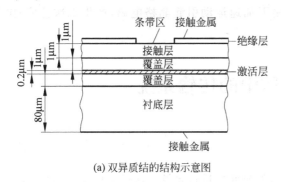

(a) 双异质结的结构示意图

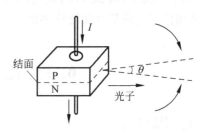

(b) 发光二极管示意图

图 6-11 发光二极管

当异质结中有正向电流流过时，电子就从 N 型层通过 PN 结构向 GaAs 注入，同时空穴从 P 型层向 GaAs 层注入，在中间层 GaAs 中电子与空穴复合，将多余的能量以光的形式发射出来。

发光二极管的驱动电流与发射光强度之间有较好的线性关系（图 6-12），所以可以用发光二极管制作模拟信号的电光转换器。

发光二极管具有制造工艺简单、成本低、可靠性好、激励电路简单、寿命长等优点。但其发射光频谱较宽，光束发散角较大，与光纤耦合效率较低，传输时容易引起色散。

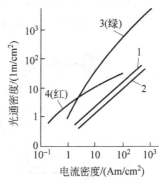

1—镓砷磷；2—镓铝砷；3—磷化镓；4—磷化镓

图 6-12 发光二极管特性曲线

2. 光电信号的转换

由光转化为电的器件，被称为光电管，亦称光探测器，在接收端光探测器将光信号转换为电信号。在光纤通信线路中，接收器的设计是最困难的。目前，有多种适用的光探测器件可供选择。典型的固态探测器有 PN 结光电管，P-N-P 光电晶体管，雪崩光电二极管（图 6-13），P-I-N 光探测器等。在此简单介绍半导体的 PN 结光电效应。

半导体 PN 结区是一个载流子耗尽区，当以适当的波长照射 PN 结时 P 和 N 型半导体都将吸收光能，如果光子的能量 $h\nu > E_g$（E_g 为禁带宽度）时光子被吸收，使价带中的电子受激跃迁到导带中而在价带中留下空穴。这种因光子作用产生的电子和空穴称为光生载流子。产生在耗尽区的光生载流子在内建电场的作用下作漂移运动，空穴向 P 区方向运动，电子向 N 区方向运动，它们在 PN 结的边缘被收集，在耗尽层的两侧形成光生电动势。如果将 PN 结与外电路接通就形成光电

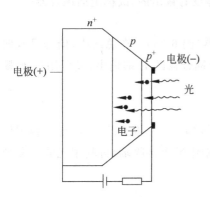

图 6-13 雪崩光电二极管结构示意图

流。雪崩光电二极管的名称是出自于已知的雪崩效应,当二极管工作在反向击穿电压附近,由于光生载流子在耗尽区内建电场的作用下加速运动引起晶格电离,产生二次空穴-电子对,从而使光电流信号猛增许多倍。

6.4 光通信中的传输系统

1. 耦合器

作为通信的一般要求,信息必须在有限的时间内进行足够多次的双向交流,这就要求我们在信号单向传输的基础上增加双向传输通道(图 6-14)。光纤的传递本身并没有限制单向性要求,因此利用一根光纤作双向传递是可能的。实现信号的双向传输依靠的重要器件是耦合器。下面,我们简单介绍四端耦合器、T 形耦合器和星形耦合器。

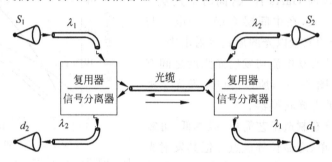

图 6-14　光纤中的双向传输

(1) 四端定向耦合器

四端定向耦合器,一般可以用两种方法制作:研磨法和熔锥法。研磨法是将两光纤侧面研磨,使其露出芯子以后放入光纤槽中。我们可以通过改变两光纤的拼合角度来调整其耦合光的强度,但工作稳定性差。另一种方法是将两根光纤绞合,使其在高温下熔融后拉成双锥状,这样光纤的芯径减小,工作稳定性高,同时加工的成本低,便于批量生产。由图 6-15 可见,这种四端耦合器①③和②④为直通臂,①④和②③为耦合臂。今以①端输入为例,光信号可以在③④两端输出,理想情况下②端是没有输出的,故称定向耦合器。

(2) T 形耦合器

用两个四端耦合器 DC_1 和 DC_2 可以构成 T 形耦合器(图 6-16)。在总线中,信号是双向直通的,T 形耦合器既可以将总线中的双向信号从 T 形耦合器的 R 端输出,又可用 T 形耦合器的 T 端将信号输入总线送往总线的两个方向。

(3) 星形耦合器

这种耦合器(图 6-17)可将 N 个不同频率的发射信号耦合到一根光纤上,实现大容器低损耗传输。同时又可将光纤总线上输入的混合信号传输到 N 个接收端,再利用光滤波器分开不同频率的信号。

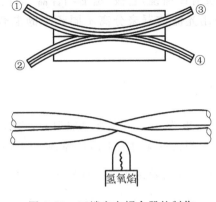
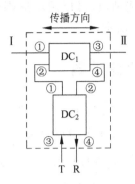

图 6-15　四端定向耦合器的制作　　　　图 6-16　T 形耦合器

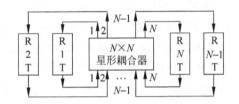

图 6-17　星形耦合器

2. 波分复用系统

包括复用器和解复用器,用于多路信号在一根光纤中传输的情况。复用器的作用是在输入端将不同频率的光信号组合起来送入一根传输光纤,解复用器的作用是在输出端将多路信号一一分开。

图 6-18 显示的是波分复用(WDM)系统的原理图,这里的 $\lambda_1 \cdots \lambda_N$ 表示不同波长的信号,这些光信号经凹面镜反射后汇聚到它的焦点上,刚好入射到预置在这里的光纤的端面上,由光纤传输,中继器放大,最后传到接收端。在接收端,这些混合的信号由光栅衍射而分离,由于不同波长的光经由光栅衍射后衍射角不同,所以在各自对应的位置上装上探测器,就可以将这些信号输送到不同的用户,如图 6-10(d)所示。

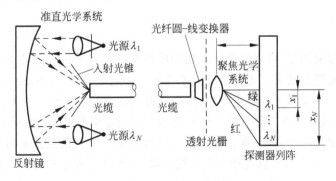

图 6-18　波分复用系统

现代实际运用的波分复用系统在发射端没有凹面镜,它被"星形耦合器"取代。在接收端可以用光栅,也可以用星形耦合器直接采用光滤波器来分离不同频率的混合信号,如图 6-10(c)所示。

3. 光滤波器

光的薄膜干涉理论告诉我们,如果薄膜的厚度为 l,入射光垂直照射时,透射光的干涉情况则由其光程 $\Delta = 2nl$ (n 为薄膜折射率)决定,当 $\Delta = k\lambda$ 时为干涉加强,所以对应透射光的波长 $\lambda = \dfrac{2nl}{k}$,k 为自然数。当 k 选定后,透射光的波长就由 l 唯一地确定。这样,虽然入射光中有各种波长的信号,但透射光中的信号波长却是唯一的,这就是光滤波器。

在光纤通信中,这种薄膜可以用光纤端面的空气膜来代替,光纤的端面可以作为膜的表面,这样的滤波器称光纤滤波器,它的优点是体积小,重量轻,结构紧凑,便于组装加工。制作光纤滤波器时,必须将光纤端面抛光并涂上反射膜,而且要保证光纤端面与光纤轴的垂直度。为了提高光纤的耦合效率,有时做成匹配腔结构,如图 6-19(a)所示。由定向耦合器 DC_1,DC_2 也可以构成滤波器(图 6-19(b))。在两定向耦合器之间设置两根折射率为 n 的光纤,其长度分别为 l_1 和 l_2,则两光纤的光程差

$$\Delta = n(l_2 - l_1)$$

当 $\Delta = k\lambda$ 时干涉加强,此时得到强化的出射信号波长

$$\lambda = \dfrac{n\Delta l}{k}$$

用这两种滤波器都可以从众多的混合信号中获得所需的光信号。

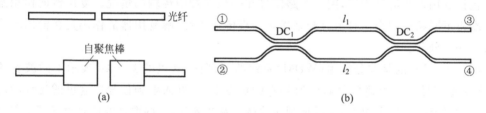

图 6-19 光滤波器

4. 光栅

把光栅作为解复用器,可以将传输总线中的所有各种频率的信号直接彼此分开。光栅可以分为透射型光栅和反射型光栅。反射型光栅也称闪耀光栅(图 6-20),在使用时两类光栅在技术上有所差别。对于闪耀光栅,可以在光栅的前面放置一聚焦透镜,将分开的信号用不同的光纤向外传递,也可以将分开的信号直接转化为电信号再向前传输。

闪耀型光栅常做成锯齿形,锯齿周期为光栅常数 d。设光信号波垂直于槽面入射到闪耀光栅上(见图 6-20(a)),如以光栅平面法线为参考,在衍射角 φ 的方向上应有

$$d(\sin\varphi \pm \sin\alpha) = k\lambda$$

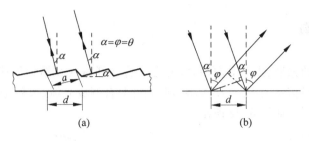

图 6-20 闪耀型光栅

当 $\varphi=\alpha$ 时,为中央干涉极大,反射光的波长 $\lambda=\dfrac{2d\sin\alpha}{k}$。当 $k=1$ 时,$\lambda_B=2d\sin\alpha$,优质闪耀光栅可将 80% 以上的能量集中到波长为 λ_B 的信号上。而在衍射角 φ 方向上的一级衍射信号的波长为 $\lambda=d(\sin\varphi\pm\sin\alpha)$。

5. 中继器

我们知道,仅仅降低光纤的损耗还不能进行信号的远距离输送。因为光信号传输距离除受光纤特性的影响外,还受发射功率、接收灵敏度、连接器的损耗、信息传输容量等各方面的因素制约。所以在进行远距离输送时,每隔 8~10km 的距离就要插入一个中继器。光-电-光中继器也称转发器,它的作用是对信号放大和整形,用于补偿信号衰减,纠正传输过程引起的波形畸变。

转发器的功能首先是拦截光信号,并将它转换成电信号,再由电子线路放大整形,再将放大整形后的电信号转化为光信号,继续向前发送。转发器主要由光电二极管、放大器、发光二极管等部件构成。除了信号转换以外,转发器的极大部分功能都是由技术成熟的电子线路来完成的(图 6-21),这是目前大量应用的中继器,缺点是设备复杂、成本高、维护不便。目前,利用掺铒光纤作为光放大器可以取代上述中继器(EDFA)(可参阅"光放大器"等有关资料)。

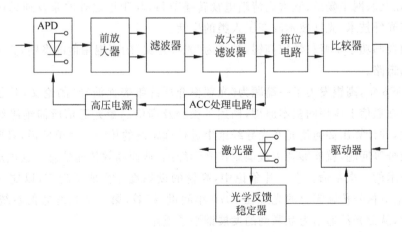

图 6-21 光-电-光中继器(转发器)方框图

6. 光缆结构

由于光纤自身的强度、损耗等原因,我们必须将光纤做成光缆的形式铺设在两地之间。工程上常根据两地通信量的大小,要求将多股光纤复合制成光缆,这种光缆其形式上又可分为单芯,双芯和多芯等,如图 6-22 所示。

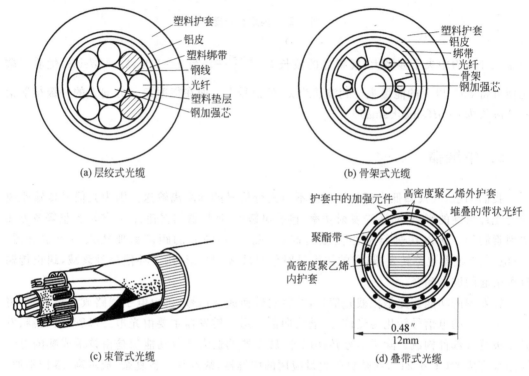

图 6-22　光缆的结构示意图

今天,在互联网中畅游、欣赏高清晰电视转播节目,与千里之外的亲友通话……处处都大量应用着光纤技术,光纤技术改变了人类的生活。

这一切要归功于华裔科学家高锟,被誉为"光纤之父"的高锟用他的发明,为人类铺通了信息时代的道路。

早在 1966 年,高锟发表了一篇题为《光频率介质纤维表面波导》的论文,开创性地提出了光导纤维在通信上应用的基本原理,描述了长程及高信息量光通信所需绝缘纤维的结构和材料特性,并计算出如何使光在光导纤维中进行远距离的传输。简单地说,只要解决好玻璃纯度和成分等问题,就能够利用玻璃制作光学纤维,从而高效传输信息。这项成果引起了世界通信技术的一次革命。在一片争论中,高锟的设想逐步变成了现实,以这一理论为依据,第一根适应信号传输需要的光缆在 1970 年问世,接着,第一个光纤通信系统又于 1981 年成功问世,从此光纤通信为互联网的发展铺平了道路。

2009 年 10 月,华裔科学家高锟,以"涉及光纤传输的突破性成就"获诺贝尔物理学奖,高锟成为继李政道、杨振宁、丁肇中、李远哲、朱棣文、崔琦及钱永健之后,第 8 位获诺贝尔科学奖的华人(华裔)科学家。

当今,利用多股光纤制作而成的光缆已经遍及全球,成为互联网全球通信网络的基石。光流动在细小如线的玻璃丝中,它携带着各种信息数据,传递向每一个方向,文本、音乐、图片和视频,能在瞬间传遍全球。光纤通信不仅有效解决了信息长距离传输的问题,而且还极大地提高了效率,降低了成本,除此,光纤还具有重量轻、损耗低、保真度高、抗干扰能力强、工作性能可靠诸多优点。同时,在应用方面,光纤除了在通信领域得到大量应用外,目前在远距离图像传输、银行系统和铁路系统的数据传输、工业上的探测和传感技术等方面,都有着广泛的应用前景。

思 考 题

1. 光在介质表面反射时的相位突变与哪些物理量有关?
2. 光在介质中传输时为什么会有波长的限制?
3. 什么是单模传输?它有哪些优越性?
4. 光放大器如何将信号放大?与光电转发器比较有哪些优点?
5. 什么是波分复用系统?它由哪些器件组成?如何工作?
6. 简述各种光滤波器是怎样选择信号的。

参 考 文 献

1. 李玲,黄永清. 光纤通信基础. 北京:北京国防工业出版社,1999
2. 徐大雄. 纤维光学的物理基础. 北京:高等教育出版社,1982
3. (日)长尾和美. 光导纤维. 北京:人民邮电出版社,1980
4. (美)C. J. Georgopouios. 光学纤维与光隔离器. 北京:宇航出版社,1990
5. (日)根本俊雄等. 光导纤维及其应用. 北京:科学出版社,1983

专题七

等离子显示技术

等离子体是部分或完全电离的气体。它由大量自由电子、正离子以及中性原子、分子组成。等离子体在宏观上近似于电中性，且所含的正电荷、负电荷几乎处处相等。按物质集聚态的顺序，等离子体位于固态、液态、气态之后，所以也称物质的第四态。尽管宇宙中99%以上的物质是以等离子体的形态出现的，但在地球上只有很少的机会可以观察到等离子体。地球上能见到的等离子体分布于电离层、极光、闪电和电弧、日光灯等地方。

一般的气体分子是中性的，在宇宙射线、放射性物质、高温辐射、电磁场等物质的作用下，有可能形成等离子态。我们把能使中性原子电离形成等离子态的外界因素称为电离剂或电离源，电离源可以是场或高能粒子。电离后的带电粒子之间的作用力服从库仑定律，如果将等离子体置于外电场中，带电粒子在库仑力的作用下会发生漂移运动。这时的正、负带电粒子也称载流子。在许多时候，正、负电荷会彼此吸引而中和，这种行为称为等离子的复合。因此，等离子体总是不断地产生和复合，我们常见的等离子体实际处于一种动态平衡状态。中性原子电离的快慢与电离源的作用强度有关，正、负带电粒子复合的快慢又与离子数成正比，当电离和复合这两个相反的过程达到平衡时，等离子体内正、负带电粒子的浓度不变。

本专题内容包括等离子发光的基本理论，交直流等离子显示技术的基本原理及其应用。

7.1 等离子显示（PDP）的物理基础

等离子发光是等离子显示的基础，等离子发光的理论我们可以借助于气体发光理论进行讨论。

1. 气体放电理论

将一个具有平板电极的气体放电管接到电路中去（图7-1），测出它的电流、电压特性，如图7-1所示。

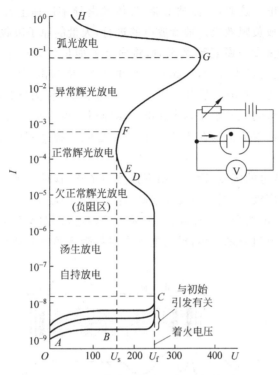

图 7-1 气体放电管的电流、电压特性

气体放电管不接电源时,其中的离子浓度是由环境电离作用形成的,一般离子密度很小,当管电压不大时,这些载流子在电场作用下分别向两极漂移,形成电流,由于载流子密度近似不变,因此这一段的电特性和一般金属类似,符合欧姆定律,如曲线 OA 段。

当电压继续加大,气体内电场随之增大,正、负带电粒子被电场迅速拉向两极,从而减少其复合的可能性。当场强足够大时,可以把其中的全部正、负粒子在复合之前就全部被拉到两极,以后,即使电压再增加,单位时间内到达电极的电荷数就受到单位时间内由环境电离源作用产生的离子的总电荷数的限制,所以在这一电压区间的电流基本不变,称为饱和电流,如图中特性曲线的 AB 段。

在管电压进一步加大时,载流子的速度加大、能量增加,当载流子与中性原子发生碰撞时,高能量的载流子本身成为电离源,使中性原子电离,这时载流子数目增加,又因电场大,载流子漂移速度也增加,所以电流随电压线性增大,如 BC 段。

在曲线的 OABC 段,气体放电时,载流子不能自动维持,称为非自持放电阶段。这一电压区域称为暗放电区,气体不发光。

当管电压增加到达 C 点附近时,气体被高速载流子电离以后还有足够的能量引起下一批中性原子电离,形成雪崩效应。同时,由电子撞击而产生的正离子在电场的作用下向阴极移动,到达阴极附近时首先吸纳一电子而中和成中性分子,接着中性分子凭着自身足够的能量与阴极碰撞,又可能撞击出一个新的电子,这个电子被称为二次电子。但不是所有的正离子都会撞击出电子的,而只是有一定的概率,因此,正离子在向阴极移动的过程中,除了吸纳阴极一个电子外还有一定的概率可击出第二个电子,这个电子加盟到电流中,使电流迅速加大,放电亦变为自持放电。这时,气体被击穿,气体的电导率迅速上升,电阻率下降,放电管两端的电压也下降,形成负阻效应。随着放电的进行,大量的原子吸收了能量以后处于激发态,当它们由不稳定的激发态跃迁到基态时,将多余的能量作为光子释放,形成辉光放电。如曲线的 EF 段。发光从 C 点开始,因此 C 点的电压 U_f 称为击穿电压或着火电压,在辉光放电 EF 阶段,放电管两极的电压基本不变,这时的电压 U_s 称为维持电压。辉光放电可用作照明,日光灯和霓虹灯的发光都属辉光放电。本篇讨论的等离子显示主要也是利用气体的辉光放电,辉光放电的电流范围在 $10^{-4} \sim 10^{-1}$ A 之间。辉光放电过程中气体不发热,通常称其为"冷光"。

当电压越过辉光放电的区域,管中会出现强烈的光辉,有时还有热辐射,这时,因为空气大量电离,所以电流密度极大,但电压反而下降,这一阶段的放电称弧光放电,G 点称为弧光放电的着火点。弧光放电的管压所以降低,是因为管内电离程度很高,电导率越来越大,阳极辉区越来越长,极间电阻越来越小,极间电压主要位降区落在阴极附近(见图 7-2 的电位分布)。

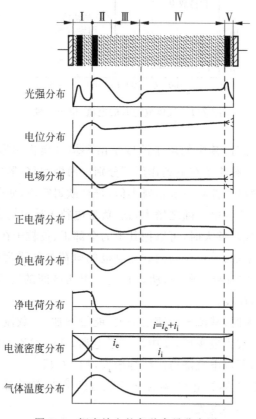

图 7-2　辉光放电的各种参量分布图

这一阶段从阴极射出的电子只要经过一个平均自由程和 10~20V 电位差加速,就可以使大量的气体产生电离,发生弧光放电,弧光放电可用于各种强光光源,如探照灯、水银灯等。

2. 汤森德繁流理论

气体放电管,在非自持放电过程中,原子从外界获得能量以后电离,电离后的电子在外电场获取能量成为新的电离源,不断撞击中性原子,使中性原子电离。电离以后的电子再一次作为电离源又使下一批中性原子电离……这样,一个载流子不断繁衍增殖而引起电流密度变化的理想过程,称繁流放电,又称雪崩过程。

设有一个具有一定截面积的气体放电管。我们在阴极位置设置坐标原点(如图 7-3 所示),阴极与阳极的间距为 d,在阴极处初始发射出的电子数为 n_0,到达阳极的电子数为 n_d,在外电场作用下一个电子每经过单位长度(cm)与气体分子碰撞而产生的电子-离子对的数目为 α(α 称为电离系数),若在 x 处截面上从 x 左侧流进 n 个电子,这 n 个电子作为电离源,当它们穿过 dx 空气层后增加的电子数。

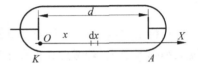

图 7-3 繁流理论图示

$$dn = n\alpha dx \tag{7-1}$$

两边积分

$$\int_{n_0}^{n_d} \frac{dn}{n} = \int_0^d \alpha dx$$

电离系数 α 是一个与气体的种类、状态和外电场强度有关的函数,若忽略其变化,将 α 视为常数时,计算得

$$\ln \frac{n_d}{n_0} = \alpha d$$

即

$$n_d = n_0 e^{\alpha d} \tag{7-2}$$

为不失一般性,仍假设这时的气体放电过程为非自持放电过程,气体在电离的雪崩过程中,电子数与距离 d 成指数变化关系。实际上,这一过程中,不能忽略正离子与阴极碰撞产生的二次电子和二次电子重新发射的过程。在上述雪崩过程中,每一次碰撞产生的正离子与电子成对出现。在以后 n 次碰撞中有 n^- 个电子和 n^+ 个正离子产生,所以管中正离子个数

$$n^+ = n_d - n_0 = n_0(e^{\alpha d} - 1)$$

一个正离子轰击阴极产生二次电子的概率为 γ,所以由 n^+ 个正离子产生的二次电子数

$$n^- = \gamma n^+ = \gamma n_0(e^{\alpha d} - 1)$$

这样,从阴极发射的电子总数为

$$n_1 = n_0 + n^- = n_0[1 + \gamma(e^{\alpha d} - 1)]$$

这 n_1 个电子作为电离源,当它们从阴极到达阳极的过程又是以上过程的重复。再一次计算阴极发射的电子数

$$n_2 = n_0 + \gamma n_1(e^{\alpha d} - 1) \tag{7-3}$$

如果放电过程达到稳定状态,阴极发射的电子数应维持在同一个水平上,所以

$$n_2 = n_1 \tag{7-4}$$

由式(7-3)和式(7-4)可得

$$n_1 = \frac{n_0}{1-\gamma(e^{ad}-1)}$$

这时到达阳极的电子数,可在式(7-2)中将 n_0 用 n_1 代替而得到

$$n_d = n_1 e^{ad} = \frac{n_0 e^{ad}}{1-\gamma(e^{ad}-1)}$$

由于电流强度正比于单位时间内抵达阳极截面的电荷数,在电压不变的情况下,电子的漂移速度近似为常数,电子的电荷 e 为常数,截面积为常数,因为电流密度 j 正比于电子数,可得

$$j_d = j_0 \frac{e^{ad}}{1-\gamma(e^{ad}-1)} \tag{7-5}$$

在稳定放电的情况下,两个电极间不会发生电荷的堆积,因此放电空间的任一点电流密度大小都等于 j_d(若考虑到正离子对电流的贡献,实际电流密度应是电子电流密度和正离子电流密度之和。此处我们用电子电流密度 j_d 为代表并不影响问题的讨论)。式(7-5)表明了自持放电的电流密度增长的规律,也表明了由非自持放电到自持放电的条件。可见所谓自持放电,就是去除最初的电离源,在 $n_0=0$ 的情况下电离过程照样进行的放电过程。

令式(7-5)中 $j_0=0$,因 j_d 仍为有限值存在,于是必有

$$1-\gamma(e^{ad}-1)=0$$

或者

$$\gamma(e^{ad}-1)=1 \tag{7-6}$$

这就是自持放电的条件。

式(7-6)的物理意义是:在放电管内如果阴极有一个电子,在雪崩效应后,可以产生 $(e^{ad}-1)$ 次电离,电离过程中产生的这 $(e^{ad}-1)$ 个正离子轰击阴极产生的二次电子数为 $\gamma(e^{ad}-1)$,维持导电状态的最低要求是二次电子数必须等于1。

气体自持放电条件说明,阴极上的电子在电场的作用下终将到达阳极被正电荷复合而消失,要使导电继续下去,必须保证阳极上有一定量的电子不断补充,这个电子的补充就要依靠正离子对阴极轰击而产生的二次电子。

3. 着火电压(击穿电压)U_f

在气体放电管两端加多少电压,可以使放电管进入自持放电状态呢?我们可以对式(7-6)进一步讨论而得到解答。

令 $\eta = \dfrac{\alpha}{E}$,式中 η 表示每伏电压降区间内由电离源产生的电子-离子对,将式(7-6)写成

$$\gamma(e^{\eta Ed}-1)=1$$

又由 $Ed=U$,代入上式得

$$\gamma(e^{\eta U}-1)=1$$

计算结果为

$$U = \frac{1}{\eta}\ln\left(\frac{\gamma+1}{\gamma}\right) \tag{7-7}$$

U 表示气体自持导电的电压值,这里应是着火电压或击穿电压 U_f,式(7-7)就是着火电压的理论值,亦称巴邢定律。

对不同气体,不同压强,η、γ 是一些不同的经验值。实验表明,对于平板型电极系统,在其他条件不变的情况下,着火电压 U_f 是气体压强 p 和管长 d 乘积的函数,图7-4是实验获得的几种气体着火电压与 pd 的关系曲线。从这些实验曲线中得到最小着火电压的经验公式

$$U_{f\min} = 2.72 \frac{B}{A} \ln\left(1 + \frac{1}{\gamma}\right) \tag{7-8}$$

其中,A、B 是由气体种类决定的实验常数。

式(7-8)与式(7-7)形式上的一致性说明经验公式与巴邢定律完全吻合。

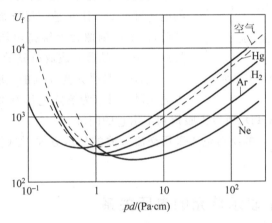

图 7-4 几种气体的巴邢曲线

7.2 交流等离子显示(ACPDP)基础

等离子显示屏上有许多像素,每一个像素为一个显示单元,对显示单元的控制就成了显示技术的关键。下面我们将逐一介绍和讨论。

1. 等离子显示单元

如图7-5所示,等离子显示器件是由厚 3~6mm 玻璃,经研磨后在其表面制作条状电极,然后在电极上覆盖一层 10~50μm 的 Al_2O_3 介质(可见,电极将不与放电气体接触)。再将这样两块玻璃上的电极立体正交并保持 0.1~0.15mm 的间距且用低熔点玻璃密封,待抽真空,灌装所需气体,最后封装、退火而成。条形电极的立体正交的部分构成像素(像元),或称等离子显示单元。

我们选择一个像元进行分析。在两个交叉电极上

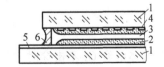

图 7-5 交流等离子显示器件
1—玻璃基板;2—介质层;3—Ne+Ar 气体;4—y 电极;5—x 电极;6—隔离物

加上维持电压 U_s，因 $U_s < U_f$，所以该像元不会发光，这时，在维持电压方波的后沿加上一个写入电压 $U_{wr} = U_f$，则该像元便放电发光。由于放电时载流子在电场中分别向阳极和阴极运动，最后这些带电粒子便在电极附近形成电荷积累，这种电荷称壁电荷。由壁电荷的电场形成壁电压（如图 7-6 中虚线方波所示）。值得注意的是壁电压总是和外加电压相反，也称反向壁电压，其叠加以后会降低加在电极上的维持电压使像元熄火。为此我们将驱使的维持电压 U_s 设计成间隙式的反向方波（如图 7-6 所示），一旦驱动电压反向就与前反向壁电压叠加，叠加后的电压绝对值超过点火电压 U_f，使像元又放电发光，然后又重复上述过程。如要已经发光的像元停止发光，我们在维持电压方波的前沿加上与壁电压相同的电压脉冲 U_e，让它进行微弱放电，中和电极上的壁电荷，待下一刻像元上维持电压 U_s 到来时已不能满足点火条件，就形不成放电显示了。

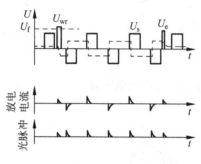

图 7-6 交流等离子显示工作原理

U_{wr}，U_e 是受人为控制的，我们形象地称 U_{wr} 为写入电压脉冲，U_e 为擦除电压脉冲，由于交流维持脉冲信号的频率很大（$>10\text{kHz}$），所以人眼辨别不出它的闪耀。

这种等离子显示单元的维持电压采用交流方波的显示方式（如图 7-6 所示），故称为交流等离子显示。

2. 交流等离子显示单元的电压关系

在交流等离子显示单元中，电极之间有上、下介质层和中间气体层，因此，它们可等效为三个电容串联，中间的气体电容间存在着击穿放电现象。所以其等效电路可以画成如图 7-7(a) 所示，介质壁电容用 C'_w 表示，两个壁电容串联可用等效电容 C_w 表示，$C_w = \frac{1}{2}C'_w$，气体电容用 C_g 表示。这样，它们两极之间的电压分别用 U_w 和 U_g 表示。

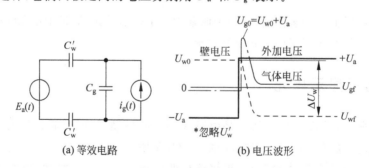

(a) 等效电路   (b) 电压波形

图 7-7 等离子显示单元的等效电路

在气体电容 C_g 不击穿时，气体电容的电压 U_{g0} 为

$$U_{g0} = U_{w0} + (U_a - U'_w)$$

其中，U_{w0} 为起始反向壁电压，是上一次放电形成的壁电压，U_a 为外加电压，U'_w 是外加电压在壁电容上的分压（$\approx 2\text{V}$），它与 U_a（$\approx 100\text{V}$）相比可忽略不计。所以忽略 U'_w 以后的电

压方程为
$$U_{g0} = U_a + U_{w0}$$
若 $U_{g0} > U_f$,气体放电,放电电流在壁电容上形成的与 U_{g0} 极性相反的壁电压为
$$\Delta U_w = \int_0^t i(t) \mathrm{d}t / C_w$$
t 为放电时间($2\sim6\mu s$)。所以,放电 t 时刻后气体电容上的电压为
$$U_{g(t)} = U_{w0} + U_a - \int_0^t i(t)\mathrm{d}t/C_w = U_{w0} + U_a - \Delta U_w \tag{7-9}$$

我们将放电结束后各个电容上的电压分别用 U_{gf}、U_{wf} 表示,因壁电压在放电前后的变化量为(见图 7-7(b))
$$\Delta U_w = U_{w0} - U_{wf}$$
将上式代入式(7-9),得
$$U_{gf} = U_a + U_{wf}$$
该式说明气体电容上的电压等于外加电压与壁电压之和,实验测得 $U_{gf} \ll U_a$,所以,$U_{wf} \approx -U_a$,即壁电压在数值上接近外加电压(参见图 7-7(b))。

对于一系列放电脉冲,如果第 i 次的壁电压用 U_{wi} 表示,第 $i+1$ 次外加电压用 U_{ai+1} 表示,则第 $i+1$ 次的气体电容上的电压为 U_{gi+1},则
$$U_{gi+1} = U_{ai+1} + U_{wi} \tag{7-10}$$
上式表示,加在气体电容上的电压就是前一次放电脉冲的壁电压与外加电压之和。

3. 形成稳定放电序列的条件

为了方便讨论,在以下的讨论中将壁电压,壁电荷和外加电压均取正值,即将参考零电位下降 U_a。

当一个矩形电压波加在某个像元上时,像元会产生放电。下面还将会进一步知道,放电像元是双稳定态的,即放电最终在两个稳定的工作点的一个上进行。我们用图 7-8 所示的电压波形表示某像元上的实际承受的电压。因为所有的放电过程都一样地重复着,所以我们选取其中的一个放电周期进行讨论。

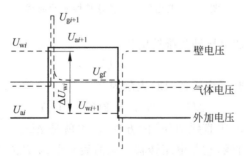

图 7-8 外加电压为阶梯波时壁电压与气体电压的波形

像元在稳定放电时,最后的壁电压都应相等,即
$$U_{wi-1} = U_{wi} = U_{wi+1}$$

这样，式(7-10)可以写成

$$U_{gi} = U_{ai} + U_{wi} \tag{7-11}$$

图 7-8 的电压曲线告诉我们，像元在任何一次放电中壁电压的变化为

$$\Delta U_{wi} = U_{wi} + U_{wi+1} = 2U_{wi} \tag{7-12}$$

对式(7-12)，式(7-11)微分，并由等量关系得

$$d(\Delta U_{wi}) = 2d(U_{wi}) = 2d(U_{gi})$$

所以

$$\frac{d(\Delta U_{wi})}{d(U_{gi})} = 2$$

不过，从实际出发，可以更普通地表示为

$$\Delta U_{wi} = f(U_{gi})$$

上式表明，壁电压增量 ΔU_{wi} 是气体电压 U_g 的函数。该函数表示了外加电压所引起的放电像元内壁电压增量随放电空腔上电压的变化。

我们以 U_g 作横轴，ΔU_w 作纵轴，实验得到如图 7-9 所示的特性曲线，称为电压转移特性曲线。一个交流等离子的单元(像元)的运行特性，可以用其电压转移特性曲线来描述，用这条曲线能描述一利用交流矩形电压启动的像元的瞬态过程和稳定情况，只有对电压转移特性有充分了解，才能深入地讨论交流等离子显示的运行特性。

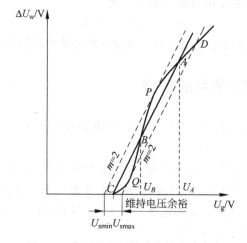

图 7-9 典型的电压转移特性实验曲线

在稳定工作状态，外加电压即是维持电压

$$U_a = U_s \tag{7-13}$$

这样由式(7-11)、式(7-13)可将式(7-12)表示为

$$\Delta U_{wi} = 2U_{wi} = 2(U_{gi} - U_s) \tag{7-14}$$

式(7-14)即为图(7-9)中直线 ABC 的方程式，也就是 $\Delta U_{wi} \sim U_g$ 坐标中的一条斜率为 $m=2$ 且通过 $U_g = U_s$ 的直线，它与电压转移特性曲线交点 A、B、C，它们都是工作点，但不都是稳定的工作点。

我们来分析图 7-9 中电压转移特性曲线上各点的工作情况。先讨论 C 点的工作状态。设在某一个维持电压方波期间，外加气体电容上的电压为 U_{gi}，维持电压 U_s，在 C 点 $U_g = U_s$。U_{gi} 比 U_s 大 ΔU_{gi}(图 7-9)，它们的关系为

$$U_{gi} = U_s + \Delta U_{gi} \tag{7-15}$$

当维持电压反转以后,加在气体电容上的电压由式(7-13)、式(7-12)代入式(7-11)得

$$U_{gi} = U_s + \frac{1}{2}\Delta U_{wi}$$

C 点的 $U_g = U_s$,所以 $\Delta U_w = 0$,因维持电压小于点火电压,即 $U_s < U_f$,所以 C 点是稳定的熄火状态。

继续讨论 A、B 两点的工作情况。因为 A、B 两点都在过 C 点,且斜率 $m=2$ 的直线上,所以 $\Delta U_{wi} = 2\Delta U_{gi}$,将式(7-12)代入式(7-10),因 $U_{ai+1} = U_{ai} = U_s$,故

$$U_{gi+1} = U_s + \frac{1}{2}\Delta U_{wi} = U_s + \Delta U_{gi}$$

将此式与式(7-15)比较可知

$$U_{gi+1} = U_{gi}$$

说明当 A、B 两点对应的工作电压处于稳定状态时,A、B 两点应该是稳定的工作点。但电压的波动是不可避免的,那么,一旦气体电压脱离了 A、B 两点的工作电压,以后的情况又将如何变化呢?

在 BC 和 AD 段,因这部分曲线上的任一点与 C 点连线的斜率 m 均小于 2,所以对于一个 U_{gi} 产生的反向壁电压 $\Delta U_{wi} < 2\Delta U_{gi}$。

因此

$$U_{gi+1} = U_s + \frac{1}{2}\Delta U_{wi} < U_s + \Delta U_{gi} \tag{7-16}$$

将式(7-16)与式(7-15)比较后可知

$$U_{gi+1} < U_{gi} \tag{7-17}$$

式(7-17)表示这两段曲线上的工作点在接受了一个外加电压后,随维持电压的翻转,以后的每一次的气体电压都比上一次小,所以工作点将沿曲线下滑,BC 段下滑至稳定的熄火状态 C 点,AD 段下滑到稳定的着火状态 A 点。

我们再讨论 AB 段,因这段曲线上的各点与 C 点的连线的斜率 $m > 2$,所以对于一个 U_{gi} 产生反向壁电压 $\Delta U_{wi} > 2\Delta U_{gi}$,当维持电压反转后气体电压

$$U_{gi+1} = U_s + \frac{1}{2}\Delta U_{wi} > U_s + \Delta U_{gi}$$

对照公式(7-15)可知

$$U_{gi+1} > U_{gi}$$

说明落在 A、B 两点间的这段曲线上的工作点,在接受了一个外加电压后,随着维持电压的翻转,气体实际承受的电压将一次比一次大,工作点不断向 A 点漂移,直到 A 点为止。

综合上面的分析可知,当 A、B 两点工作电压稳定时,它们都是稳定的工作点,但这种稳定是相对的,一旦气体电容电压发生漂移,那么,B 点就不是一个稳定的工作点,此时工作点将迅速脱离 B 点,移向 A 点或 C 点,所以,B 点只是一个暂稳态,只有 A、C 两点才是稳定的。每一个像元具有双稳态工作特性,它只能处于着火和熄灭的两种状态之一,也就是非明即暗,或非暗即明。

从上面的分析可以知道,从 C 点可以判断写入电压的范围,写入电压在气体上的分压应满足下列条件

$$U_s + \Delta U_g > U_B \quad (U_B = U_f) \tag{7-18}$$

写入电压是理想的方波,应是没有上限的,但是过大的写入电压造成过大的反向壁电压,因此,当着火放电后,反向壁电压不能有效地翻转,则会形成着火维持状态的中断,形成"自擦除"现象。

另外,从 A 点也可以判断擦除电压的范围。擦除电压在气体上的分压应满足 $U_C < U_s + \Delta U_g < U_B$,则 $U_s + \Delta U_g$ 落到 BC 的范围内,形成熄火。

电压转移特性曲线除了可以指导我们确定写入电压和擦除电压外,还可以指导我们选择合适的维持电压。

由图 7-9 可知,凡是直线方程 $\Delta U_m = 2(U_g - U_s)$ 与电压转移特性曲线不相交的 U_s 都不是我们要选择的外加电压,只有与曲线相切的两直线与 U_g 轴相交的点(如图 7-9 所示)才是我们选择的维持电压工作的范围,所以

$$\Delta U_s = U_{smax} - U_{smin}$$

在矩阵等离子像元中,由于制造工艺上的原因,各像元的着火电压 U_f 与擦除电压 U_e 会产生差异,因此我们常常设置一个电压范围,如

$$\Delta U_f = U_{fmax} - U_{fmin}$$

为着火电压零散

$$\Delta U_e = U_{emax} - U_{emin}$$

为灭火电压零散

$$M_D = U_{fmin} - U_{emax}$$

为动态范围。

为了保证整块显示板按上述存储模式正常工作,应该满足以下四个条件

(a) 为使全板顺利书写 　　　$U_s + U_{wr} > U_{fmax}$

(b) 为避免书写错误 　　　$U_s + \frac{1}{2}U_{wr} < U_{fmin}$

(c) 为了全板顺利擦除 　　　$U_s - U_e < U_{emin}$

(d) 为了避免擦除错误 　　　$U_s - \frac{1}{2}U_e > U_{emax}$

综合以上四种情况得到

$$U_{fmin} - U_{emax} > \Delta U_f + \Delta U_e$$

4. 维持电压波形比较

交流等离子显示的维持电压,可以为多种形式的波形(图 7-10)。对于方波,要求其上升沿和下降沿为微秒量级。现在可以对它们作一些比较:

(1) 如图 7-10(a)所示,这是一种非正即负、非负即正的不回零电压波形。它的特点是维持余量大,图像较亮,缺点是峰值放电电流大,位移电流也大,不适宜大面积、高分辨率显示板。

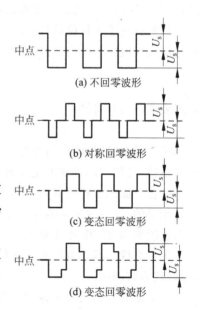

图 7-10　维持电压各种波形

(2) 如图 7-10(b)所示,其电压脉冲宽度比(a)小,辉光持续时间短,要求频率高,适用于大面积,高分辨率的显示屏。

(3) 如图 7-10(c)、(d)所示,它兼取了图 7-10(a)、(b)两种波形的优点。

7.3 直流等离子显示(DCPDP)

直流等离子显示器件(图 7-11)的电极直接暴露在已电离的气体中,这种显示板由三块基板组成,中间是刻了许多小孔的铝板,再将它氧化成 Al_2O_3 绝缘层,立体正交的电极构成的像元就在小孔位置,然后两边用玻璃板封装,中间充上氖气。当 x、y 电极达到点火电压时小孔内就发光,由于电极间直接放电,所以没有反向壁电压的问题。

如果将 x 方向的电极作为信号电极,y 方向的电极作为扫描电极,其工作原理和液晶显示器的原理完全一样。请参阅专题四《液晶材料及液晶显示技术》。

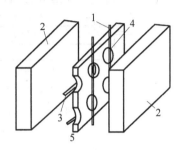

图 7-11 直流等离子显示板
1—铂丝;2—玻璃板;3—x 电极;
4—y 电极;5—阳极氧化铝板

7.4 等离子体的多色显示和全色显示

单色等离子显示常由充入气体的发光波长决定,如氖气发出的单色光为橘红色。在彩色等离子显示中也常利用气体放电产生的电子或紫外线激发荧光粉发光,选择不同的荧光粉可以发出不同颜色的光。因电子的能量较小,所以必须选择低能电子荧光粉。采用紫外线激发荧光时,须选择光致发光荧光粉。在直流驱动时还必须选择具有导电性能的荧光粉,否则电子形成壁电压将影响直流等离子单元显示。

等离子多色显示一般可通过改变电压从而改变显示板的颜色。例如把正硅酸锌锰涂覆在放电空腔的壁上,利用放电时的紫外线来激励它,当阳极电流较小(0.1mA)时荧光粉的绿光掩盖了氖气所发的橙红色光,故以发绿光为主,当电流增大到 1mA 时,荧光粉发光处于饱和,这时以氖气发红光为主。因此改变电流可以从一支荧光灯管获得从绿到黄到红的颜色的变换,用这种原理可以制作各种街头灯饰。

选择不同的荧光粉和充入不同的气体就可以得到不同的颜色的光,例如将锌涂覆在阳极上,利用放电的电子或离子轰击 $ZnO_2:Zn$ 的发光粉可发绿光,它与氖气发出的橙光叠加可形成近似的白光,在显示器中充入氦气,则发浅蓝色的光等。

等离子全色显示还是采用三基色原理,由三基色驱动电路驱动发光。一个像元含有 4 个小像素,这些小像素是由分别涂上能发出红光、绿光、蓝光的荧光粉的更小的单元组成。

彩色等离子显示的驱动电路由扫描阳极(寻址阳极)、阴极和显示阳极构成(如图 7-12 所示)。

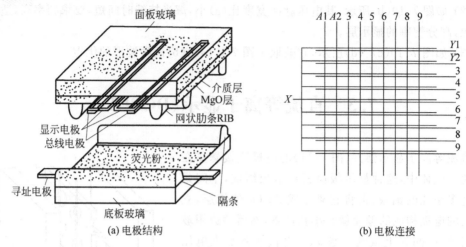

图 7-12 一种实用的三电极表面放电彩色等离子显示板

7.5 等离子显示特点

等离子显示(PDP)自 1964 年问世以来,日趋成熟和完善,近年来更有长足的发展。作为信息处理终端装置的显示逐渐普及,如作为挂壁电视,PDP 是目前所有平板电视中水平最高的,究其原因,等离子显示具有优于其他显示的技术:高光度、高对比度、寿命长、大视角、能连续书写和擦除等特点。

(1) 等离子显示是自发光型显示,能发单色光和彩色光,有较好的发光效率和亮度。由于等离子显示媒质是透明的,它对环境光的反射率比较低,所以能得到较高的对比度和很高的脉冲亮度。

(2) 等离子显示的视野开阔,能提供格外亮丽、均匀平滑的画面和更大的观赏角度,上下、左右的视觉达到 160°,而液晶显示在水平方向视角一般是 120°,垂直方向则更小。

(3) 由于等离子显示的各个发光单元的结构完全相同,因此不会出现显像管常见的图形畸变现象。等离子显示屏亮度均匀,不存在聚焦问题,基本上也不会出现大屏幕边角处的失真现象,非常适合于信息的大屏幕显示和自动监视系统的显示屏。

(4) 等离子显示可防止电磁干扰。由于其显示工作原理的特殊性,来自外界的电磁干扰,如马达、扬声器等,对等离子体显示图像的影响很小。

(5) 等离子显示的响应时间极短(毫秒级),不存在拖尾现象,视觉舒适度好,尤其是在播放快速运动的图像时,保持图像的清晰。等离子显示还可以承受加速度的变化颠簸作业,所以适宜于军事上的应用。

目前,由于技术开发不断地进步,工艺水平不断地提高,生产批量不断地加大,等离子显示屏的应用越来越广泛。然而,等离子显示由于工作电压较高、费电、耗电量高,发热量大,且制造成本高、价格昂贵,还有待不断地改进和提高。

思 考 题

1. 什么是自持放电？自持放电的条件是什么？
2. 气体的着火电压与哪些因素有关？巴邢定律如何表述着火电压？
3. 什么是壁电荷？如何形成？
4. 什么是壁电压？交流等离子显示如何利用壁电荷储存效应？
5. 从电压转移特性曲线图(图7-9)，可以获得哪些信息，如何理解 B 点的稳定性？为什么说 A 点是稳定的显示工作点，C 点是稳定的熄火点？
6. 简述等离子显示器实现多色显示和全色显示的基本原理。

参 考 文 献

1. 陈秉乾.电磁学专题研究.北京：高等教育出版社,2001
2. 刘榴娣.显示技术.北京：北京理工大学出版社,1993
3. 张兴义.电子显示技术.北京：北京理工大学出版社,1995

专题八

激光技术

激光是一种新型的光源,它是 20 世纪的一项重大科学成果,1960 年美国休斯实验室梅曼(Maiman)制成世界上第一台红宝石激光器以来,激光技术得到了迅速的发展。本专题主要内容有激光的基本原理、激光器、激光的特性与应用。

8.1 激光的基本原理

激光是"受激辐射光的放大"的简称,它的英文名字是 Light Amplification by Stimulated Emission of Radiation,缩写为 LASER,可见,产生激光的关键是受激辐射和光的放大,它的理论基础是由爱因斯坦奠定的。

1. 光与物质的相互作用

从微观来看光和物质的相互作用是光子和原子、分子、离子等粒子的相互作用。早在 1917 年,爱因斯坦对此进行过深入的研究,并提出光与物质的相互作用主要有以下三种过程,即自发辐射过程、受激吸收过程和受激辐射过程。

(1) 自发辐射

一般说来处于激发态 E_2 能级上的原子是不稳定的,即使原子在没有外界影响的情况下,也会自发地向低能级 E_1 跃迁并辐射出一个频率为 ν,能量为 $h\nu = E_2 - E_1$ 的光子(h 为普朗克常数),这种自发跃迁而引起的辐射称为自发辐射,如图 8-1 所示。

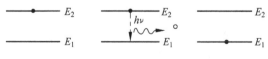

图 8-1 自发辐射

自发辐射过程具有随机性、独立性，各个原子自发辐射的光子的相位、偏振状态和传播方向不尽相同，因而自发辐射光是非相干光，如白炽灯、日光灯等普通光源，它们的发光过程就是自发辐射过程。

自发辐射过程的概率只与初态能级 E_2 上的原子数密度 N_2 有关，单位时间内，因自发辐射跃迁而产生的光子数的密度为

$$\frac{dN_{21}}{dt} = A_{21}N_2 \tag{8-1}$$

式中 A_{21} 为自发辐射系数，它的物理意义是单位时间内发生自发辐射的原子数密度（即单位时间内自发辐射的光子数密度）在处于高能级 E_2 的原子数密度 N_2 中所占有的比例，或者说是每一个处于 E_2 能级的原子在单位时间内发生自发辐射（跃迁）的概率。

如果没有其他过程，将式(8-1)对时间积分，可以得到能级 E_2 上的原子数随时间的变化规律。

$$dN_2 = -dN_{21} = -A_{21}N_2 dt$$

$$\frac{dN_2}{N_2} = -A_{21}dt$$

$$N_2 = N_{20}e^{-A_{21}t} \tag{8-2}$$

式中 N_{20} 为 $t=0$ 时的 N_2 值，当 $t=\tau=\dfrac{1}{A_{21}}$ 时，E_2 能级上的原子数减少到原来的 $1/e$，τ 称为原子在 E_2 上的平均寿命，或简称为能级的寿命，能级的寿命是该能级上的原子数减少到原来的 $1/e$（约37%）所经历的时间。"能级的寿命"这一概念对激光的研究也是很重要的，如果在能级 E_n 以下存在着不止一个较低的能级，则能级平均寿命的更一般的表达式为

$$\tau = \frac{1}{\sum_{k<n}A_{nk}} \tag{8-3}$$

式中 A_{nk} 是自发辐射系数。

各个原子的各个能级的平均寿命与原子结构有关。一般来说，原子激发态的平均寿命的数量级为 10^{-8} s，不过有一种特殊的激发态，原子在此激发态上的寿命特别长，可以达到 $10^{-4} \sim 1$ s，这种激发态称为亚稳态。亚稳态在激光形成过程中占有很重要的地位。

(2) 受激吸收

当原子受到频率为 $\nu=(E_2-E_1)/h$ 的光子作用时，原子能够吸收光子从低能级 E_1 跃迁到高能级 E_2，这个过程称为受激吸收过程，简称吸收过程，如图8-2所示。

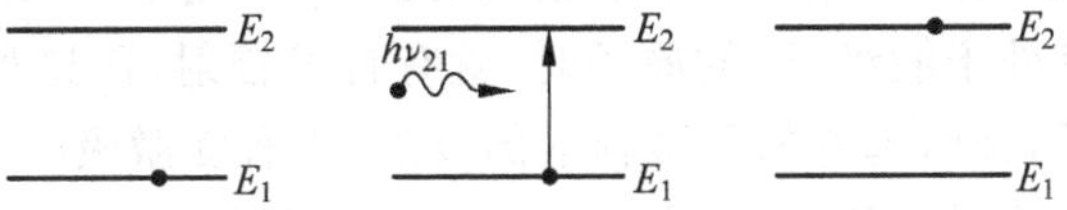

图 8-2 受激吸收

设频率为 ν 的外来光的单色辐射能量密度为 $\rho(\nu)$，低能级 E_1 上的原子数密度为 N_1，则单位时间内由于吸收外来光子从 E_1 跃迁到高能级 E_2 上的原子数密度

$$\frac{dN_{12}}{dt} = B_{12}\rho(\nu)N_1 \tag{8-4}$$

式中 B_{12} 为受激吸收系数，如果令 $W_{12}=B_{12}\rho(\nu)$，则

$$W_{12} = \frac{dN_{12}}{N_1 dt} \tag{8-5}$$

由上式可知,W_{12}是在单色辐射能量密度为$\rho(\nu)$的光作用下,在单位时间内产生受激吸收的原子数在E_1能级的原子数密度中所占的比例,也就是处在E_1能级的每一个原子在单位时间内发生受激吸收的概率,因此W_{12}称为受激吸收(跃迁)概率。

值得注意的是,自发辐射概率A_{21}对每一个能级系统是一常数,而对于受激吸收,只有受激吸收系数B_{21}对每一个能级系统为常数,而受激吸收跃迁概率W_{12}却与入射光强有关,不是常数。

(3) 受激辐射

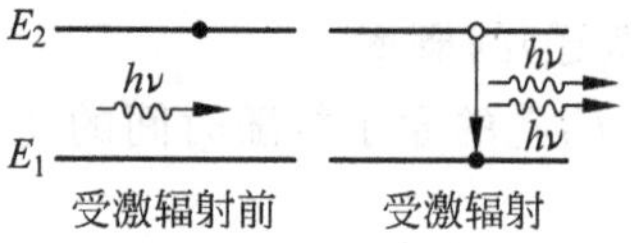

处于激发态E_2的原子,在自发辐射前,如果受到满足频率条件$h\nu = E_2 - E_1$光子的作用,原子就会由于受到入射光子的刺激而辐射与入射光子相同的光子,跃迁到能级E_1,这个过程称为受激辐射,如图8-3所示。受激辐射过程在激光形成中起着决定性的作用。

图 8-3 受激辐射

如果处于能级E_2上的原子数密度为N_2,入射光单色辐射能量密度为$\rho(\nu)$,则在单位时间内受激辐射的原子数密度为

$$\frac{dN_{21}}{dt} = B_{21}\rho(\nu)N_2 \tag{8-6}$$

式中B_{21}为受激辐射系数,令$W_{21} = B_{21}\rho(\nu)$,则

$$W_{21} = \frac{dN_{21}}{N_2 dt} \tag{8-7}$$

可见,W_{21}是单位时间内,在单色辐射能量密度$\rho(\nu)$的入射光作用下,由于受激辐射跃迁到能级E_1的原子数密度在E_2能级总原子数密度中所占比例,也就是在E_2能级上每个原子在单位时间内发生受激辐射的概率,所以W_{21}称为受激辐射(跃迁)概率,它与W_{12}一样,与$\rho(\nu)$成正比。

受激辐射是激发态原子在外来光子刺激下发生的辐射过程,所辐射的光子与外来光子具有相同的频率、相同的相位和相同的偏振状态,即受激辐射光是相干光。而且,一个满足频率条件的光子入射原子系统后,可以由于受激辐射变为两个特性完全相同的光子,两个光子又可变为四个全同的光子……如果条件合适,光就像雪崩一样得到了放大和加强。

(4) 讨论

(a) 受激辐射(跃迁)概率W_{21}与自发辐射(跃迁)概率A_{21}的关系。

一个原子系统中有处于能级E_2的原子时,就有自发辐射,而这种自发辐射的光子对于原子而言就是外来光子,会引起它的受激辐射的发生(也有受激吸收发生)。不过,在实际系统中往往是一种过程占绝对优势,所以在分析问题时只需考虑占优势的那种过程。

可以证明,在热平衡体系中

$$\frac{W_{21}}{A_{21}} = \frac{1}{e^{h\nu/kT} - 1} \tag{8-8}$$

式中k为玻耳兹曼常数。由上可知,ν越小,T越大,受激辐射跃迁概率与自发辐射跃迁概率比值越大。

设微波辐射源的波长为5mm,辐射源的温度为2000K,则$W_{21}/A_{21} = 690$。

这表明微波的受激辐射跃迁概率比自发辐射概率大得多,所以微波辐射源产生辐射的主要过程是受激辐射,而可见光源辐射主要是自发辐射,这就是说,制造微波受激辐射放大器要比制造光波受激辐射放大器容易,所以微波受激辐射放大器比激光器早诞生了6年!

(b) 自发辐射、受激吸收和受激辐射的关系

我们知道,当光子和原子相互作用时,必然同时存在着自发辐射、受激吸收和受激辐射三种过程,表征三种过程的三个系数 A_{21}、B_{12} 和 B_{21} 之间也必然存在着内在联系,可以证明有如下关系式

$$\frac{A_{21}}{B_{21}} = \frac{8\pi h\nu^3}{c^3} \tag{8-9}$$

$$B_{12} = B_{21} = B \tag{8-10}$$

式中 c 为真空中光速。

2. 粒子数反转分布

激光产生的前提是光的受激辐射的放大,然而,光通过物质时,在发生受激辐射的同时,还存在着一个相反的过程——光的吸收过程,也就是当能量为 $h\nu = E_2 - E_1$ 的光子与处于高能级 E_2 的原子作用时,可能引起其受激辐射,而当能量为 $h\nu = E_2 - E_1$ 的光子与处于低能级 E_1 的原子作用时,光子可能被原子吸收,使原子从 E_1 激发到 E_2。受激吸收和受激发射这两个过程将相互竞争,到底哪一方占优势呢?

根据玻耳兹曼能量分布定律,在热平衡状态下,处在 E_2 和 E_1 能级($E_2 > E_1$)上的原子数密度之比为

$$\frac{N_2}{N_1} = e^{\frac{-(E_2-E_1)}{kT}} < 1 \tag{8-11}$$

式中 k 为玻耳兹曼常数,T 为系统热力学温度,由式(8-4)和式(8-6)以及式(8-10)得

$$\frac{dN_{21}}{dt} - \frac{dN_{12}}{dt} = B_{21}\rho(\nu)(N_2 - N_1) < 0 \tag{8-12}$$

式(8-11)和式(8-12)表明,在热平衡时,处于高能级 E_2 上的原子数总是少于处在低能级 E_1 上的原子数,所以受激吸收的光子数多于受激辐射的光子数,即在热平衡态时光的受激吸收占主导地位,因此在平衡态下是无法依靠受激辐射来实现光的放大的。另外,由式(8-12)可知,要使受激辐射超过受激吸收而占优势,必须使高能级上的原子数大于低能级上的原子数,这时粒子数的分布已经不是平衡态分布了,我们把这种分布叫做粒子数反转分布。

产生激光最起码的条件是要造成粒子数反转分布。但是,并非各种物质都能实现粒子数反转分布,也不是在能实现这种分布的物质的任意两个能级间都能实现粒子数反转分布。要实现粒子数反转,必须具备一定条件,一是要具备必要的能源(如光源、电源等),把低能级上原子尽可能多地激发到高能级上去,这个过程叫做"激励"、"激发"或者叫"抽运"、"泵浦";二是必须选取能实现粒子数反转的工作物质,这种物质具有合适的能级结构,即具有亚稳态,这种物质称为激活介质。有些物质具有亚稳态,它不如基态稳定,但比激发态要稳定得多,如红宝石中铬离子,氦原子,氖原子,二氧化碳等粒子中都存在亚稳态,具有亚稳态的工作物质,就能实现粒子数反转。下面分别以三能级系统和四能级系统的工作物质为例说明

实现粒子数反转分布的具体过程。

(1) 三能级系统

红宝石激光器是一个典型的三能级系统的激光器，它发射的 694.3nm 谱线就是红宝石晶体中铬离子(Cr^{3+})的亚稳态与基态之间反转分布造成的受激辐射。

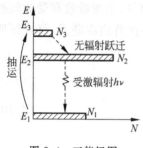

图 8-4 三能级图

红宝石是人工制造的刚玉(Al_2O_3)中掺入少量的 Cr^{3+} 而构成的晶体，Cr^{3+} 具有三能级系统，如图 8-4 所示，当红宝石受到强光照射时，铬离子被激励抽运，使处于基态 E_1 的大量铬离子吸收光能而跃迁到激发态 E_3 上，被激发的铬离子在能级 E_3 上的平均寿命很短，约为 $5\times10^{-8}s$，所以很快转移到 E_2 能级上，E_2 能级的平均寿命较长($\sim10^{-3}s$)，因而不立即以自发辐射的方式返回基态，加上外界强光的不断激励，使亚稳态 E_2 和基态 E_1 之间形成了粒子数的反转分布。

从以上讨论可知，三能级系统中能实现粒子数反转分布的上能级是亚稳态 E_2，下能级是基态 E_1，由于通常情况下基态能级上总是集聚着大量的粒子，因此要实现 $N_2>N_1$ 的粒子数反转，外界抽运就需要相当强。这是三能级系统的一个显著缺点。

(2) 四能级系统

为了克服三能级系统的缺点，人们找到了四能级系统的工作物质，掺钕的钇铝石榴石(简称 YAG)激光器、钕玻璃激光器、氦氖激光器和二氧化碳激光器都是四能级系统激光器。

图 8-5 所示为一个四能级系统的示意图，在外界激励的条件下，基态 E_1 的粒子大量跃迁到 E_4，又迅速地转移到 E_3 能级，E_3 为亚稳态，寿命较长，而 E_2 能级寿命较短，到了 E_2 能级上的粒子很快便回到基态，所以在四能级系统中，粒子数反转是在 E_3 和 E_2 之间实现的，就是说，能实现粒子数反转的下能级是激发态 E_2，不是像三能级系统中的基态 E_1。正因为 E_2 不是基态，所以在室温下，E_2 能级上的粒子非常少，因此粒子数反转在四能级系统比在三能级系统容易实现。

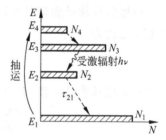

图 8-5 四能级系统示意图

注意，以上讨论的三能级系统和四能级系统都是指与激光器运转过程中直接有关的能级而言的，不是说某物质只有三个能级或四个能级。

3. 光学谐振腔与阈值条件

实现了粒子数反转分布的激活介质可做成光放大器，但激活介质本身不是一台激光器，这是因为在激活介质内部受激辐射与自发辐射是同时存在的，且后者占主导地位。这样，即使在工作物质处于粒子数反转分布情况下，所获得光的强度也是很弱的，并没有实用价值。

但是，我们可以设计一种装置，使在某一方向上的受激辐射不断得到放大和加强，就是说，使受激辐射在某一方向上产生振荡，而将其他方向传播的光抑制住，以致在这一特定方向超过自发辐射，这样就能在这一方向上实现受激辐射占主导地位，从而获得方向性和单色性很好的强光——激光，这种装置叫做光学谐振腔。

(1) 光学谐振腔

像电子技术中的振荡器一样,要实现光振荡,除了有放大元件以外,还必须具备正反馈系统、谐振系统和输出系统。在激光器中,可实现粒子数反转的工作物质就是放大元件,而光学谐振腔就起着正反馈、谐振和输出的作用,图 8-6 就是光学谐振腔的示意图。在作为放大元件的工作物质两端,分别放置一块全反射镜和一块部分反射镜(两反射面可以是平面,也可以是凹球面,或一平一凹),它们相互平行,且垂直于工作物质的轴线,这样的装置就能起到光学谐振腔的作用。

图 8-6 光学谐振腔

激活介质在外界作用下会有许多基态粒子跃迁到激发态,它们在激发态寿命的时间范围内纷纷跳到低能态,同时发射出自发辐射光子,这些光子射向四面八方,其中偏离轴向的光子很快地就逸出谐振腔外,只有沿着轴向的光子,在谐振腔内受到两端两块反射镜的反射而不至于逸出腔外。这些光子就成为引起受激辐射的外界感应因素,从而产生了轴向的受激辐射。

受激辐射发射出来的光子和引起受激辐射的光子有相同的频率、发射方向、偏振状态和相位。它们在沿轴线方向不断地往复通过粒子数反转的激活介质,因而不断地引起受激辐射,使轴向行进的光子不断得到放大和振荡。这是一种雪崩式的放大过程,使谐振腔内沿轴向的光骤然增加,最终在部分反射镜中输出,这就是激光,如图 8-7 所示。总之,谐振腔对光束方向具有选择性,使受激辐射集中于特定的方向,所以激光的方向性很好。

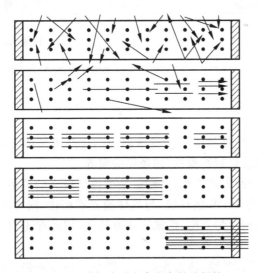

图 8-7 谐振腔对光束方向的选择性

(2) 阈值条件

在有了激活介质和谐振腔的条件下还不一定能够产生激光,因为光在谐振腔内来回反射的过程中,对光强变化的影响存在两个独立因素:(a)激活介质中光的增益,它使光强变大;(b)端面上光的损耗(包括衍射、吸收、透射等),它使光强变小。因此,要使光强在谐振腔内来回反射的过程中不断得到加强,就必须使增益大于损耗,这就是所谓的阈值条件。考虑到激光器中光能的损耗,在实际激光器的设计和生产中必须尽量减少不必要的损耗。

8.2 激光器

各种激光器的基本结构大致相同,如图 8-8 所示,包含工作物质、激励能源和光学谐振腔三个部分。激光器种类很多,可以按不同的方式分类,比如按工作物质分类、按工作方式分类、按激励方式分类、按输出波长分类等(详见表 8-1)。下面扼要介绍几种激光器的基本结构和工作原理。

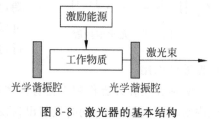

图 8-8 激光器的基本结构

表 8-1 激光器的分类

分　类	工作物质	激励方式	工作方式	激光波长/nm
固体激光器	红宝石	光泵激发	脉冲	694.3
	掺钕钇铝石榴石	光泵激发	连续、脉冲	1060
	钕玻璃	光泵激发	脉冲	1060
气体激光器	氦氖	电激发	连续	632.8
	二氧化碳	电激发	连续、脉冲	10 060
	氩离子	电激发	连续、脉冲	514.5,488
半导体激光器	砷化镓	注入式	连续、脉冲	902
液体激光器	染料	激光激发 闪光灯激发	连续、脉冲	585 (可调谐) 555

1. 固体激光器

固体激光器的工作物质是把能产生受激辐射的金属离子掺入晶体或玻璃基质中制成的,如红宝石、钕玻璃、掺钕钇铝石榴石、掺钕钨酸锂等。

固体激光器一般以脉冲方式工作,其特点是可得到极大的峰值功率。例如红宝石脉冲激光器的峰值功率可达到 10^4 W 数量级,与气体激光器相比,同样的输出功率,固体激光器的体积要小得多,同时结构较为紧凑,机械强度也较大,因此在工农业和军事上得到广泛的应用。

固体激光器用光照进行激励,称为光泵。一般是采用发光强度极高的气体放电灯作为光泵光源。固体激光器一般采用两块互相平行的平面反射镜作为谐振腔。

图 8-9 是红宝石激光器的结构图。红宝石激光器的工作物质是一根淡红色红宝石棒,棒的光学质量要求光学均匀性和透明性好,杂质、气泡和条纹少;在红宝石棒的两旁各放一块镀有多层介质膜的平面反射镜,其中一块是全反射镜,另一块为部分反射镜,两块反射镜和红宝石棒的两端面相互平行;红宝石激光器的激励能源是光泵光源——脉冲氙灯,氙灯的两电极和储能电容器并联,电源给电容器充以近千伏的电压,此电压虽同时加到氙灯的两个电极上,但并不能使氙灯点燃,还必须由触发器供给一个几万伏的高压脉冲,使氙灯击穿

点燃,才能使储存在电容器中的电能通过氙灯放电而释放出来,并使氙灯在几毫秒的时间里发出很强的闪光。为了使氙灯发出的光能均匀有效地照射到红宝石棒上,必须将氙灯和红宝石棒放置在聚光器内。聚光器内壁抛光并镀上金属反射层(如铝、银、金等金属镀层)以提高聚光器的反射率。氙灯和红宝石棒平行地放置在聚光器内的对称位置上,氙灯上发出的光一部分直接照射到红宝石棒上,另一部分经聚光器反射后会聚到红宝石棒上。如果氙灯发出的光足够强,红宝石棒中大量的激活离子被激发,并使激活离子在上、下能级之间形成粒子数反转。当光的增益超过损耗时,就产生激光振荡,在部分反射镜一端输出很强的激光。

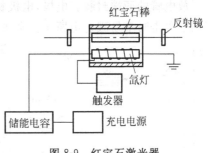

图 8-9 红宝石激光器

2. 气体激光器

气体激光器是用气态物质作为激光工作物质的激光器,气体激光器一般分为原子气体激光器、分子气体激光器和离子气体激光器三类。

气体激光器是目前使用很广泛的一类激光器,这是因为:(1)气体工作物质种类极多,输出的激光谱线很丰富,而且气体激光器大多能连续工作;(2)气体物质的光学均匀性一般都较好,气体激光器输出的光束特性、相干性和方向性均较好;(3)气体激光器一般结构简单、造价低廉、使用方便、较易推广;(4)气体激光器在输出功率和能量方面开辟了许多新的用途,特别是二氧化碳激光器,它的连续功率,目前最高已达数万瓦的水平,远远超过其他激光器。

氦氖(He-Ne)激光器是在 1960 年制成的第一种原子气体激光器,也是目前使用最广泛的气体激光器。它在可见光和红外区可以产生多种波长的激光,其中以 632.8nm 激光的输出最强。氦氖激光器由气体放电管和谐振腔两部分构成。根据不同的要求,放电管和谐振腔镜片有不同的连接方式,通常有内腔式、外腔式和半外腔式三种。图 8-10(a)所示为内腔式,内腔式激光管又称内腔管,它的结构紧凑,使用方便,因而被广泛应用。如果在长腔情况下,由于热变形容易引起光束不稳定,此时则以采用外腔管或半外腔式管为好,如图 8-10(b)和(c)所示。

外腔管需要贴窗片,通常称为布儒斯特窗片,它除起密封作用外,还使光通过时的损失为最小。布儒斯特窗片的法线与放电管轴间的夹角应等于窗片材料的布儒斯特角。当光以这个角度入射时,可以使电矢量在入射面内的线偏振光无反射损失地通过窗片,而电矢量垂直于入射面的线偏振光通过窗片时会产生一定的反射损失,不能建立振荡。因而这种激光器输出的是线偏振光。

激光管内充以氦和氖混合气体,激光管中间的毛

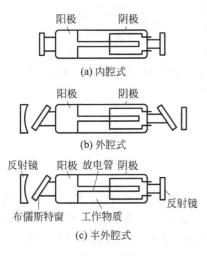

图 8-10 氦氖激光器的基本结构

细管就是放电管,直径约为 1~3mm。毛细管两端开口并架设在大管中,毛细管内气体和大管内气体可互相交换,以使激光管工作稳定。

放电管的两端封装有电极,电极材料必须具备两个条件:(1)易发射大量电子;(2)受正离子轰击时不易溅射出原子。金属铝发射电子的能力强,溅射最小,而且价廉,但难焊接,通常用的阴极材料是圆筒状的钼。

氦氖激光器的谐振腔大多采用平凹腔,即谐振腔由一个平面镜和一个凹面镜组成。这种腔型损耗较小,而且容易调节。氦氖激光器的激励方式采用电激励,在放电管的两个电极上加高电压使气体电离而导电。阴极发射的电子经电场加速后与气体碰撞,使气体从基态激发到不同的激发态。氦氖激光器发射激光的是氖原子能级间跃迁的结果,氦原子只是参与了抽运过程,帮助氖原子建立粒子数的反转。如图 8-11 所示,由于氦原子较多,电子能量主要传递给它们,氦的亚稳态 2^3S 和 2^1S 分别接近于氖的亚稳态 2S 和 3S,所以可通过共振转移的方式把能量传递给氖原子,使它们从基态跃迁到 3S 和 2S。这样,对氖原子来讲,在 3S 对 3P、3S 对 2P、2S 对 2P 这三对能级之间形成了粒子数反转,就可分别发出 3390nm、632.8nm 和 1150nm 三种波长的激光。

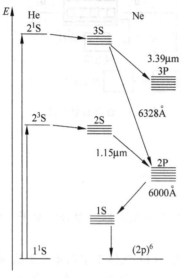

图 8-11 He-Ne 激光能级图

3. 半导体激光器

半导体激光器的工作物质是半导体材料,如砷化镓、锑化铟、硫化锌、铅锡锑等。砷化镓激光器是半导体激光器中比较成熟而且应用较广的一种。图 8-12 是砷化镓激光器的示意图,其主要部分是一个 P-N 结,它的两个端面磨光并互相平行,构成谐振腔的两个反射镜,侧面则不磨光,以防发生反射作用。当通以适当强度的电流时,从 P-N 结的区域就可发射出激光来。砷化镓激光器在常温下输出波长为 900nm。这种激光器具有体积小、结构简单、耗电少、效率高等优点。该类激光器在早期主要用于通信中,随着半导体激光器质量的提高,它在光存储、光计算、激光加工、激光武器等方面都有广泛的应用。

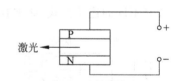

图 8-12 砷化镓激光器的示意图

4. 自由电子激光器

"自由电子激光"这一概念是由美国的杰·梅迪(John Maday)在 1971 年首次提出的。自由电子激光器(free electron laser,FEL)是一种特殊的新型激光器。它的发光机理与常规激光器不同。FEL 的工作物质是自由电子,是利用自由电子与电磁波相互作用产生受激相干辐射。FEL 具有其他光源无法替代的特点:(1)它的波长依赖于电子的能量;(2)很高的电光转换效率。因此，FEL 具有诱人的应用前景。

根据自由电子的能量高低可将 FEL 分为两类。一是康普顿(Compton)型自由电子激光器，其电子束能量较高，但密度较低；二是拉曼(Raman)型自由电子激光器，其电子束能量很低，但密度较高。下面以康普顿型自由电子激光器为例扼要介绍 FEL 的结构和工作原理。

如图 8-13 所示，自由电子激光器主要由三部分组成：电子加速器、扭摆磁铁和光学谐振腔（主要是两个反射镜）。电子加速器产生高速运动的定向自由电子束；数百对磁铁周期排列组成的扭摆磁铁则形成极性交替变化的恒定磁场。当电子进入上述磁场区时，会因受到洛伦兹力作用而在垂直于磁场的平面内左右往返运动，由于这种往返运动是一种加速运动，电子束会辐射电磁波。在一定的条件下，可由光学谐振腔的半透反射镜输出激光。

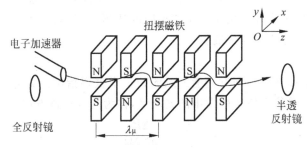

图 8-13　自由电子激光器结构示意图

8.3　激光的特性及其应用

1. 激光的特性

(1) 方向性好

光的方向性是用光的发散角来描述的，发散角愈小，则方向性愈好。普通光源朝四面八方发光，即光辐射沿 4π 立体角分布，而激光光束的光斑很小，朝一个方向发光，激光的发散角是很小的，仅为毫弧度数量级，相当于百分之几度，例如，红宝石激光器光束发散角为 5mrad，CO_2 激光器为 2mrad，YAG 激光器为 5mrad，He-Ne 激光器为 0.5mrad。因此，激光可称得上是高度平行的光束。激光光束方向性好的原因是由于受激辐射光放大的特殊发光机理以及光学谐振腔对光传播方向的限制作用等因素共同作用的结果。

(2) 激光的单色性好

科学上衡量光的单色性是用谱线宽度，即频宽 $\Delta\nu$ 或波长宽度 $\Delta\lambda$。一个原子从一个高能级 E_2 跃迁到另一个低能级 E_1 时，所发射出来的光（即一条光谱线）的频率为 $\nu=(E_2-E_1)/h$。但是，由于各种原因（如微观粒子的不确定关系、光的多普勒效应），实际上发出的光的频率或波长是具有一定宽度的。根据不确定关系，即能级的自然宽度 ΔE 和原子在能级上存在的平均寿命 τ 间的关系

$$\Delta E \tau \geqslant \frac{h}{2\pi} \tag{8-13}$$

式中 h 为普朗克常量。可知，寿命越短，则能级宽度越大；反之亦然。由于能级本身有一定宽度，自然在两个能级间跃迁所发出的谱线也必然有一定的宽度。另外，发光原子的热运动及其相互碰撞也会造成谱线增宽。

激光的单色性要比普通光源好得多，因为谐振腔具有选频作用。沿轴线方向往返传播的光，只有形成以谐振腔反射镜为波节的驻波，才能形成振荡放大，产生激光。设谐振腔长为 l，光波长为 λ，由驻波条件得

$$l = k\frac{\lambda}{2}, \quad k = 1,2,3,\cdots \tag{8-14}$$

于是，只有满足上述波长条件的光才能形成激光。一般来说，激光器输出的激光中心频率与频宽之比 $\nu_0/\Delta\nu$ 高达 $10^{10} \sim 10^{13}$ 数量级，而目前最好的普通单色光源却只有 10^6 数量级。

激光的高单色性，一方面是由于光学谐振腔的选频作用，另一方面，如果采取限模和稳频技术，将会使其单色性进一步提高。

(3) 亮度高

光源的亮度是表征光源定向发光能力强弱的一个重要指标。光源单位面积上，在单位时间内向法线方向上单位立体角内发出的光能量，称为光源在该方向上的亮度。可表示为

$$B = \frac{\Delta P}{\Delta S \Delta \Omega} \tag{8-15}$$

式中 ΔP 为光源在面积为 ΔS 表面上和 $\Delta \Omega$ 立体角范围内发出的光功率。

自然界中最亮的普通光源莫过于太阳，其发光亮度大约在 $10^3 \mathrm{W \cdot sr^{-1}}$ 左右，而目前大功率的激光器输出的亮度可高达 $10^{10} \sim 10^{17} \mathrm{W \cdot sr^{-1}}$ 数量级，比太阳亮亿万倍。

光束通过会聚透镜后会聚焦，入射光束的平行度越高，焦面处的光斑就越小。又因为激光的方向性好，可以聚焦在很小的范围内，所以激光的亮度高，它能把能量在空间和时间上高度集中起来，即光能量在很短时间内，向空间很小范围内发散。

(4) 相干性好

光的相干性可从时间相干性和空间相干性两个方面来看，前者表述纵向相干性，后者表述横向相干性。光的时间相干性用相干长度 L 量度，它表征可相干的最大光程差，也可以用光通过相干长度所需的时间，即相干时间 τ 来量度，二者关系为 $\tau = \frac{L}{c}$，c 为光速，可以证明，相干时间 τ 与光谱的频宽成反比，即 $\tau = \frac{1}{\Delta\nu}$，可见，光的单色性越好，即 $\Delta\nu$ 越小，则相干长度或相干时间越长，时间相干性就越好。激光的单色性好，因此它的相干长度很长，时间相干性好。例如，普通光源中单色性很高的 Kr^{86} 灯发射的光，其相干长度只有 77cm，而 He-Ne 激光器发射的激光，相干长度可达几十公里。

光场的空间相干性，可用垂直于光传播方向上的相干面积来衡量，理论分析表明，相干面积与光束的平面发散角成反比。激光的平面发散角极小，几乎可压缩到接近于衍射极限角，因此，可以认为整个光束横截面内各点的光振动都是彼此相干的，所以空间相干性相当高。关于这一点，可通过双缝干涉实验清楚地显示出来。

总之，激光的方向性好、单色性好，它比较接近于理想的完全相干的电磁波场。

2. 激光的应用

由于激光具有以上多种特性,激光在很多方面获得了广泛的应用。

(1) 激光通信

激光通信是一种用激光作载波传输声音、图像或其他信息的通信方式。和常规的通信一样,激光通信分为无线和有线两种。无线是指直接在空间传输,它是在无线电通信的基础上发展起来的,与无线电中的超短波通信的关系极为密切,其原理、结构和通信过程与无线电通信类似,包括以下几个部分:变换、发送、传输、接收和复原(图 8-14),所不同的是传播信息的载体一个是激光,一个是无线电波。有线是指通过光纤传递,也就是利用光学纤维作为激光通信传输介质的通信方式,通常称为光纤通信,这是通信领域发生的一次革命性的变革。光纤通信具有通信容量大、节省金属、抗干扰、抗腐蚀、保密性好等优点。现在光纤通信不仅可以用作连续多个城市的通信干线,也可以用作连续两大洲之间的跨洋通信手段,它是互联网的主要支撑技术之一。

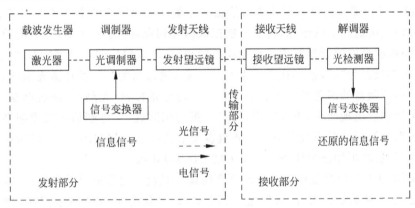

图 8-14 激光通信系统方框图

激光通信与无线通信相比具有如下几个优点:

(a) 传递信息容量大,传送路数多。理论指出,传输的信息量与载波有直接关系,载波频率越高,信息量越大。以中波无线电通信为例,为了使各电台间互不干扰,每个电台需要占用 10kHz 左右的频率范围。收音机的中波波段为 1000kHz,整个波段只能安排 100 个电台同时广播,因而显得十分拥挤。在厘米波中,每个电台需占用 10MHz 的频率范围,整个厘米波段的频带宽度为 10^3 MHz,也只能同时发送 100 套节目。由于激光的频率约为 $10^{13} \sim 10^{15}$ Hz,比微波频率高得多。若只用此频带中心部分的 10% 作为工作频带,可得 10^8 MHz 的带宽。假定每个通话带宽为 10kHz,则在整个波段上可以容纳 100 亿个通话线路,或者同时播送 100 万套电视节目,这是过去任何一种通信工具所不能达到的巨大通信容量。这也正是激光用于通信最吸引人之处。

(b) 通信距离远,保密性能好。由发射天线发射出的光束发散角为

$$\theta = 1.22\lambda/D \tag{8-16}$$

式中,λ 为波长,D 为天线直径。在微波情况下,尽管天线直径做得很大,但由于波长较长,

所以发散角一般仍有几度数量级。但在激光的情况下,由于波长很短,因此发散角很小。例如,设 $\lambda=1\mu m,D=20cm$,就可以得到 6×10^{-6} rad 的发散角。激光发散角小,能量损失小,因此通信距离远。由于传输信息的光束沿一个确定方向传播,而且还可以采用不可见光,故不易从中截获,保密性能很好,也不易受到外界的电磁干扰。

(c) 结构轻便、设备经济,光通信机不仅发射天线很小,接收天线也可以做得很小。通常的光通信直径为几十厘米,重量不过几公斤,而功能类似的无线电通信天线的重量将高达十吨到近百吨。

(2) 激光信息处理

在信息时代,信息的存储是信息技术的重要方面。常用的信息存储介质有纸张、胶卷、磁带、磁盘(软盘和硬盘)和光盘等,其中光盘以其容量大、存储寿命长、多次复制、价格低廉、携带方便等优点迅速成为现代存储介质的主流,常见的光盘有以下三种:只读式光盘(CD-ROM)、一次写入性光盘(CD-R)、可擦重写光盘(CD-RW)。

光盘存入和读出信息的原理与普通唱片类似,下面以只读式光盘为例说明如何记录信息、如何阅读信息。

CD-ROM 是指那些已存入用户所需信息的光盘,一张 CD-ROM 可存 3×10^8 个汉字,它的特点是只能读出盘片上的数据,自己不能把数据写到盘片上。CD-ROM 上的数据用压膜冲压制成,而压膜是由原版盘制成。在制作原版盘时,用编码后的二进制数据调制聚焦激光束,如果写入的数据为"0",就不让激光束通过;写入的数据为"1",就让激光束通过,或者相反。用来制作原版盘的圆盘是一张表面涂有一层高感光材料(光刻胶)的玻璃盘,曝了光的地方经显影处理后出现凹坑,再经定影,形成一张光刻圆盘,二进制信息以很细微的凹坑—台面—凹坑形迹被记录在原版盘上。在此盘表面上镀一层金属(比如银),再用这种盘制作母盘和压膜,最后就可用压膜压出成千上万的 CD-ROM 盘。

CD-ROM 盘上的信息要用光盘驱动器来阅读。光盘驱动器的结构如图 8-15 所示。其中激光头是光盘驱动器的核心部件之一,图 8-16 是激光头的结构示意图,图中 LD 是 GaAlAs/GaAs 双异质结半导体激光器,BS 是偏振光分束镜。激光头的工作原理大致如下:由 LD 发出的激光束经过 L_1 变成平行光束,此平行光透过 BS 进入四分之一波片后变成圆偏振光,再经 L_2 聚焦成细微的光斑照在光盘上进行读出或写入。光盘的读出是由光盘返回的光束再次经过 L_2 及波片后又变成线偏振光,不过此时的振动面与初次进入波片时的振动面垂直。这种线偏振光只能被 BS 反射,从而进入反馈系统。另外,进入 1 的部分将驱使控制系统对 L_2 进行调节以实现焦点自动检测与跟踪,进入 2 的部分将调制图 8-16 中的电动机 B,从而保证激光头的运动与光盘的转动匹配;进入 3 的部分将调制 LD 的电源。

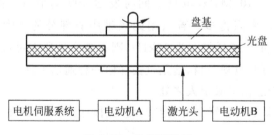

图 8-15 光盘驱动器

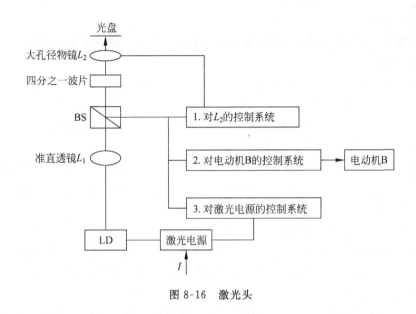

图 8-16 激光头

(3) 激光加工技术在微电子工艺中的应用

聚焦起来的激光束具有很高的光功率密度,在焦点上的光功率密度足以使材料在短时间内熔化或汽化。进行机械加工,如在微电子工艺中进行激光退火、激光划片、激光焊接、激光微调等。激光加工技术具有方法灵活、质量可靠、效率高等优点。

(a) 激光退火

激光退火主要用于改善非晶态硅等半导体晶片的结晶体。若激光退火与离子注入合并使用,则可避免微型半导体集成器件整体被加热到高温,在室温下就可退火,因此这种方法在微型半导体器件工业中得到了广泛应用。

(b) 激光划片

激光划片是利用高能激光束照射在工件表面,使照射区域局部溶化、汽化,从而达到划片的目的。与金刚石划片相比,激光划片具有很多优势,如切痕小、合格率高、材料损耗小、划刻面光滑平直、可使底板的热应力及邻近元件的过热现象减少到最低限度等。

(c) 激光焊接

激光焊接过程中,加工速度快,且是局部加工,其热影响区域小,工件热变形小,所以可焊接用其他方式不能接近的区域,可焊接不同材料的组合,可进行微焊,在真空中也可以焊接。

目前,已将激光焊接电子元件用于生产实际中,如 20 世纪 80 年代,美国 Florod 公司专门生产用于微电工业中的激光焊接机,该机容易实现自动化操作,适用于所有可焊接金属。

(d) 激光微调

利用激光可对电阻、电容、石英晶体、混合集成电路等进行微调。与普通微调相比,激光微调具有许多优越性,如污染少,无工件磨损,能对电子学设备有源电路进行微调,精度高,微调后阻值随时间的变化小等。为了减少激光对基片的热破坏作用,一般使用脉冲激光进行微调。

(4) 激光武器

激光武器是一种利用定向发射的激光束直接毁伤目标或使之失效的定向武器,与常规武器相比有下列特点:

(a) 激光以光速传播,比具有高速度的反弹道导弹还要快许多个数量级。这种能力就可以延长防御的反应时间,使防御者可以有更多的时间来进行探测、跟踪。

(b) 激光截击导弹实际上是在瞬间发生的,可对防御者进行直接射击,消除了对于被截击目标弹道的复杂计算及瞄准射击的提前量。

(c) 激光器无后坐力,机动性也好。激光器可以从水下、地下、掩蔽体后面发射,打击地面或空中目标;也可以通过光束的偏转迅速地由一个目标瞄准到另一个目标上;也能单发、多发和连续射击。

激光武器系统主要由激光器和跟踪、瞄准、发射装置等部分组成。和常规武器一样,激光武器可分为战术激光武器和战略激光武器两大类,前者用于常规战争中直接伤亡人员、飞机、战术导弹等;后者用于对付远程导弹、空间武器等。下面重点介绍两类激光武器。

(a) 激光致盲武器

激光致盲武器射击对象是人眼以及光学和光电装置等"软"目标。激光器是激光武器的核心,用于产生起致盲作用的激光光束,如二氧化碳激光器。精密瞄准跟踪系统用于跟踪瞄准所要攻击的目标,引导激光束对准目标射击,如采用红外跟踪仪,电视跟踪器和激光雷达等的光电瞄准跟踪系统。发射装置的作用是将激光束快速准确地聚焦到目标上。

激光致盲武器射击人眼,可造成暂时失明或永久性致盲,甚至使视网膜脱落,眼底大面积出血。激光致盲武器可对光学系统和光电装置造成损伤,使其失去观测能力。它可使导弹导引头中的光电传感致盲,从而失去跟踪目标的能力。

在反坦克、反潜艇作战中,激光致盲武器也有很大发展潜力。坐在坦克里的敌人,全身都处在厚厚的铁甲保护下,潜水艇则有深深的海水掩蔽,要杀伤他们很难。不过,他们的活动离不开潜望镜,若对准潜望镜的入口发射激光,激光将沿着潜望镜的光路进入,就会把在使用潜望镜观察外界情况的指挥员、驾驶员的眼睛损伤,坦克、潜艇也就失去了作战能力。

(b) 激光制导炸弹

激光制导炸弹是在一架飞机上载有一台激光器,激光束对准目标照射,由于激光在目标上反射,而使目标暴露,然后在另一架飞机上扔下带有激光制导的炸弹,它能够自动跟踪激光方向,使自己处于引导状态。当驾驶员认为飞机和目标相对位置最恰当的时刻投下炸弹,炸弹便沿着从目标上反射的激光指示的方向,迅速飞向目标,将目标击中。

激光制导炸弹主要由以下三部分组成:装有激光搜索器的前端、导弹体、尾翼。从功能上可分为:搜索部分,它的核心是激光感应器;控制器和前部信管,它控制导弹和引燃;导航部分由自动导航仪和控制尾翼组成。激光感应器装在一个保护套里,有一个收集光的光学系统和对红外激光特别灵敏的光电探测器组成,它将目标上反射的激光接收后转换为电压信号,送给控制器中的微型计算机。计算机不断将送来的信号进行处理,核实反射光的方向,并发出调整航向的指令。这指令送到尾部的导航部分,使翼片和尾部喷管按照指令调整航向。同样可将这种激光导弹改装成反坦克导弹,但这种反坦克导弹本身发射激光,一般用半导体激光,一旦目标上的反射光被激光感应器捕捉到,就紧紧地咬住目标,使坦克无藏身之处。

据报道,美军使用的激光制导炸弹,其轰炸精度的圆周概率误差不大于10m,而普通炸弹则为100m左右。2003年,在伊拉克战争中,美国使用的 CBU 激光制导炸弹重5000kg,不仅打击目标精确,而且能穿入地下几十米,到达目标后爆炸。

激光制导炸弹虽然有许多优势,但是激光制导炸弹也有自身的弱点,容易在浓烟和复杂气象条件下失灵,从而使其命中精度大为降低。另外,激光制导炸弹是一种"点穴式"的精确打击武器,难以进行大面积轰炸。

(5) 激光全息技术

一般照相机照出的照片都是平面的,没有立体感。用物理术语来说,普通照相记录的是光信号的强度,得到的仅是二维图像。激光出现后,1962年,美国科学家利思(Leith)和厄帕特尼克斯(Upatnieks)利用激光作为相干光源拍摄了第一张具有实用价值的全息照片。所谓全息照片就是记录了景物的全部信息的照片,即同时记录了光的强度和信息的照片。

激光全息照相的基本光路如图8-17所示。把一个单独激光束的光分成分离的两束;一束激光直接投射在感光底片上,称为参考光束;另一束激光投射在物体上,经物体反射或者透射,就携带有物体的有关信息,称为物光束。物光束经过处理也投射在感光底片的同一区域上。在感光底片上,物光束与参考光束发生相干叠加,形成干涉条纹,这就完成了一张全息图。全息照片和普通照片截然不同。肉眼去看,全息照片上只有一些看似杂乱无章的干涉条纹。

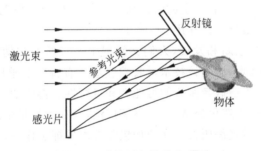

图8-17 全息照相基本光路图

感光底片的二维表面与正常的照片不同,具有一种奇异的性质,即它表面的任何碎片都浓缩着整个图像所需要的全部信息。这就是说,即使不小心把全息照片弄碎了,那也没有关系。随意拿起其中的一小块碎片,用同样的方法观察,原来的被摄物体仍然能完整无缺地显示出来。激光全息照相具有可分性、立体感强、同一张全息底片上可重叠多个全息图等特性,因此,自光全息术发明以来,激光全息技术的应用领域和范围不断拓展。在生产实践和科学研究领域中,激光全息技术都展现了它的巨大应用前景。如激光全息防伪技术、全息显微术、瞬态激光全息干涉计量技术、全息电影以及全息激光防护薄膜等。利用激光全息技术还可研制实时指纹取像系统。若将激光全息光刻技术与双光子聚合技术(高分子光化学)相结合还可生产光子晶体等。

这里,重点介绍激光全息防伪技术。

目前,激光全息防伪技术广泛应用于轻工业品、医药、食品、化妆品、电子行业的商标及有价证券(如信用卡、钞票、护照、签证等)的防伪。激光防伪技术主要包括激光全息图像防伪标识、加密激光全息图像防伪标识和激光光刻防伪技术三方面。

1980年，美国科学家利用压印全息技术，将全息表面结构转移到聚酯薄膜上，成功地印制出了世界上第一张模压全息图片。这种模压全息图片可以像印刷一样，大批量快速复制，成本较低，且可以与各类印刷品相结合使用。由于当时只有少数人掌握制作这种激光模压全息图片的技术，于是就被用作防伪标识。激光全息图像防伪的原理是，在激光全息图片拍摄的整个过程中，只要有一个条件不同，那么全息标识的效果就会有差异，而且这种全息图案难以被复制。

不过，随着时间的推移，激光全息图像制作技术迅速扩散，第一代激光全息防伪标识几乎完全失去了防伪功能。为了增加图像的制造难度，人们采用计算机技术改进全息图像，反射激光全息图像防伪标识和透明激光全息图像防伪标识。普通的激光全息图像是用镀铝的聚酯膜经过模压或者先用聚酯薄膜经过模压再镀铝而成，透明激光全息图像，就是将全息图像直接模压在透明的聚酯薄膜上。1996年，我国公安部决定将透明激光彩虹模压全息图应用在居民身份证上，身份证被透明膜覆盖和封住，当在光线下观察其正面时，不但能看清证件，还能看到透明膜上再现出来的二维三维彩虹全息图像上的长城及中国的中、英文字样。

后来，为了延长激光全息图像防伪技术的生命周期，人们又开发了加密全息图像防伪技术。加密全息图像是指采用诸如随机干涉条纹、激光阅读、光学微缩、莫尔条纹等光学图像编码加密技术，对防伪图像进行加密。加密图像防伪的原理是加密后的图像不可见或是一片噪光，如在制作全息图时引入随机机制，在全息图上记录随机干涉花样，这种花样具有明显的特征，且不可重复，所以具有一定的防伪功能。但是在造假呈现高技术化、国际化的今天，图像的加密在防伪中很难发挥作用。

随着全息技术的不断创新和发展，人们又研制了一些新型防伪技术。如 Bopp 激光全息防伪收缩膜包装防伪技术，因为该技术对收缩膜基材有特殊要求以及 BOPP 生产线造价昂贵，所以在源头上堵住了造假者制假的可能性和可行性。再比如激光光刻防伪技术，又称激光编码技术。激光编码机造价昂贵，应用不够广泛，只在大批量生产或其他印刷方法不能实现的场合使用。因此，激光编码技术在防伪包装方面发挥了作用。

总之，激光全息防伪技术是在国内外受到普遍关注的一项现代化激光应用技术成果，但随着全息防伪的广泛应用和其他防伪技术的出现，人们对全息防伪顾虑重重。目前有些真的标识不易识别，一些仿真的标识又能以假乱真，极大地降低了激光全息防伪标识在人们心目中原有的地位。因此，我们要在图像来源、照相技术和记录材料的开发上有突破性的创新，将激光全息技术与其他学科的新技术密切地结合，不断为防伪技术注入新的生命。

思 考 题

1. 光与物质的相互作用过程有哪几类？各有什么特点？
2. 什么是粒子数反转分布？怎样实现？
3. 光学谐振腔的作用是什么？稳定谐振腔的条件是什么？
4. 激光器必须包括哪几个基本组成部分？并说明各部分的主要功能。
5. 试述几种激光器的工作原理。
6. 激光的主要特性是什么？

7. 激光通信的基本工作原理是什么?
8. 试简述激光信息储存的基本原理。
9. 什么是激光全息照相?其工作原理是什么?

参 考 文 献

1. 姚启均. 光学教程. 北京:高等教育出版社,2008
2. 陈泽民. 近代物理与高新技术物理基础. 北京:清华大学出版社,2001
3. 荣烈润. 激光技术在微电子工艺中的应用. 机电一体化,2002,6:12-15
4. 李冠成,于艳春,王勇等. 激光全息技术的应用及发展趋势的研究. 光学技术,2005,31(5):769-775
5. 宗占国. 现代科学技术导论. 北京:高等教育出版社,2007
6. 马金涛. 激光全息防伪技术及其应用. 中国防伪报道,2007,11:31-40

专题九

纳米科学技术

纳米科学技术(Nano Scale Science and Technology)是 20 世纪 80 年代末刚刚诞生并正在崛起的新科技,它的基本含义是指研究电子、原子、分子在 0.1~100nm 尺度空间内的内在运动规律、内在运动特点,并利用这些特性制造具有特定功能设备的高技术。纳米科学是一门将基础科学和应用科学集于一体的新兴科学,它的诞生,将对人类社会产生深远的影响,并有可能从根本上解决人类面临的许多问题,特别是能源、人类健康和环境保护等重大问题。量子力学是纳米科学技术的理论基础,而对原子与分子的观察与操纵是纳米科学的技术手段。本专题介绍扫描隧道显微镜、原子力显微镜的基本工作原理,以及纳米科学基本知识及其应用。

9.1 扫描隧道显微镜

扫描隧道显微镜(Scanning Tunneling Microscope,简称 STM)是一种基于量子隧道效应的新型的高分辨率电子显微镜,它的发明使观察原子、分子乃至直接操作单个原子成为可能。

具有原子显像能力的扫描隧道显微镜是由美国 IBM 公司苏黎世研究实验室的宾尼(G. Binnig)和罗雷尔(H. Rohrer)两位科学家于 1981 年发明的,他们为此于 1986 年获得诺贝尔物理学奖。图 9-1 是扫描隧道显微镜实物图。STM 与其他显微镜相比最显著的特点是分辨本领高,我们可通过下面形象的比喻来比较几种显微镜。假定人带着光学显微镜、电子显微镜及扫描隧道显微镜站在月球上来看地球,它们的分辨本领如表 9-1 所示。现在,STM 已经成为纳米科学技术的重要手段。在本节中我们将详细介绍 STM 的工作原理、特点及其应用。

表 9-1 各种显微镜的分辨本领

显 微 镜	分 辨 本 领
人的肉眼	只能看到地球是一个球体，无法分辨出细节
可放大 2000 倍的光学显微镜	可看到地球上的太湖
可放大几百万倍的电子显微镜	可看到地球上的楼房
可放大上亿倍的扫描隧道显微镜	可看到建筑物水泥墙上和泥土中的砂粒

图 9-1 扫描隧道显微镜实物图

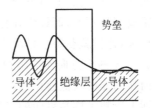

图 9-2 隧道效应

1. STM 的工作原理

STM 的工作原理与电子有关，但却完全不同于一般的电子显微镜。STM 没有镜筒，它的外形和以前人们熟知的任何其他类型的显微镜不同。它的基本原理是利用量子力学中的隧道效应。为更好地理解 STM 的原理，我们简要介绍物理学中的隧道效应。

粒子可以穿透势垒的现象原称为隧道效应，经典物理学认为，能量低于势垒的电子不能穿过势垒，而根据量子力学的理论，上述电子可以部分穿过势垒。微观粒子具有穿透势垒的能力为许多事实所证实，比如：将两段铜线扭在一起，电流仍能通过，但是铜线表面都已被很薄的氧化铜（绝缘体）覆盖，电子为什么可通过这绝缘层呢？是电子的隧道效应。电子具有波动性，在金属中的电子并不是仅存在于表面界面以内，在界面之外仍有电子弥漫（电子云）。也就是说，电子密度并非在表面边界突然降为零，而是在表面以外呈指数衰减，衰减长度约为 1nm。下面我们看一个实例，如图 9-2 所示，用两块金属导体片做电极，中间隔一层薄薄的刚性绝缘物质，这片绝缘层足够薄，以至于两块电极片之外的电子云能够有些微微重叠。给这两个电极片加上电压，电子就会从一个电极片通过电子云重叠区流向另一个电极片，从而形成电流。理论证明，如果绝缘层足够薄，只有 0.1nm 厚，且电子在绝缘层中的势能比电子的总能量高约 5eV 时，大约有百分之十的电子将穿过绝缘层而逃逸出来。

如果把非常细小的针尖和被研究样品的表面作为两个电极，当样品表面和针尖非常接近（一般二者之间的距离小于 1nm）时，在针尖与样品表面间施加一定电压情况下，电子即会穿过两个电极之间的绝缘层（一般为空气或液体之类）流向另一个电极，这就是前面所说的隧道效应，所产生的电流称为隧道电流。根据量子力学可求出隧道电流

$$I_T \propto V_T \exp(-A\phi^{1/2} S) \tag{9-1}$$

式中，V_T 是针尖-样品表面之间所加的电压，$A=(meh^2/2)^{1/2}$，e 为电子电荷，m 为电子质量，h 为普朗克常数，ϕ 是样品表面的平均势垒高度，S 是探针与样品的间距。如 S 以 0.1nm 为单位，则 $A=1$，ϕ 一般为几个 eV，由式(9-1)可知，当 S 改变 0.1nm 时，引起的 I_T 成数量级的变化，距离改变一个原子的直径，隧道电流变化一千倍左右，可见隧道电流的大小强烈地依赖于针尖到样品表面之间的距离。

如果样品的组成成分单一，即样品的表面比较平坦，由于电流与间距成指数关系，当针尖在被测表面上方作平面扫描时，如图 9-3(a)所示，即使其表面起伏仅有原子尺度的起伏，电流却有成十倍的变化，这样就可通过计算机记录扫描过程隧道电流的变化，从而就反映了样品表面的起伏。这种运行模式称为恒高度模式(保持针尖高度不变)，这种模式仅适用于表面较平坦的样品。另一种更常用的模式是恒电流扫描模式，如图 9-3(b)所示，使针尖在样品表面作二维扫描，通过电子反馈回路控制隧道电流不变，这就要求针尖与样品表面之间的相对距离保持不变，而针尖在样品表面扫描运动的轨迹可以直接在计算机屏幕或记录纸上显示出来，这样就获得了样品表面状态密度分布或原子排列的图像。针尖的扫描一般是沿着坐标 x、y 两个方向作二维扫描，但因控制隧道电流不变，针尖就会随着样品表面的高低起伏而作同样的高低起伏运动，第三维高度的信息即由此反映出来，所以说，STM 获取的信息实际上反映了样品表面的三维立体信息，只不过在高度方面的信息只限于样品表面层而已。

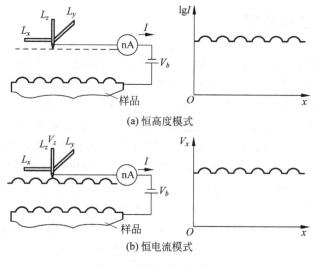

图 9-3　STM 的工作模式

2. STM 仪器设备

一般来说，扫描隧道显微镜由四个部分构成，它们分别为(如图 9-4 所示)：STM 主体，电子反馈系统，计算机控制系统及高分辨图像显示终端。STM 的核心部分——探头装在 STM 主体箱内，电子反馈系统主要用于产生隧道电流及维持隧道电流的恒定，并控制针尖在样品表面进行扫描，而计算机控制系统则犹如一个总司令部，由它发出一切指令控制全部系统的运转，并收集和存贮所获得的图像，高分辨图像终端主要用于显示所获取的显微图像,通过计算机内的图像处理软件可对原始图像进行一系列的诸如平滑、背景扣除、区域放大或缩小等处理,处理过后的图像仍可在图像终端上进行显示,随后即可对在终端上显示出的图像拍摄照片或幻灯片。

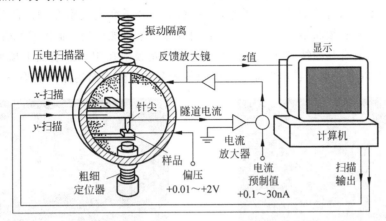

图 9-4　STM 的基本构成

3. STM 的优越性

(1) 高分辨率。STM 在平行和垂直于样品表面方向的分辨率分别可达 0.1nm 和 0.01nm,即可以分辨出单个原子,而一般的显微镜最多只能达到几十纳米分辨率。

(2) 实时性和立体性。利用 STM 可以得到实空间中物质表面的三维图像,以进行表面结构研究和可实时地观测表面扩散等动态过程的研究,而电子显微镜只能看到重金属原子,但只是投影图像。

(3) 可进行单层局部研究。可以观察表面一层原子的局部表面结构,因此可以直接观察表面缺陷、表面重构、表面吸附体的形态和位置等。

(4) 适应性强。可在真空、大气、常温、低温等不同环境下工作,从而大大扩展了 STM 的应用范围。

(5) 利用 STM 针尖,可对原子和分子进行操纵。

(6) 结构简单,不需要任何光学透镜或电子透镜,因此体积小,价格便宜。

4. STM 的应用

一般的显微镜仅仅是观察的工具,但 STM 不仅是一种观察的手段,而且是一个可以排布原子的工具。下面我们从这两方面来介绍 STM 的几个典型应用实例。

(1) STM 是一个分辨率较高的观察工具

例 1　测定表面原子结构和研究表面电子态。

泡利曾经抱怨过:"表面是魔鬼发明的"。这是因为固体的表面充当了固体和外界环境的交接处,固体内的原子是由其他原子包围着的,而位于表面处的原子却与表面上的其他原子、表面之外的原子以及表面之下的近邻原子发生相互作用,因此固体表面的物质同其内部的性质有着根本的不同。表面科学中首先要回答的是原子在哪里,它们又是如何运动的。

STM 的出现为弄清上述问题提供了方便,图 9-5 是宾尼等用 STM 观测到的硅表面的 7×7 重构图。从该图所揭示的硅表面可见,它由一个个菱形元胞组成,每个元胞的边长为 27Å,折合 7 个原子间距,故称为 7×7 构造。每个 7×7 构造有 12 个突起,分为两组,每组 6 个。

表面吸附是表面科学中的重要课题之一,原子与分子究竟吸附在表面的什么部位上?它们又是如何与基底相联结?一些传统的表面分析技术只能得到表面的平均性质,而 STM 在这个领域的研究有其独特的优点。图 9-6 所示的是吸附在铂单晶表面上碘原子的 STM 图像,从图中可以清楚地分辨出碘原子的吸附位置和铂晶体表面的晶格缺陷。

图 9-5 硅表面的 7×7 重构图

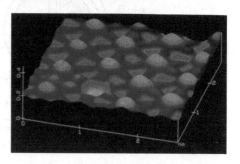

图 9-6 吸附在铂单晶表面上的碘原子

例 2 在生命科学中的应用。

STM 在自然条件下可对生物、大分子进行高分辨率的直接观察,从而使它成为生命科学研究中具有极大潜力的新技术。图 9-7 是世界上第一张 DNA 的 STM 图像。此外,STM 在核酸结构、酶生物膜结构研究中都取得了一系列的进展。

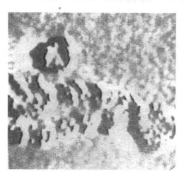

图 9-7 DNA 的 STM 图像

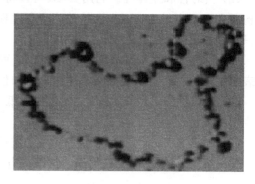

图 9-8 中国地图

(2) 纳米加工和原子操作

STM 不仅是观察工具,而且是改造微观世界的手段,运用它可按人类需要进行人工排布原子。

例 3 纳米级微加工。

利用 STM 可人为地制造出某些表面现象,进行表面刻蚀及修饰工作。科学家们利用计算机控制 STM 的针尖,在某些特定部位加大隧道电流的强度或使针尖尖端直接接触到表面,使针尖作有规律的移动,就会刻出有规则的痕迹,形成有意义的图形和文字。中国科学院化学研究所的科技人员利用自制的 STM 在石墨表面所刻蚀出的中国地图(图 9-8,此地图是世界上最小的中国地图)等图像十分清晰。这些图形的线宽只有 10nm。如此算来,可以利用 STM 在一个大头针的针头上来记录《红楼梦》的全部内容,因此,STM 对于研究高密度信息存储技术,具有重要的意义。

例 4 移动原子。

用 STM 针尖移动吸附在金属表面上的氙 (Xe)原子的过程如图 9-9 所示。图中 1,2,3,4,5 分别表示针尖的位置。在状态 1,针尖距 Xe 原子较远,不产生什么影响。当针尖向 Xe 原子逼近到位置 2,其间相距 0.2～0.3nm 时,在针尖与原子之间产生吸引力,其大小约等于原子与金属基底之间的吸附力,但又不足以使 Xe 原子脱离基底表面而吸附到 STM 针尖上。这时,把针尖向右移动,就会拖着 Xe 原子在表面滑动,从位置 2 经由位置 3 移动到位置 4。此时,将针尖的位置上升到位置 5,Xe 原子就留在了这个位置上,这样可使原子按我们设想的方案移动,重新进行排布。

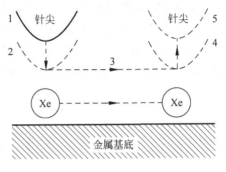

图 9-9 用 STM 针尖移动原子

1994 年初,中国科学院北京真空物理实验室的研究人员,成功地利用一种新的表面原子操纵方法,实现了可提取又可移植原子的技术。

原子尺度的操纵技术在高密度信息存储、纳米级电子器件、量子阱器件新型材料的组成和物种再造等方面,将有非常重要和广泛的应用前景,是公认的 21 世纪高新技术。图 9-10 所示的是量子围栏图,它是用 STM 将 48 个铁原子围成的一个环,最近的铁原子之间的距离只有 0.9nm,它们吸附在铜表面上。此图是否证明了电子驻波的存在?

例 5 单分子操纵。

当前,单原子操纵移位技术进一步发展为单个分子的探测、操纵和人工合成新分子等新技术领域。单分子操纵涉及化学键、分子识别、特异结合等化学、生物学问题,远比单原子操纵复杂。图 9-11 是 IBM 公司将一氧化碳分子排成了一个"分子人",这个分子人从头到脚只有 5nm 高。

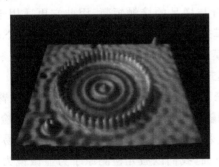

图 9-10 量子围栏图

图 9-11 CO 分子人

5. STM 的局限性

(1) STM 工作是依靠针尖与样品间的隧道电流,因此只能探测导体和半导体的表面结构,对不导电的材料就无能为力了,这是其最大的缺陷。实际需要研究的材料往往是不导电的。

(2) 为了获取一幅高质量的 STM 图像,要选定最佳工作条件,这是很不容易的。

(3) STM 图像不能提供样品的化学成分,必须借助于其他分析手段才能获得。

STM 存在着以上一些局限,所以科学家们不得不去思考、发明新的技术来弥补 STM 的不足。继 STM 之后,又有一批基于 STM 工作原理或扫描成像方法的派生显微镜相继被发明问世。如原子力显微镜、光子扫描隧道显微镜等。下面我们将简单介绍原子力显微镜的原理。

9.2 原子力显微镜

考虑到针尖原子与材料表面原子之间存在着极微弱的随距离变化的排斥力,能否利用 STM 的经验,类似地来检测原子间力的变化呢?这种想法促成了原子力显微镜(简称 AFM)的诞生。原子力显微镜的基本结构是在 STM 的探针与样品之间再加上一个对微弱力极其敏感的微小的悬臂探针。与 STM 不同的是,AFM 测量的是针尖与样品表面之间的作用力。

AFM 的工作原理是利用一个很尖的探针对样品扫描,探针固定在对探针与样品表面作用力极敏感的微悬臂上。当针尖尖端原子与样品表面间存在微弱的作用力时,微悬臂会发生微小的弹性形变,而且针尖与样品之间的作用力与距离有强烈的依赖关系。早期研制的为接触模式的原子力显微镜,它包括恒力模式和恒高模式。前者在扫描过程中利用反馈回路保持样品和探针间作用力(悬臂弯曲度)不变,测量每一点高度的变化。后者保持样品和探针间的距离不变,测量每一点作用力的大小。通常情况下,接触模式都可以产生稳定的、分辨率高的图像。但是这种模式不适于研究大分子、低弹性模量样品以及容易移动和变形的样品。除传统的接触模式之外,1993 年又研制出轻敲模式(Tapping Mode)原子力显微镜。该显微镜在扫描过程中探针与样品表面轻轻接触,悬臂受到存在于两者间的排斥力作用随样品表面起伏发生高频震颤。由于探针与样品的接触短暂,因此它更适用于质地脆或固定不牢的样品。目前 AFM 有多种操作模式,常用的还有以下两种:非接触(Non-Contact Mode)模式、侧向力(Lateral Force Mode)模式。根据样品表面不同的结构特征和材料的特性以及不同的研究需要,选择合适的操作模式。

AFM 是通过检测微悬臂形变的大小来获得样品表面的图像的,所以微悬臂形变监测至关重要。检测微悬臂形变的方式很多,如隧道电流检测法、电容检测法、光学检测法(包括光学干涉法和光束偏转法两种)等。由于光束偏转法比较简单,而且技术上容易实现,所以目前在 AFM 仪器中是应用最为广泛的。下面,我们以激光检测原子力显微镜为例,详细说明其工作原理。

在 AFM 的系统中,可分成三个部分:力检测部分、位置检测部分、反馈系统,如图 9-12 所示。AFM 是结合以上三个部分将样品的表面特性呈现出来的。在 AFM 的系统中,使用悬臂来感测针尖与样品之间的相互作用力,这作用力会使悬臂摆动。再利用激光将光照射在悬臂的末端,当悬臂摆动形成时,会使反射光的位置改变而造成偏移量,此时激光检测器就会记录此偏移量,也会把此时的信号给反馈系统,以利于系统做适当的调整,最后再将样

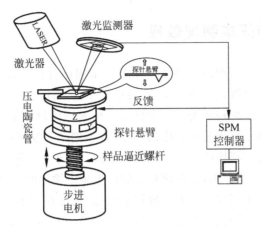

图 9-12 原子力显微镜(AFM)系统结构

品的表面特性以影像的方式呈现出来。

AFM 不仅可以用来研究导体和半导体表面,还可以极高分辨率研究绝缘体表面,弥补了 STM 的不足。目前,AFM 可以用来测试样品的硬度和弹性等;AFM 也能产生和测量电化学反应;AFM 还具有对标本进行加工的力学行为,可实现染色体的切割、细胞膜的打孔等。

在 STM、AFM 基础上发展起来的其他一些特殊功能的扫描显微镜,这里就不一一介绍了。

9.3 纳米科学技术

幻想是思想的火花,是新科技的源泉。1959 年费曼曾提出:"如果有一天,可以按照人类意志安排一个个原子,那么将会出现怎样的奇迹呢?"在 20 世纪 90 年代,一门全新的、面向 21 世纪的科学技术——纳米科学技术的兴起标志着这个"奇迹"已经出现。纳米科学技术的发展,可以带来信息、能源、交通、医药、食品、纺织、环保等诸多领域的新变革,大大提高我们的生活质量。专家们认为,纳米科学技术给我们生活带来的变革,将不亚于电力代替蒸汽的变革。

纳米科学技术包括:纳米材料学、纳米生物学、纳米物理学、纳米化学、纳米机械学、纳米显微学和纳米加工等几方面。下面首先介绍纳米材料学。

纳米技术的重要基础之一是纳米材料。纳米材料是指大小为纳米尺度的材料,这个尺度一般限定为 1~100nm 范围内。在纳米材料的发展初期,纳米材料是指纳米颗粒和由它们构成的纳米薄膜和固体。现在,纳米材料是指在三维空间中至少有一维处于纳米尺度范围。如果三维都处于纳米尺度范围,则称为零维纳米材料,即纳米颗粒。如果有两维处于纳米尺度范围,则称为一维纳米材料,即纳米线。如果只有一维处于纳米尺度范围,则称为纳米薄膜。纳米材料学的任务是研究纳米材料的成核和生长,其几何尺寸及成分分布以及特性和应用。纳米材料的基本观察手段是 STM 及其他相关技术。

1. 纳米材料的基本物理效应

纳米材料分为两个层次,即纳米超微粒子与纳米固体材料。线度为 $1\sim 100\text{nm}$ 的纳米微粒也叫超微粒子,它的尺度大于原子簇(直径小于 1nm),小于通常的微粉(直径超过 $1\mu\text{m}$ 的粒子)。超微粒子是纳米材料制备中的原材料。纳米固体材料是指由纳米超微粒子制成的固体材料,它的结构既不同于长程有序的晶体,也不同于长程无序、短程有序的非晶态玻璃,而是既无长程序也无短程序的"类气体"固体结构。由于界面原子的比例很高,纳米材料颗粒之间通过界面发生相互作用,会在颗粒之间产生量子输运的隧道效应、电荷转移的界面原子相互耦合,从而使纳米固体材料表现出许多与晶态、非晶态不同的独特的物理、化学性质。如纳米铜"能屈能伸",即使变形达 50 倍仍然"不折不挠",这就是室温下的超塑性。这些奇异性质的产生主要来自小尺寸效应、表面效应、量子尺寸效应和宏观量子隧道效应。这四种物理效应相互联系,相互渗透,难以截然区分,为叙述方便,突出主要因素,现将这四种效应作简略介绍。

(1) 小尺寸效应

纳米微粒的尺寸比光波波长还小,因而声、光、电磁、热力学等特性均呈现新的小尺寸效应。例如,金属由于光反射显现各种颜色,而金属纳米微粒的光反射能力却很低,反射率低于 1%,所以金属纳米微粒都是黑色的,说明它们对光的吸收能力特别强。纳米固体在较宽频谱范围显示出对光的均匀吸收性,吸收峰的位置和峰的半高宽都与微粒半径的倒数有关,利用这一性质,可以通过控制颗粒尺寸制造出有一定频宽的微波吸收纳米材料,这种材料可用于电磁波屏蔽,若用于制造隐形飞机,此飞机能吸收雷达发射的微波,躲过雷达的侦察。纳米材料具有高的电磁波吸收系数也引起军界研究人员的极大兴趣,他们提出以纳米材料作为新一代隐身材料的设想和探索。为了获得兼具频带宽、多功能、质量小和厚度薄等特性,科研人员正在研究纳米复合隐身材料,可以期望,不久将出现对厘米波、毫米波、红外、可见光等很宽波段的复合隐身材料。再如,陶瓷材料在通常情况下呈脆性,很易打碎,然而由纳米微粒压制成的陶瓷材料却具有良好的韧性,打不碎,这是因为纳米材料尺寸小,相互间界面相对而言就很大,界面的原子排列是相当混乱的,原子在外力作用下很容易迁移,使其有良好的韧性。

(2) 表面效应

纳米微粒结构的特点是表面原子比例极大。由表 9-2 可以看出,随着粒子直径减小,表面原子数迅速增加,因此,纳米微粒具有很高的表面能。

表 9-2 纳米微粒尺寸与表面原子数的关系

纳米微粒尺寸/nm	包含总原子数/个	表面原子数所占比例/%
1	30	99
2	2.5×10^2	80
4	4×10^3	40
10	3×10^4	20

一些金属的纳米粒子在空气中极易氧化,甚至会燃烧,就连化学惰性的金属铂制成纳米微粒后也变得不稳定,成为活性极好的催化剂。为什么高比例的表面原子会增加表面的活性呢? 可以举下面一个例子来说明这个问题。

图 9-13 所示为单一立方结构的晶粒的二维平面图,实心圆代表位于表面的原子,空心圆代表内部原子,实心圆的原子近邻配位不完全,如存在缺一个近邻的"E"原子,缺两个近邻的"D"原子和缺少三个近邻的"A"原子,A 原子由于受到的束缚少,所以极不稳定,很容易跑到附近的空位上。这些表面原子一旦遇到其他原子就会很快与其结合,使其稳定化,这就是活性的原因,这种表面原子的活性不但引起表面原子的输运和构型的变化,同时也会引起表面电子自旋构像和电子能谱的变化。

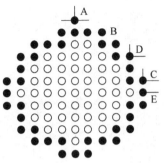

图 9-13 纳米粒子结构平面图

(3) 量子效应

纳米微粒在 10nm 以下时,每个微粒仅含有 $10^2 \sim 10^4$ 个原子,所以必须考虑量子效应,有时多一个或少一个原子都会引起纳米粒子特性的变化。量子效应是指粒子尺寸下降到极低值时,费米能级附近的电子能级,由准连续变为不连续离散分布的现象。我们知道,晶体中的电子能级为准连续能带,理论研究指出,能级间距与晶粒的大小有关。理论公式给出

$$\delta = \frac{4E_F}{3N} \tag{9-2}$$

式中,δ 为能级间距,E_F 为费米能级,N 为总电子数。对于纳米微粒,N 较小,δ 有一定的大小,因此能级间距发生分裂,当能级间距大于热能、电能、磁能或超导态的凝聚能时,就会出现明显的量子效应,导致纳米微粒的磁、光、声、热、电性能与宏观特性有明显的不同,例如,纳米微粒对于红外吸收,表现出灵敏的量子尺寸效应。

(4) 宏观量子隧道效应

众所周知,电子具有波粒二象性,因此存在隧道效应。近年来,人们发现一些宏观量,例如微颗粒的磁化强度、量子相干器件中的磁通量等也显示出隧道效应,这就是宏观的量子隧道效应。量子尺寸效应、宏观量子隧道效应将会是未来电子器件的研究基础,它们确定了微电子器件进一步微型化的极限。比如,在制造半导体集成电路时,电子就通过隧道效应而溢出器件,使器件无法正常工作,经典电路的极限尺寸大概在 $0.25\mu m$。

上面讨论的四种效应是纳米材料的基本物理特性。它使纳米微粒和纳米固体呈现一些"反常现象"。除前面已涉及的之外,还有由几种效应共同导致的一些性质。例如普通金属是导体,但纳米金属微粒在低温下却呈现电绝缘性;一般 $PbTiO_3$,$BaTiO_3$ 和 $SrTiO_3$ 等是典型铁电体,但当其尺寸进入纳米量级就会变成顺电体;具有典型共价键结构和无极性的氮化硅陶瓷,在纳米态时却出现与极性相联系的压电效应,以及较高的交流电导和在一定频率范围的介电常数急剧升高的现象。

2. 碳纳米管材料

碳纳米管是一种具有完整分子结构的新型纳米尺度材料,在纳米材料中最富有代表性,

并且是性能最优异的材料。下面简单介绍碳纳米管的性质及应用。

碳纳米管又称为巴基管,它是由一些同轴的圆柱形管状碳原子层叠加而成,碳原子在管壁上形成六边形结构,如图 9-14 所示,管直径在几纳米到几十纳米之间。碳纳米管可以分为单壁碳纳米管和多壁碳纳米管两种主要类型。单壁碳纳米管由单层石墨卷成柱状无缝管而形成,是结构完美的单分子材料;多壁碳纳米管可看作由多个不同直径的单壁碳纳米管同轴套构成,原子层数目从 2 到几十不等。

单壁碳纳米管根据六边环螺旋方向(螺旋角)的不同,可以是金属型碳纳米管,也可以是半导体型碳纳米管。多壁碳纳米管的电性能和单壁碳纳米管的相近。金属型单壁碳纳米管和金属型多壁碳纳米管均是弹道式导体,大电流通过不产生热量。碳纳米管也是优良的热传导材料。碳纳米管还是很好的超导材料,单壁碳纳米管的超导温度和直径相关,直径越小超导温度越高。

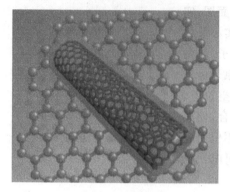

图 9-14 碳纳米管

碳纳米管还具有非常好的力学性能,单壁碳纳米管不但坚硬而且强度很高,是目前发现的唯一同时具有极高的弹性模量和抗拉强度的材料。碳纳米管的抗拉强度可达钢的 100 倍,同时密度只是钢的 1/6。碳纳米管的这些性质使其在复合材料领域具有广阔的应用前景。填充其他物质后的碳纳米管可看作极细的导线,专家们说,它们可能成为未来理想的超级纤维,它们可以用于太空升降机,帮助人类移居到其他星球,这样,人们在月球定居就很容易了。它还可以用于最佳超微导线、超微开关以及纳米级电子线路,可以用作生物系统的电子探头等。

碳纳米管应用研究主要集中在复合材料、氢气存储、电子器件、电池、超级电容器、场发射显示器、量子导线模板、电子枪及传感器和显微镜探头等领域,并已取得许多重要进展。

3. 纳米材料的制备

制备纳米固体材料的方法有很多种,粗略地可分用物理、化学、气相沉积及液相沉积等方法。表 9-3 罗列了几类常见的制备方法及其特点。

表 9-3 制备纳米材料的几种常见方法及其特点

方 法	具体操作过程	特 点
真空冷凝法	采用真空蒸发、加热与高频感应等方法使金属原子汽化或形成等离子体,然后快速冷却,从而在冷凝管上获得纳米粒子	纯度高、结晶组织好及粒度可调且分布均匀;对技术和设备的要求较高
机械球磨法	以粉碎与研磨相结合来实现粉末的纳米化	操作工艺简单,成本低,效率高,能制得高熔点金属合金纳米超微颗粒;颗粒分布不均匀,纯度低
气相沉积法	利用金属化合物蒸气的化学反应来合成纳米微粒,如激光诱导化学气相沉积(LICVD)	LICVD 具有清洁表面、粒子大小可控制、无粘结及粒度分布均匀等优点

续表

方　　法	具体操作过程	特　　点
化学沉积法	将沉积剂加入到包含一种或多种离子的可溶性盐溶液中,发生水解反应,形成不溶性的氢氧化物、水合氧化物或盐类从溶液中析出,将溶剂和溶液中原有的阴离子洗去,经热水解或脱水而得到纳米材料	工艺简单,适合制备纳米氧化物粉体等材料;纯度较低,颗粒粒径较大
水热合成法	在高压釜里的高温、高压反应环境中,采用水作为反应介质,使得通常难溶或不溶的物质溶解、反应还可进行重结晶	可直接得到分散且结晶良好的粉体,不需做高温灼烧处理,避免了可能形成的粉体硬团聚
溶胶-凝胶法	前驱物在一定的条件下水解成溶胶,再制成凝胶,经干燥等低温处理而得纳米粒子	合成温度很低,是制备有机、无机纳米复合材料的最有效方法之一

4. 纳米材料的应用

由于纳米颗粒的独特结构状态,使其产生了小尺寸效应、表面效应、量子尺寸效应、宏观量子隧道效应等,从而导致纳米材料表现出力、热、电、磁、光、吸收、反射、吸附、催化以及生物活性等特殊功能,这就使得它具有广阔的应用前景。目前纳米颗粒已经在物理、化学、材料、生物、医学、环境、塑料、造纸等许多领域得到广泛应用。

(1) 在催化方面的应用

催化反应是指物体表面部分形成有效活化中心,提高反应效率,选择反应路径。纳米微粒表面的有效反应中心多,纳米粒子催化剂可以大大提高反应效率。目前用纳米粒子进行催化反应有三种类型:(a)直接用纳米微粒铂黑、银、Al_2O_3 和 Fe_2O_3 等在高分子高聚物氧化还原及合成反应中做催化剂,可很好控制反应速度和温度。纳米的 Ni 或 Cu-Zn 化合物颗粒对某些有机化合物的氢化反应也是极好的催化剂,可替代昂贵的 Pt 或 Pd 催化剂;(b)把纳米微粒掺和到发动机的液体和气体燃料中,可提高效率;(c)纳米金属颗粒,易燃易爆,在火箭固体燃料中掺和 Al 的纳米微粒,提高燃烧效率若干倍。

另外,纳米光催化剂具有很好的空气净化作用。大气污染对人类的健康危害极大,为净化空气,人们目前采用的方法很多,如过滤、吸附、负氧离子以及臭氧等技术,但这些技术有些会产生副反应,有些杀菌效率低,而纳米光催化技术所使用的光催化无毒,且具有很高的能量,所以可以彻底分解所有的有机物为无害的二氧化碳和水。另外,纳米光催化技术的杀菌性能也强,杀菌范围也很广,可以通过破坏细菌的细胞壁及凝固病毒的蛋白质,从而杀灭细菌和病毒。目前国内外对 TiO_2 光催化剂已进行了大量的研究,如在玻璃表面涂一层掺有纳米 TiO_2 的涂料,那么普通玻璃马上变成具有自洁功能的"自净玻璃"。

(2) 在磁记录上的应用

当今社会已进入信息时代,对信息存储材料提出了高密度、大容量、低成本的要求。例如 $1cm^2$ 需要记录 1000 万条以上的信息,这就要求每条信息记录在几个 μm^2,甚至更小的面积内,在几 μm^2 的记录范围,至少有 300 个阶段分层次记录,这就是说,在几 μm^2 内要有 300 个记录单元。而磁记录密度近似地与矫顽力的平方根成正比,纳米微粒尺寸小,具有单畴结构、矫顽力很高的特性,所以它就成为制作磁记录的理想材料。日本松下电器公司已制成纳米级微粉录像带。它具有图像清晰,信噪比高,失真十分小的优点。

(3) 在工程上的应用

(a) 高熔点材料的烧结

由于纳米颗粒巨大的表面,熔点低,大大改变了材料烧结过程的驱动力——表面能,使整个工艺过程发生重大变化,通常情况必须在高温下烧结 SiC、WC、BN 等,但在纳米态下,较低温度就可进行烧结,并且不用添加剂仍然使其保持良好的性能。

(b) 轻烧结体

以纳米微粒构成的密度只有原物质十分之一的块状海绵体称为轻烧结体。利用庞大的表面和纳米微粒的小尺寸效应可制成多种用途的器件:①过滤器:在气体和液体通过纳米轻烧结体时,杂质被吸附在微粒表面而被去掉;②电池电极:纳米轻烧结体作为化学电池、燃料电池和光化学电池的电极,增大反应工作面,提高效率、减轻重量,可以使很小的体积容纳极大的能量,届时汽车就可以像目前的玩具汽车一样,以电池为动力在大街上奔驰了;③化学成分探测器:利用纳米轻烧结体暴露在液体、气体中的庞大表面,与所探测成分发生反应引起电位变化的原理,可制成高灵敏度、高响应速度的探测器;④热交换器:降低稀释致冷机的极限温度的关键是在冷冻的膨胀气体和高温的压缩气体之间选择高效率热交换的隔板材料,在这方面可考虑用纳米轻烧结体代替传统热交换材料。

(4) 在传感器上的应用

作为传感器材料首先必备的是敏感功能,此外还应有可靠性和重现性。因此纳米微粒和纳米固体是用作传感器最有前途的材料,由于它们巨大的表面和界面,对外界环境如温度、光、湿气等十分敏感,外界环境的改变会迅速引起纳米微粒表面和界面离子价态和电子输运的变化,其特点是响应速度快、灵敏度高。纳米陶瓷材料用于传感器也显示了巨大潜力,例如,利用纳米 NiO、FeO、CoO、$CoO—Al_2O_3$ 和 SrC 的载体温度效应引起电阻变化,可制成温度传感器(温度计、热辐射计);利用纳米 $LiNbO_3$、$LiTiO_3$、PZT 和 $SrTiO_3$ 的热电效应,可制成红外检测传感器。

生物传感器是发展生物技术必不可少的一种先进的检测与监控器件,在物质分子水平的快速、微量分析不可或缺。它由分子识别器和信息转换器两部分组成。分子识别器由具有分子识别功能的物质(如酶、微生物、抗体、激素等)和一层极薄的膜(如高分子膜或陶瓷膜)构成。分子识别器是生物传感器的核心,它能识别被测对象,并与之发生一定的物理或化学变化。当待测物与分子识别元件特异性结合后,所产生的复合物(或光、热等)通过信号转换器变为可以输出的电信号、光信号等,从而达到分析检测的目的。随着纳米技术与生物工程技术的不断发展,纳米颗粒在生物传感器中的应用主要表现在两个方面:一是用纳米颗粒作为标记物;二是用纳米颗粒作为生物敏感元件的载体。

纳米金粒在水中形成的分散系称为胶体金。胶体金是最常见的金属纳米颗粒,金表面可以与氨基发生非共价静电结合,也可以与羟基形成 $Au—S$ 共价键,因此胶体金可以用于生物分子的标记,从而实现信号的检测和放大。用纳米金作为标记物有很多优点:选择不同尺寸胶体金可以满足不同的需要,特别是可以进行多重抗原标记;胶体金标记非常稳定,而一般的荧光标记和酶学显色都会发生信号衰退;胶体金标记的生物样品贮存稳定性好,可在低温下保存;胶体金容易制备,安全无毒;灵敏度高,可以肉眼观察。

(5) 在生物医学领域中的应用

(a) 用纳米材料进行细胞分离

利用纳米复合体性能稳定,且一般不与胶体溶液和生物溶液反应的特性进行细胞分离,在医疗临床诊断上有广阔的应用前景。20 世纪 80 年代后,人们便将纳米 SiO_2 包覆粒子均匀分散到含有多种细胞的聚乙烯吡咯烷酮胶体溶液中,使所需要的细胞很快分离出来。目前,生物芯片材料已成功运用于单细胞分离、基因突变分析、基因扩增与免疫分析(如在癌症等临床诊断中作为细胞内部信号的传感器)。伦敦的儿科医院、挪威工科大学和美国喷气推进研究所利用纳米磁性粒子成功地进行了人体骨髓液中癌细胞的分离来治疗癌症患者。美国科学家正在研究用这种技术在肿瘤早期的血液中检查癌细胞,实现癌症的早期诊断和治疗。

(b) 用纳米材料进行细胞内部染色

比利时的 De Mey 博士等人利用乙醚的黄磷饱和溶液、抗坏血酸或柠檬酸钠把金从氯化金酸($HAuCl_4$)水溶液中还原出来形成金纳米粒子(粒子直径的尺寸范围是 3~40nm),将金纳米粒子与预先精制的抗体或单克隆抗体混合,利用不同抗体对细胞和骨髓内组织的敏感程度和亲和力的差异,选择抗体种类,制成多种金纳米粒子——抗体复合物。借助复合粒子分别与细胞内各种器官和骨髓系统结合而形成的复合物,在白光或单色光照射下呈现某种特征颜色(如 10nm 的金粒子在光学显微镜下呈红色),从而给各种组织"贴上"了不同颜色的标签,为提高细胞内组织分辨率提供了各种急需的染色技术。

(c) 纳米材料在医药方面的应用

一般来说,血液中红血球的大小为 6000~9000nm,一般细菌的长度为 2000~3000nm,引起人体发病的病毒尺寸为 80~100nm,而纳米包覆体尺寸约 30nm,细胞尺寸更大,因而可利用纳米微粒制成特殊药物载体或新型抗体进行局部的定向治疗等。专利和文献资料的统计分析表明,作为药物载体的材料主要有金属纳米颗粒、无机非金属纳米颗粒、生物降解性高分子纳米颗粒和生物活性纳米颗粒。

Ag^+ 可使细胞膜上的蛋白失去活性从而杀死细菌,添加纳米银粒子制成的医用敷料对诸如黄色葡萄球菌、大肠杆菌、绿脓杆菌等临床常见的 40 余种外科感染细菌有较好的抑制作用。

在超临界高压下细胞会"变软",纳米生化材料微小而易渗透,医药家由此能改变细胞的基因,因而纳米生化材料最有前景的应用是基因药物的开发。德国柏林医疗中心将铁氧体纳米粒子用葡萄糖分子包裹,在水中溶解后注入肿瘤部位,使癌细胞部位完全被磁场封闭,在通电加热时温度达到 47℃,慢慢杀死癌细胞。这种方法已在老鼠身上进行的实验中获得了初步成功。美国密歇根大学正在研制一种仅 20nm 的微型智能炸弹,能够通过识别癌细胞化学特征攻击癌细胞,甚至可钻入单个细胞内将它炸毁。

(d) 纳米材料用于介入性诊疗

日本科学家利用纳米材料,开发出一种可测量人或动物体内物质的新技术。科研人员使用的是一种纳米级微粒子,它可以同人或动物体内的物质反应产生光。研究人员用深入血管的光导纤维来检测反应所产生的光,经光谱分析就可以了解是何类物质。初步实验已成功地检测出放进溶液中的神经传达物质乙酰胆碱。利用这一技术还可以辨别身体内物质的特性,可以用来检测神经传递信号物质和测量人体内的血糖值及表示身体疲劳程度的乳酸值,并有助于糖尿病的诊断和治疗。

(e) 纳米材料在人体组织方面的应用

纳米材料在生物医学领域的应用相当广泛,除上面所述内容外还有如基因治疗、细胞移植、人造皮肤和血管以及实现人工移植动物器官的可能。

目前,首次提出纳米医学的科学家之一詹姆斯·贝克和他的同事已研制出一种树形分子的多聚物作为 DNA 导入细胞的有效载体,在大鼠实验中已取得初步成效,为基因治疗提供了一种更微观的新思路。

(6) 在军事上的应用

纳米材料的应用将改变战争的面貌和形态。纳米科学技术将使武器装备系统的性能大幅度提高。采用纳米科学技术,可以使现有雷达在体积缩小数十倍的同时,其信息处理能力提高数百倍;能够把超高分辨率合成孔径的雷达安放在卫星上,进行高精度对地侦察;利用量子器件可制造出原理全新全固态化、智能化的微型惯性导航系统,使制导武器的隐蔽性、机动性和生存能力大幅度提高;可制成能以较低的功率自动对询问信号做出应答的敌我识别系统,避免被敌方偷听或截获。

纳米科学技术使武器装备的体积、重量大大减小。纳米科学技术可以把现代作战飞机上的全部电子系统集成在一块芯片上,能使目前需车载、机载的电子战系统缩小至可由单兵携带,从而大大提高电子战的覆盖面。利用它还可生产重量小于 0.1kg 的卫星,这样,一枚火箭一次即可发射数百乃至数千颗卫星,覆盖全球,完成侦察和信息转发任务。

纳米科学技术将可以使武器表面变得更"灵巧"。用纳米材料制造潜艇的蒙皮,可以灵敏地"感觉"水流、水温、水压等极细微的变化,并及时反馈给中央计算机,调整潜艇的运动状态,最大限度地降低噪声、节约能源;能根据水波的变化提前"察觉"来袭的敌方鱼雷,使潜艇及时作隐蔽运动。用纳米材料做军用机器人的"皮肤",可以使之具有比真人的皮肤还要灵敏的"触觉",从而能更有效地完成军事任务。

纳米科学技术可导致作战样式的革命性变革。利用纳米科学技术,可以成千倍地提高指挥自动化系统处理战场信息的能力,可以使战场真正"透明";可以成千倍地提高侦察预警能力和精确打击能力,将使侦察与伪装、打击与防护的对抗更趋于白热化;把用纳米科学技术制造的超微型军用遥控机器人植入昆虫的神经系统,可以控制昆虫无孔不入地到达敌方任何要害部位搜集情报,杀伤敌人,或使敌方电子系统丧失功能。

5. 纳米电子学

纳米电子学是研究结构尺寸为纳米级的电子器件和电子设备的一门科学,它是建立在新的概念、新的结构和新的工艺技术基础上的。

现有电子器件的尺寸缩小到纳米尺度,与电子的德布罗意波长接近时,已不再是粒子性而是波动性对电子起主要作用,因此纳米电子学必须考虑量子力学效应。

近年来,纳米电子学的研究已取得重要突破,例如用两个原子构成的隧道二极管、半径为 10Å 的纳米电极等都已出现。

制造大规模的超大规模集成电路是发展高级的电子计算机和电子技术的基础,因此,进一步缩小固体器件结构尺寸是当今世界高技术领域中一个追求的目标。然而,微电子元件尺寸的减小受到材料的电子性能和器件加工方法的限制,也受到组装成本的挑战。解决这些问题的关键在于发展分子器件,以至实现分子计算机。埃米斯研究小组正在研制一种分子探针,这种探针可以区分紧紧排列在钻石表面的氟原子和氢原子,如果把氟的值定为1,氢的值定为0,然后制造出一个能真正进行快速阅读的探针,就可以得到一个分子型二进制代码。做到了这一步,就可以用分子型二进制代码作为所有计算机的基础。

纳米级电子器件和纳米级量子集成电路的大规模生产与运用,生产出功能完备的黄豆、米粒般大小的计算机,甚至有人估计能生产出可以取代部分人脑细胞的电路芯片,以及在人脑中装设扩展人思维能力的芯片作为"人体电脑"。

6. 纳米生物学

纳米生物学是在纳米尺度上,应用生物学原理,发现和研究在这一尺度内的新现象,目前能涉及的内容大体为:

(1) 在纳米尺度上了解生物大分子的精细结构及其功能的关系,这是纳米生物学也是整个现代生物学发展的基础。

(2) 在纳米尺度上获取生命信息,特别是细胞内的各种信息,利用 STM 获得细胞膜和细胞器表面的结构信息,用亚微米扫描质子探针(SPM)测得元素成分的信息,用微感器和纳米传感器获取各种生化反应的化学信息和电化学信息。

(3) 纳米机器人的研制。第一代纳米机器人是生物系统(如酶等)和机械系统(如齿轮等)的有机结合体,可将这种微型机器人注入人体血管内,它可作全身健康检查,疏通脑血管中的血栓,消除心脏动脉脂肪沉积物,甚至还能吞噬病毒,杀死癌细胞。第二代纳米机器人应当是能直接从原子、分子装配成有一定功能的纳米尺度的装置,这种装配器应当能自我调节。第三代纳米机器人将是能直接装配成含有纳米电子计算机的,可人机对话的并有自身复制能力的纳米机器:一台机器变两台,两台变四台……

指出纳米科学技术会得到广泛应用的真正预言家是一个并不出名的工程师,他的名字叫埃里克·德雷克斯勒,他和妻子在加利福尼亚创建了专门从事纳米科学技术理论研究的预见研究所,他认为可以建造有自行复制能力的机器,他还想象出一种被他称为"装配工"的小机器人,让食品加工、机械制造等机器具备复制能力,可以在人的血管里游弋并修复细胞,从而防止疾病和衰老。

纳米科学技术将通过人类成功地在纳米尺度上迅速改变物质产品的生产方式,变革社会,实现各类物质能量载体的大幅度减小。人类社会的纳米时代将是一个载体极为微小、信息量密度极高的时代。

思 考 题

1. 扫描隧道显微镜的原理与量子力学中的隧道效应有何联系?
2. STM 常用的几种工作方式是什么?其基本原理是什么?
3. STM 被科学家们归为表面分析仪器,为什么?
4. 什么是纳米科学技术?它有哪些应用前景?

5. 纳米材料具有什么特性？
6. 碳纳米管有哪些可能的用途？
7. 纳米材料在生物医学上有哪些应用？试举例说明。
8. 纳米电子学的任务是什么？
9. 目前纳米生物学所涉及的内容有哪些？

参 考 文 献

1. 白春礼. 原子和分子的观察与操纵. 长沙：湖南教育出版社，1994
2. 韦群等. 跨世纪学科与技术. 北京：中国建筑工业出版社，1994
3. 方云等. 纳米技术与纳米材料(I)——纳米技术与纳米材料简介. 日用化学工业，2003(1)：55-59
4. 严燕来，叶庆好. 大学物理拓展与应用. 北京：高等教育出版社，2002
5. 许并社. 纳米材料及应用技术. 北京：化学工业出版社. 2004
6. 张先恩. 生物传感器. 北京：化学工业出版社. 2005
7. Safarík I, Safaríková M. Use of magnetic techniques for the isolation of cells[J]. J Chromatogr B, Biomed Sci Appl, 1999, 722：33-53
8. Richardson J, Hawkins P, Luxton R. The use of coated paramagnetic particles as a physical label in a magneto-immunoassay[J]. Biosensors and Bioelectronics, 2001, 16：989-993
9. Singh A K, Flouders A W, Volponi J V. Development of sensors for direct detection of organophosphates. Part I：immobilization, characterization and stabilization of acetylcholinesterase and organophosphate hydrolase on silica supports [J]. Biosensors & Bioelectronics, 1999, 14：703-713
10. Cai H, Xu C, He P. Colloid Au-enhanced DNA immobilization for the electrochemical detection of sequence-specific DNA[J]. Journal of Electroanalytical Chemistry, 2001, 510(1-2)：78-85
11. 孙晓刚. 碳纳米管应用研究进展. 微纳电子技术. 2004, 1：20-25
12. 李霞，彭蜀晋，张云龙. 纳米材料在生物医学领域的应用. 化学教育，2006, 11：10-11

专题十

非线性光学

非线性光学是现代光学的重要分支,是研究强相干光与物质相互作用时出现的各种新现象的产生机制、过程规律及应用途径的新兴学科。非线性光学的起源可以追溯到 1906 年的泡克尔斯效应和 1929 年克尔效应的发现,但是非线性光学成为今天这样一门重要科学,应该说是从激光发现以后才开始的。

非线性光学的发展大体可划分为三个阶段。20 世纪 60 年代初为第一阶段,这一阶段大量非线性光学效应被发现,如光学谐波、光学和频与差频、光学参量振荡与放大、多光子吸收、光学自聚焦以及激光散射等都是这个时期发现的;第二阶段为 60 年代后期,这一阶段一方面继续发现了一些新的非线性光学效应,另一方面致力于对已发现的效应进行更深入的了解,以及发展非线性光学器件;第三阶段是 70 年代至今,这一阶段非线性光学日趋成熟,已有的研究成果被应用到各个技术领域和渗透到其他有关学科(如凝聚态物理、无线电物理、声学、有机化学和生物物理学)的研究中。

非线性光学的研究在激光技术、光纤通信、信息和图像的处理与存储、光计算等方面有着重要的应用,具有重大的应用价值和深远的科学意义。

本专题内容包括光与介质相互作用的基本理论,非线性光学效应及其应用。

10.1 光场与介质相互作用的基本理论

1. 介质的非线性电极化理论

许多典型的光学效应均可采用介质在光场作用下的电极化理论来解释。

在入射光场作用下,组成介质的原子、分子或离子的运动状态和电荷分布都要发生一定形式的变化,形成电偶极子,从而引起光场感应的电偶极矩,进而辐射出新的光波。在此过程中,介质的电极化强度矢量 p 是一个重要的物理量,它被定义为介质单位体积内感应电偶极矩的矢量和:

$$\boldsymbol{p} = \lim_{\Delta V \to 0} \frac{\sum_i \boldsymbol{p}_i}{\Delta V} \tag{10-1}$$

式中，p_i 是第 i 个原子或分子的电偶极矩。

在弱光场的作用下电极化强度 $\boldsymbol{P}$ 与入射光矢量 $\boldsymbol{E}$ 成简单的线性关系，满足

$$\boldsymbol{P} = \varepsilon_0 \chi_1 \boldsymbol{E} \tag{10-2}$$

式中，ε_0 称为真空介电常数，χ_1 是介质的线性电极化率。根据这一假设，可以解释介质对入射光波的反射、折射、散射及色散等现象，并可得到单一频率的光入射到不同介质中，其频率不发生变化以及光的独立传播原理等为普通光学实验所证实的结论。

然而在激光出现后不到一年时间（1961 年），弗兰肯（P. A. Franken）等人利用红宝石激光器输出 694.3nm 的强激光束聚焦到石英晶片（也可用染料盒代替）上，在石英的输出光束中发现了另一束波长为 347.2nm 的倍频光，这一现象是普通光学中的线性关系所不能解释的。为此，必须假设介质的电极化强度 $\boldsymbol{P}$ 与入射光矢量 $\boldsymbol{E}$ 成更一般的非线性关系，即

$$\boldsymbol{P} = \varepsilon_0 (\chi_1 \boldsymbol{E} + \chi_2 \boldsymbol{E} \cdot \boldsymbol{E} + \chi_3 \boldsymbol{E} \cdot \boldsymbol{E} \cdot \boldsymbol{E} + \cdots) \tag{10-3}$$

式中，χ_1、χ_2、χ_3 分别称为介质的一阶（线性）、二阶（非线性）、三阶（非线性）极化率。研究表明 χ_1、χ_2、χ_3 … 依次减弱，相邻电极化率的数量级之比近似为

$$\frac{|\chi_n|}{|\chi_{n-1}|} \approx \frac{1}{|E_0|} \tag{10-4}$$

其中，$|E_0|$ 为原子内的平均电场强度的大小（其数量级约为 $10^{11}\,\text{V/m}$）。可见，在普通弱光入射情况下，$|E| \ll |E_0|$，二阶以上的电极化强度均可忽略，介质只表现出线性光学性质。而用单色强激光入射，光场强度 $|E|$ 的数量级可与 $|E_0|$ 相比或者接近，因此二阶或三阶电极化强度的贡献不可忽略，这就是许多非线性光学现象的物理根源。

2. 光与介质非线性作用的波动方程

光与介质相互作用的问题，在经典理论中可以通过麦克斯韦方程组推导出波动方程求解。对于非磁性绝缘透明光学介质而言，麦克斯韦方程组为

$$\nabla \times \boldsymbol{H} = \frac{\partial \boldsymbol{D}}{\partial t} \tag{10-5}$$

$$\nabla \times \boldsymbol{E} = -\mu_0 \frac{\partial \boldsymbol{H}}{\partial t} \tag{10-6}$$

$$\nabla \cdot \boldsymbol{B} = 0 \tag{10-7}$$

$$\nabla \cdot \boldsymbol{D} = 0 \tag{10-8}$$

式(10-5)和式(10-8)中的电位移矢量 $\boldsymbol{D} = \varepsilon_0 \boldsymbol{E} + \boldsymbol{P}$，代入式(10-5)有

$$\nabla \times \boldsymbol{H} = \varepsilon_0 \frac{\partial \boldsymbol{E}}{\partial t} + \frac{\partial \boldsymbol{P}}{\partial t}$$

两端对时间求导，有

$$\nabla \times \frac{\partial \boldsymbol{H}}{\partial t} = \varepsilon_0 \frac{\partial^2 \boldsymbol{E}}{\partial t^2} + \frac{\partial^2 \boldsymbol{P}}{\partial t^2} \tag{10-9}$$

对式(10-6)两端求旋度,有

$$\nabla \times (\nabla \times \boldsymbol{E}) = -\mu_0 \nabla \times \frac{\partial \boldsymbol{H}}{\partial t}$$

将矢量公式 $\nabla \times (\nabla \times \boldsymbol{E}) = \nabla(\nabla \cdot \boldsymbol{E}) - (\nabla \cdot \nabla)\boldsymbol{E} = -\nabla^2 \boldsymbol{E}$ 代入式(10-9),有

$$\nabla^2 \boldsymbol{E} = \mu_0 \varepsilon_0 \frac{\partial^2 \boldsymbol{E}}{\partial t^2} + \mu_0 \frac{\partial^2 \boldsymbol{P}}{\partial t^2} \tag{10-10}$$

上式表明,当介质的电极化强度 $\boldsymbol{P}$ 随时间变化且 $\frac{\partial^2 \boldsymbol{P}}{\partial t^2} \neq 0$ 时,介质就像一个辐射源,向外辐射新的光波,新光波的光矢量 $\boldsymbol{E}$ 由方程式(10-10)决定。

3. 非线性光学的量子理论

用量子力学的基本概念去解释各种非线性光学现象,既能充分反映强激光场的相干波动特性,同时又能反映光场具有能量、动量作用的粒子特点,从而可以对许多非线性光学效应的物理实质给出简明的图像描述。

该理论将作用光场与组成介质的粒子(原子、分子)看成一个统一的量子力学体系而加以量子化描述,认为粒子体系在其不同本征能级间跃变的同时,必然伴随着作用光场光子在不同量子状态分布的变化,这些变化除了光子的吸收或发射,更多的涉及两个或两个以上光子状态的改变(如多光子吸收与发射、光散射等),此时对整个物理过程的描述必须引入所谓中间状态的概念。在这种中间状态,光场的光子数目发生了变化,粒子离开原来所处的本征能级而进入激发状态;然而,此时粒子并不是确定地处于某一个本征能级上,而是以一定的概率分别处于它所可能的其他能级之上(初始能级除外)。为了直观地表示这一状态,人们又引入了虚能级的图解表示方法。在用虚能级表示的这种中间状态中,由于介质粒子的能级去向完全不确定,则按照著名的不确定关系原理,粒子在中间状态(虚能级)上停留的时间将趋于无穷短。

利用中间状态的概念和虚能级的表示方法,可以给出大部分有关非线性光学效应的物理图像。

10.2 非线性光学效应

1. 光学变频效应

光学变频效应包括由介质的二阶非线性电极化所引起的光学倍频、光学和频与差频效应以及光学参量放大与振荡效应,还包括由介质的三阶非线性电极化所引起的四波混频效应。需要注意的是,二阶非线性效应只能发生于不具有对称中心的各向异性的介质,而三阶非线性效应则没有该限制。这是因为对于具有对称中心结构的介质,当入射光场 $\boldsymbol{E}$ 相对于对称中心反向时,介质的电极化强度 $\boldsymbol{P}$ 也应相应地反向,这时两者之间只可能成奇函数关系,即 $P = \varepsilon_0(\chi_1 E + \chi_3 E^3 + \chi_5 E^5 + \cdots)$,二阶非线性项不存在。

(1) 光学倍频效应

光学倍频效应又称二次谐波,是指由于光与非线性介质(一般是晶体)相互作用,使频率为 ω 的基频光转变为 2ω 的倍频光的现象。这是一种常见的二阶非线性光学效应,也是激光问世后不久首次在实验上观察到的非线性光学效应。其实验装置如图 10-1 所示。

图 10-1 光的倍频效应实验装置

假设入射光的光场为 $E = E_0 \cos\omega t$,若晶体的二阶非线性极化率 χ_2 不为零,则取前两项的电极化强度为

$$\begin{aligned} P &= \varepsilon_0(\chi_1 E + \chi_2 E^2) \\ &= \chi_1 \varepsilon_0 E_0 \cos\omega t + \chi_2 \varepsilon_0 E_0^2 \cos^2\omega t \\ &= \chi_1 \varepsilon_0 E_0 \cos\omega t + \frac{1}{2}\chi_2 \varepsilon_0 E_0^2 + \frac{1}{2}\chi_2 \varepsilon_0 E_0^2 \cos 2\omega t \end{aligned} \tag{10-11}$$

式中第一项表示激发出频率不变的出射光波,第二项导致光学整流,第三项则导致二次谐波,即产生了倍频光。

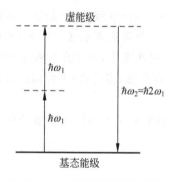

图 10-2 光倍频的量子跃迁图解

光学倍频现象的量子图像是在非线性介质内两个基频入射光子的湮灭和一个倍频光子的产生,如图 10-2 所示。整个过程由两个阶段组成。第一阶段,两个基频入射光子湮灭,同时组成介质的一个分子(或原子)离开所处能级(通常为基态能级)而与光场共处于某种中间状态(用虚能级表示);第二阶段,介质的分子重新跃迁回到其初始能级并同时发射出一个倍频光子。由于分子在中间状态停留的时间为无穷小,因此上述两个阶段实际上是几乎同时发生的,介质分子的状态并未发生变化,即分子的动量和能量守恒。

设基频入射光子的能量为 $\hbar\omega_1$,动量为 $\hbar k_1$ (k_1 为波矢,$k_1 = \frac{1}{\lambda_1}$),倍频光子的能量为 $\hbar\omega_2$,动量为 $\hbar k_2$,则能量和动量守恒表现为

$$\begin{cases} \omega_2 = 2\omega_1 \\ k_2 = 2k_1 \end{cases} \tag{10-12}$$

按照波矢的定义,把式(10-12)的第二个条件转换为对介质折射率的要求,写成

$$\frac{2\pi}{\lambda_2} n_2(\omega_2) = \frac{2\pi}{\lambda_1} 2n_1(\omega_1) \tag{10-12'}$$

考虑到 $\lambda_1 = 2\lambda_2$,则折射率匹配条件可最后表示为

$$n_2(\omega_2) = n_1(\omega_1) \tag{10-12''}$$

只有满足折射率匹配条件,倍频效应才能有效地发生。对于一般透明介质,正常色散使得 $n_2 > n_1$。倍频过程所选用的非线性介质多数为光子各向异性晶体,不同线偏振光沿晶体传播时具有不同的折射率,从而可利用双折射效应来补偿色散效应。

光学倍频可以将红外激光转变为可见激光,或将可见激光转变为波长更短的激光,从而扩展激光谱线覆盖的范围,这在激光技术中已被广泛采用。

(2) 光学和频与差频效应

在普通光学中有一条很著名的原理,称为光的独立传播原理。即不同的光束相互穿过,不妨碍彼此的行动,每束光的传播方向、颜色、能量都不发生变化。但当用不同频率的强光束照射非线性介质时,情况却发生了变化,通过光谱仪不仅可以观察到入射光波以及它们的倍频光波,还可以看到它们的和频光波与差频光波。

设入射光波中包含两种频率成分,即
$$E = E_{01}\cos\omega_1 t + E_{02}\cos\omega_2 t$$
保留式(10-3)的二阶项,则电极化强度为
$$\begin{aligned}P &= \chi_1\varepsilon_0(E_{01}\cos\omega_1 t + E_{02}\cos\omega_2 t) + \chi_2\varepsilon_0(E_{01}\cos\omega_1 t + E_{02}\cos\omega_2 t)^2\\ &= \chi_1\varepsilon_0(E_{01}\cos\omega_1 t + E_{02}\cos\omega_2 t) + \frac{1}{2}\chi_2\varepsilon_0(E_{01}^2 + E_{02}^2) + \frac{1}{2}\chi_2\varepsilon_0(E_{01}^2\cos2\omega_1 t \\ &\quad + E_{02}^2\cos2\omega_2 t) + \chi_2\varepsilon_0 E_{01}E_{02}[\cos(\omega_1+\omega_2)t + \cos(\omega_1-\omega_2)t]\end{aligned}$$
(10-13)

可见,式中除了基频项、直流项以及倍频项外,还有和频项 $(\omega_1+\omega_2)$ 与差频项 $(\omega_1-\omega_2)$。其实验装置如图 10-3 所示。

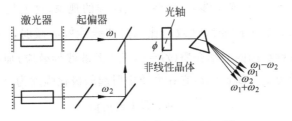

图 10-3 光学混频实验装置原理图

光学和频的物理图像与光学倍频效应相似,可看成能量为 $\hbar\omega_1$ 和 $\hbar\omega_2$ 的两个入射光子湮灭,同时发射出一个能量为 $\hbar\omega_3 = \hbar(\omega_1+\omega_2)$ 的和频光子。光学差频可以看成是光学和频的逆过程,它反映了一个高频光子 $\hbar\omega_1$ 的湮灭以及两个低频光子 $\hbar\omega_2$ 和 $\hbar\omega_3' = \hbar(\omega_1-\omega_2)$ 的同时产生,如图 10-4 所示。

(3) 光学参量放大(OPA)与光学参量振荡(OPO)

当一束频率较低的弱信号光束 ω_s 与另一束频率较高的强泵浦光 ω_p 同时入射到非线性介质内时,由于二阶非线性电极化强度分量 $P_2(\omega_i = \omega_p - \omega_s)$ 的作用,将在非线性介质内辐射出频率等于 ω_i 的差频光(亦称闲频光)。产生的闲频光进一步与泵浦光耦合,并通过二阶非线性电极化强度分量 $P_2(\omega_s = \omega_p - \omega_i)$ 的作用进一步辐射出频率为 ω_s 的信号光。上述非线性混频过程持续进行的结果,使得泵浦光的能量不断耦合到信号光和闲频光上,从而形成了光学参量放大效应。

在光学参量放大器的基础上,如果进一步采用光学反馈装置(如法布里-珀罗共振腔),则在参量放大作用大于腔内各种损耗时,便可同时在 ω_s 和 ω_i 频率处产生相干光振荡,这便形成光学参量振荡效应。

以上所介绍的各种非线性光学变频效应是目前比较成熟的相干光变频手段。当入射激光满足相位匹配条件(即动量守恒条件)且其中一种为可调谐时,可通过这些效应获得高频率可调谐变频相干光输出。另一方面,相干光混频效应也为人们提供了一条研究物态结构、分子跃迁和凝聚态物理过程的新途径。

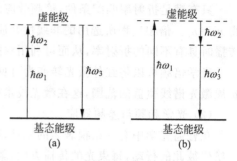

图 10-4 光学和频与光学差频的量子跃迁图解

2. 强光引起介质折射率变化及相关非线性光学效应

当用强光照射光学介质时,由于三阶非线性电极化系数的作用,介质的折射率将发生感应变化,这种效应叫光学克尔效应。如果入射光束截面内的横向光强分布不均匀,光学介质通过其折射率的变化就会对入射光束产生反作用,产生自聚焦效应、自散焦效应。

(1) 光学克尔效应

普通克尔效应是指介质在电场作用下,沿与电场方向平行和垂直的偏振光波的折射率 $n_{//}$ 和 $n_\perp$ 发生不同的变化,且它们的差值 Δn 正比于电场的二次方,从而出现感应双折射现象。如果所加的是光场时,且光足够强,也会发生同样的现象,这就是光学克尔效应。因为 χ_3 比 χ_2 小好几个数量级,三阶非线性效应比二阶非线性效应微弱,一般难以观察。为此,我们选择具有中心对称结构的光学介质($\chi_2=0$,无二阶非线性效应)加以分析。

设入射光波矢量为 $E=E_0\cos\omega t$,它在介质中引起的极化强度为

$$P = \varepsilon_0 \chi_1 E + \varepsilon_0 \chi_3 E^3 \tag{10-14}$$

则介质中的电位移矢量大小为

$$\begin{aligned} D &= \varepsilon_0 E + P = \varepsilon_0(1+\chi_1)E + \varepsilon_0 \chi_3 E^3 \\ &= \varepsilon_0(1+\chi_1+\chi_3 E^2)E \\ &= \varepsilon_0 \varepsilon_r(I) E \end{aligned} \tag{10-15}$$

式中相对介电常数 $\varepsilon_r(I)$ 是光强的函数。在弱光作用下,$\chi_3 E^2$ 可以忽略,介质的折射率 $n_L=\sqrt{\varepsilon_r}$ 是一个与光强无关的常数,但当用强光照射介质时,$\chi_3 E^2$ 不能忽略,折射率与光强的关系为

$$\begin{aligned} n &= \sqrt{\varepsilon_r(I)} = \sqrt{\varepsilon_r}\left[1+\frac{\chi_3}{\varepsilon_r}E^2\right]^{1/2} \\ &= \sqrt{\varepsilon_r}\left[1+\frac{1}{2}\frac{\chi_3}{\varepsilon_r}E^2+\cdots\right] \\ &= n_L + n_{NL} I \end{aligned} \tag{10-16}$$

式中,n_L 为线性折射率,$n_{NL} I$ 为非线性折射率,其中 n_{NL} 称为非线性折射系数,I 为入射光

强，$n_{NL}I$ 表示三阶非线性效应引起的折射率随光强的变化，与光强成正比。

总之，式(10-16)表示，总折射率包括线性和非线性两部分，且与光强呈线性关系。

通过对来自光学克尔效应的双折射的测量，能够有效地测得各种介质的三阶非线性极化系数。由于不同介质的光学克尔效应有着不同的物理机制，通过对光学克尔效应的研究还可以研究不同物质的物性，测量不同的微观参量，如分子取向的弛豫时间等。

(2) 强光自聚焦效应和自散焦效应

光波在介质中传播时，会引起介质折射率的改变，而折射率的改变反过来又会影响入射波。如果入射光束横截面上光强的分布是不均匀的，则在光通过的介质中，折射率的横向分布也是不均匀的。对光强分布呈高斯型分布的光束(高斯光束)，$I(r)$-r 函数曲线如图 10-5(a) 所示。当 $n_{NL}>0$ 时，高斯光束横截面中心附近介质的折射率大于边缘部分的折射率，介质就相当于一个凸透镜，对在其中传播的高斯光束有会聚作用，如图 10-5(b) 所示，这就是光的自聚焦效应。而当 $n_{NL}<0$ 时，高斯光束横截面中心附近介质的折射率小于边缘部分的折射率，介质就相当于一个凹透镜，对在其中传播的高斯光束有发散作用，如图 10-5(c) 所示，这就是光的自散焦效应。

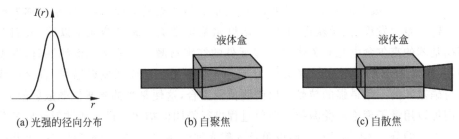

(a) 光强的径向分布　　(b) 自聚焦　　(c) 自散焦

图 10-5　高斯型光强分布的光束

对自聚焦现象的研究始于 1964 年，早期由伽密尔等人将一束调 Q 的红宝石激光入射到盛满 CS_2 液体的容器中，发现当入射光功率超过某一临界值后，光束在一定距离处很快收缩成直径为 $100\mu m$ 的一根"细光丝"。在许多场合下，自聚焦是一种不受欢迎的现象，这是因为在自聚焦的"细丝"内的光功率密度非常高，它产生的强大电场会使介质内的原子、分子发生电离，造成电击穿，在介质内留下了一条条"伤痕"，从而使介质的光学性能遭到破坏而失去使用价值。所以，对光束自聚焦机理的研究也为克服或避免材料受损提供了途径。

3. 光的受激散射效应

光通过介质时都有一部分能量偏离预定的方向而向空间其他方向弥散开来，这种现象称光的散射。研究光的散射不但可以丰富对光的传播及其与物质相互作用方式的理解和认识，而且也可以提供一种用来探索介质的组成、结构、均匀性和物态变化的光学手段。激光出现以后，以单色高亮度的激光作为入射光束，不但使光的散射现象更易于观测和研究，而且各种散射过程由自发散射转变为受激散射。散射光是具有高度方向性的相干光，其强度也会有几个数量级的增加。我们把这类现象称为光的受激散射效应。

(1) 光的散射原理

光的散射现象的表现形式多种多样，造成这些散射现象的物理原因也各不相同。粗略说来，光的散射来源于传输介质的光学不均匀性或折射率不均匀性。

从介质在入射光波作用下产生感应电极化效应的观点来看，在入射光作用下，介质内产生感应电偶极矩，它们作为辐射源产生次级光波。当介质内的感应电偶极矩在空间分布均匀时，次级光波的合成干涉结果，是使介质中沿入射光方向的光辐射强度最大，而沿其他方向的次级光波由于彼此产生相消干涉而光强趋于零，这时不产生光的散射现象；当介质内的折射率分布不均匀时，介质不同区域内的感应电极化特性有所差异，因此次级光波的干涉合成结果使得沿其他方向的光强不再为零，这就形成了光的散射。

在纯净介质中的散射现象主要包括瑞利散射、拉曼散射、布里渊散射等，它们是弱光入射作用的结果。散射过程的规律性与入射光波的相干性和光强无关，然而它们对应的受激散射效应，是强光入射作用的结果，其散射过程的规律性却与入射光波的相干性和光强有关。下面我们以受激拉曼散射为例说明受激散射过程的理论和特点。

(2) 受激拉曼散射效应

1928 年印度物理学家拉曼（C. V. Ramann）等在观察频率为 ω_0 的单色光波照射到苯液体时，发现散射光中除有频率不变的瑞利散射光外，还有频率减小为 $\omega=\omega_0-\Delta\omega$ 和频率变大为 $\omega=\omega_0+\Delta\omega$ 的极弱散射光，其中 $\hbar\Delta\omega$ 对应于液体的振动能级，这一现象被称为拉曼散射。由于这一重大发现，拉曼获得 1930 年诺贝尔物理学奖。激光器诞生以后，人们在研究由盛有硝基苯的克尔盒电光开关作为调 Q 元件的红宝石激光器输出光谱特性时，发现除了已知的 $\lambda=694.3\mathrm{nm}$ 的受激发射谱线外，还有一条波长更长的受激发射谱线，且该谱线的位置正好与硝基苯的一条最强的拉曼散射谱线位置重合，这便是光的受激拉曼散射效应。

我们可以用量子理论对受激拉曼散射过程进行简明的描述。设组成散射介质的分子本身具有不连续的分立本征能级，且假设单色入射光波的频率 ω_0 不与分子任何一个共振吸收频率相等。这样分子本身就不能对入射光子产生共振吸收，但却可以通过两个阶段对入射光产生散射作用。如图 10-6 所示，设散射分子的最低两个能级分别为 a 和 c，其能量间隔为 $\hbar\Delta\omega$，图 10-6(a) 为分子受激瑞利散射的情况。在散射过程的第一阶段，一个入射光子 ω_0 湮灭，而处于能级 a（或者能级 c）上的分子跃迁到一种中间状态（虚能级）上；第二阶段，已跃迁到虚能级上的分子重新回到其初始能级，并同时散射出一个频率仍为 ω_0 的光子。受激瑞利散射的特点是散射光子能量与入射光子的能量相同，但方向可以不同，这就相当于是分子与入射光子之间发生"弹性碰撞"的过程。

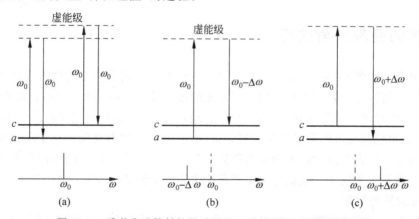

图 10-6　受激分子散射的量子跃迁过程（图下方为散射频谱）

图 10-6(b)为两种受激拉曼散射之一。它与上述受激瑞利散射的区别就在于,原来处于较低能级 a 上的分子,在散射后跃迁到较高的能级 c 上(分子的内能增加),而散射光子的频率向低频方向移动 $\Delta\omega$ 的大小,这一过程称为斯托克斯散射光的形成过程。与此类似,图 10-6(c)是受激拉曼散射的另一种情况。其特点是散射后分子回到较低的能级(内能减少),而散射光子的频率向高频方向移动 $\Delta\omega$ 的大小,这就是所谓反斯托克斯散射光的形成过程。受激拉曼散射的特点是散射光子的能量与方向相对于入射光子都发生变化,与此相应,散射分子的能量与动量也相应发生变化。这就是把受激拉曼散射看作分子与入射光子之间的"非弹性碰撞"过程。通过研究受激拉曼散射效应,不但大大加深了人们对强光与物质相互作用规律性的认识,而且也从根本上提供了一种产生强相干光辐射的新方式。例如,利用受激拉曼效应机理制成的自旋反转拉曼激光器,通过改变磁场强度,可以提供 $9\sim14\mu m$ 及 $5.2\sim6.2\mu m$ 波段的红外可调激光,其线宽可小于 1kHz。这是其他频率可调红外激光源所不能相比的。利用受激辐射获得的新光源,目前已被广泛应用于分子结构的研究、测量分子瞬态寿命、相干时间和测量大气污染等。

4. 瞬态相干光学效应

瞬态相干作用是指强短激光脉冲与共振介质(其吸收跃迁频率与入射激光频率相同或十分接近)间的相互作用过程。所谓瞬态,是因为所考虑的相互作用时间过程相当短。所谓相干,是由于一方面在入射激光的脉冲时间内,工作粒子自由辐射和各种均匀加宽机制所决定的随机性的自发弛豫行为可以忽略,即所有粒子都可认为同步地与入射光场发生作用;另一方面由于入射光的光谱宽度由其脉冲持续时间的倒数决定,这意味着光场的相干时间就等于整个光脉冲的持续时间,在整个作用期间入射光场是全相干的。

瞬态相干作用使得介质被激发后的微观状态(波函数)存在确定的相位,且这种确定的位相关系在激光停止作用后迅速发生变化以致最终消失。由瞬态相干作用而产生的各种光学效应统称为瞬态相干光学效应。最典型的瞬态相干效应是光子回波,此外,还包括自感应衰减、光学章动、自感应透明等。下面分别作简单的介绍。

(1) 自感应透明效应

在激光器发明以前,普通入射光波照射介质后的光波强度遵循布拉格吸收定律

$$I = I_0 e^{-\alpha l} \tag{10-17}$$

其中,I_0 代表入射光波的强度,l 是介质的厚度,α 是介质的吸收系数,且被认为与介质的浓度和入射光波的波长有关,而与光强无关。然而到了 20 世纪 60 年代,当科学家用强短激光束做介质的吸收实验时,却发现在一定条件下介质对光脉冲呈现出完全透明的特点,这就是自感应透明效应。

可以用一种直观的物理图像来解释这一现象。共振吸收介质对入射强短激光脉冲的透过率强烈地依赖入射光脉冲的场强对作用时间积分的大小 A,当积分值满足

$$A = \frac{p_0}{\hbar}\int_{-\infty}^{+\infty} E_0(t)\mathrm{d}t = 2\pi \tag{10-18}$$

时(p_0 为粒子的感应电偶极矩),脉冲的前半部分被介质的粒子吸收,形成大量的感应电偶极子,紧接着脉冲的后半部分与这些电偶极子相互作用,诱发其发生感应辐射,使得入射光

脉冲前半部分被介质吸收的能量,在后半部分以相干辐射的形式发射出来。这样,不论传播多长的距离,光脉冲的能量和形状在传播过程中保持不变。这也就是后面我们将要介绍的光学孤子。

(2) 光子回波效应

在满足相干作用的条件下,以两个强短脉冲相继入射到共振吸收介质中,其中第一个脉冲满足 $A=\pi/2$ 条件($\pi/2$ 脉冲),第二个脉冲满足 $A=\pi$ 条件(π 脉冲),两个脉冲的时间间隔 t_s 很短,则在第二个脉冲通过晶体大约 t_s 后,介质将在空间确定方向上发射出第三个相干脉冲,这就是光子回波。图 10-7 表示入射到共振介质中的两个激励光脉冲和随后产生的光子回波脉冲相对于时间的变化关系。

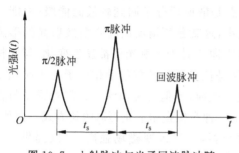

图 10-7 入射脉冲与光子回波脉冲随时间的变化关系

光子回波的产生,主要不在于两个入射脉冲与介质交换能量的结果,而在于共振介质对入射强短脉冲保持有"相位记忆"的能力。在第一个 $\pi/2$ 脉冲作用下,粒子被激励到由低、高能级组成的相干迭加态(粒子处于低、高能级上的概率相等),并产生了宏观感应电极化。当第一个光脉冲通过后,感应电极化效应并不随之消失,而是不同粒子的感应电偶极矩的同相位关系逐渐失去,电极化强度随之减弱;第二个 π 脉冲入射的结果,使得不同感应电偶极矩间的相位重新恢复相同,介质的感应电极化达到极大,并相应辐射出第三个光脉冲——光子回波脉冲。

(3) 光学章动效应

以一个前沿上升时间极短的方形激光长脉冲入射到某种共振介质中,介质对入射光并不是简单地呈现平稳的吸收或放大,而是经历一段有限的弛豫振荡,再过渡到稳定的状态。如图 10-8 所示。

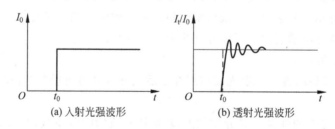

(a) 入射光强波形　　(b) 透射光强波形

图 10-8 光学章动现象示意图

光学章动效应的物理实质是在瞬态相干作用的条件下,强相干光场与共振介质相互作用交换能量过程中发生弛豫振荡。以共振吸收介质为例,在强光场刚开始入射的瞬间,大部分工作粒子被同步激励到高能级,此时伴随着入射光能的明显吸收,稍过一时刻,处于激发态的大部分工作粒子在入射光场作用下以受激(相干)发射方式重新辐射出光能并回到低能级,此时伴随着的是透射光强的明显增加。上述过程继续重复进行,就导致透射光强的周期性振荡起伏。

5. 光学相位共轭

非线性光学相位共轭(NOPC)技术是近30多年来发展起来的现代光学的分支。它通过光波与物质的非线性相互作用来实现对光波波阵面(或相位)的反演处理,在数学上等价于对复空间振幅进行复共轭运算。应用这一原理,可以使严重畸变的光束回复到初始未畸变的状态,因而在激光工程中有许多可能的应用,受到人们广泛的注意。

(1) 相位共轭波的概念和相位共轭镜的特性

设一沿 z 轴正方向传播的辐射频率为 ω 的入射单色光波

$$E_1(r,t) = A_1(r)e^{i(\omega t - kz)} = E_1(r)e^{i\omega t} \tag{10-19}$$

式中 $A_1(r)$ 为单色准平面光波的复振幅函数,它不仅表示场的空间信息,还包含着极化信息,而 $E_1(r)$ 则表示该波场不随时间变化的函数部分。

光波场 E_1 的理想共轭波定义为如下的波

$$E_2(r,t) = A_2(r)e^{i(\omega t + kz)} = E_2(r)e^{i\omega t} \tag{10-20}$$

其中,函数振幅满足如下的特殊关系

$$E_2(r) = A_2(r)e^{ikz} = A_1^*(r)e^{ikz} = E_1^*(r) \tag{10-21}$$

由上述三式可见,这两个波具有如下联系

$$E_2(r,t) = E_1(r,-t) \tag{10-22}$$

即共轭波相当于一个"时间反演"的波。E_2 沿 E_1 的反向传播,且在空间具有相同的波面。

对光波能实现相位复共轭作用的光学系统被称为"相位共轭镜"。它的空间特性与普通镜子不同,普通镜子改变了入射波的传播方向,而相位共轭镜却准确地产生一个时间反演波,这使得它具有校正入射波在传播途中产生相位畸变的能力。共轭波经过引起相位畸变的非均匀区后返回,波阵面恢复如初。如图10-9(b)所示。

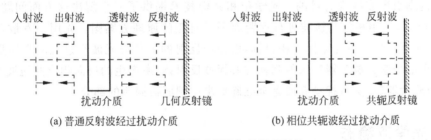

(a) 普通反射波经过扰动介质　　(b) 相位共轭波经过扰动介质

图 10-9　普通反射波与共轭反射波

(2) 运用非线性光学方法产生相位共轭波

有多种非线性光学方法可以产生相位共轭波。例如,利用二阶非线性极化实现三波混频相位共轭,利用光子回波法产生相位共轭波等。下面只对由三阶非线性效应引起的简并四波混频法略作说明。

让三束频率相同的单色波场同时入射到非线性介质中,如图10-10所示,其中两束较强的入射波场 E_1 和 E_2 为平面波,且以相反方向入射;第三束波场 E_3 为较弱的信号光,则将在介质中产生第四束与 E_3 方向相反的相干辐射波场 E_4(共轭波)。这种产生相位共轭波的方法称为简并四波混频法。其物理实质是两个泵浦波光子的湮灭以及一个 E_3 波光子和一

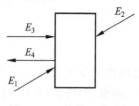

图 10-10　简并四波混频产生共轭波

个 E_4 波光子的同时产生。

（3）光学相位共轭效应的应用

光学相位共轭效应可以补偿光束通过光纤、大气和高功率激光放大器传输时产生的相位畸变，在适时适应光学、信息存储与处理、光纤通信上有广泛的应用。现举例予以说明。

（a）激光器光束质量的改善

在普通激光共振腔情况下，增益介质的不均匀性、热畸变以及光学元件所引起的相位与极化的像差是限制激光器输出光束定向性和亮度水平的主要因素。可以利用具有产生相位共轭波能力的反射体代替普通反射镜组成激光共振腔，就具有自动消除增益介质所产生的动态光程畸变影响的能力，从而保证了在腔的另一输出端获得波面规则的高亮度激光输出。如图 10-11(a)所示。

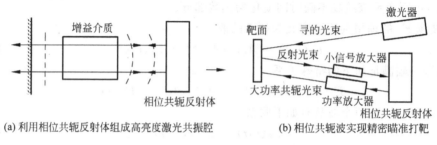

(a) 利用相位共轭反射体组成高亮度激光共振腔　　(b) 相位共轭波实现精密瞄准打靶

图 10-11　光学相位共轭效应的应用

（b）实现精密瞄准打靶

一台大功率激光器所输出的光能足以引爆核聚变的弹丸或摧毁军事上的飞行物，但由于光路介质和光学元件不均匀性以及调整光路技术上的原因，不可避免地使光束变形、发散，无法达到引爆或摧毁的目的。光学位相共轭技术提供了一个解决这方面问题的思路。图 10-11(b)是利用相位共轭波进行远距离激光打靶的原理方案图。先用一发散角较大的低功率激光器发出寻的光束照射靶目标，由靶面反射的一部分光波经过扰动介质后返回发射端，经小信号激光放大器后入射到相位共轭波反射体，所产生的反向相位共轭波经激光功率（能量）放大器后，穿过扰动介质完全准确地击中靶面被照明的部分。

6．光学双稳态

在电子学中，双稳态是一个单元电路，它对于同一个输入电信号具有高低不同的两个电阻值。在光子学中，双稳态则是一个光学元件，它对于同一个入射光强具有高低不同的两个透射率，称为光学双稳态。它对于理解光信息的存储、运算和逻辑处理等有重要意义。

（1）光学双稳现象

在非线性光学系统中，当输入光强较小时，系统输出光强也较小。当输入光强增至某临界光强值时，系统输出光强会跃变到某一高光强状态，如同开关被打开。此后若再减小输入光强，系统不再在原来临界值处回到低光强状态，而在更低光强处有另一临界值，使系统从高态跃变回低态（如图 10-12 所示）。这一过程中，光学系统的输入-输出转移关系中出现

"滞后"现象,类似于电磁学中的磁滞回线。

(2) 光学双稳态过程的基本理论

实现光学双稳态的器件或装置种类很多,这里以法布里-珀罗(F-P)干涉仪为例予以介绍。

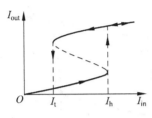

图 10-12 光学双稳态

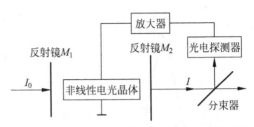

图 10-13 法布里-珀罗干涉仪装置示意图

F-P 干涉仪的装置示意图如图 10-13 所示。设由干涉仪一端输入的平面单色波的波长为 λ,初始入射光强为 I_0,则经过干涉仪后的透射光强可写为

$$I = \frac{1}{1 + F\sin^2\frac{\delta}{2}} I_0 \tag{10-23}$$

式中 $F = \frac{4R}{(1-R)^2}$,R 为 F-P 干涉仪两反射镜面的反射率,δ 为参与多光束干涉的相邻两透射光束之间的相位差,$\delta = \frac{2\pi}{\lambda}\Delta = k2nd\cos\theta$,$k$ 为角波数,n 是腔内介质的折射率,d 是腔长,即为 M_1,M_2 的间距。于是干涉仪的透射率为

$$T = \frac{I}{I_0} = \frac{1}{1 + F\sin^2\frac{\delta}{2}} \tag{10-24}$$

在图 10-13 中,腔长 d 保持不变,折射角 $\theta = 0$,$\cos\theta = 1$,则光束间的相位差 $\delta = 2nkd$,可作出透射率 T 随 δ 变化的函数曲线如图 10-14 中曲线所示。对非线性电光晶体,在没有反馈时,腔中折射率是一个常数,腔的透射率也是一个与入射光强无关的常数。但当反馈发生时,折射率 n 以及相位差 δ 就会随着反馈量的大小而发生相应的变化。图 10-13 中的分束器从输出光中分出一小部分,并把它输入到光电探测器,光电探测器输出的电信号经放大器放大后,加到非线性电光晶体上。由于电光晶体的折射率随着加于其上电压 V 的变化而变化(泡克尔斯效应),腔内电光晶体的折射率为

$$n = n_L + n_{NL}V$$

其中,V 正比于输出光强 I,且 $V = \beta I$,β 是比例常数。所以

$$\delta = 2nkd = k2n_L d + k2n_{NL}Vd = \delta_0 + \delta' \tag{10-25}$$

其中

$$\delta_0 = k2n_L d \tag{10-26}$$

$$\delta' = k2n_{NL}d\beta I = \alpha I \tag{10-27}$$

由光强透射率的定义和式(10-27)、式(10-25)可得

$$T = \frac{I}{I_0} = \frac{\delta'}{\alpha I_0} = \frac{\delta - \delta_0}{\alpha I_0} \tag{10-28}$$

表明透射率 T 又与相位差 δ 成线性变化,如图 10-14 中的直线所示。式(10-24)和式(10-28)都是 F-P 干涉仪的透射率方程,该腔实际的透射率必须同时满足上述两个方程,在图中就是直线与曲线的交点。分析以上各点出现的条件和先后顺序可以做出类似于图 10-15 的输出光强与输入光强的关系图。

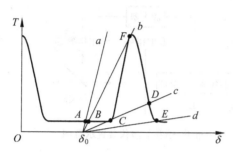

图 10-14　透射率随相位差变化

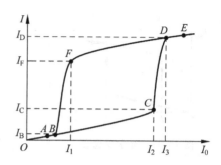

图 10-15　光学双稳态输出光强与输入光强关系图

光学双稳态引起人们极大注意的主要原因在于光学双稳态器件有可能用于高速光通信、光学图像处理、光存储、光学限幅器以及光学逻辑元件等方面。尤其是采用半导体材料(如 GaAs, InSb 等)制成的光学双稳态器件,具有尺寸小(几毫米直径,几十到几百微米厚)、功率低、开关时间短(约 10^{-12} s)等特点,极有可能成为未来光计算机的逻辑元件。

10.3　非线性光学效应的应用

自从 1960 年梅曼(Maiman)成功地做出了第一台红宝石激光器以后,科学家们立即意识到这是一个开拓崭新领域的极为重要的工具,并迅即开始了多方面的探索和研究工作,从而导致了非线性光学的诞生。尤其是近 10 几年来,随着非线性光学晶体研制的成熟,激光器也实现了从单一波长到多波长、可在一定范围内连续调谐、脉冲宽度不断缩短、脉冲功率不断提高的发展过程,在各个领域的应用也日益广泛。

1. 信息技术

光信息存储是非线性光学的一个新的重要应用领域。随着社会各个领域信息量的急剧增加,原有的信息记录材料和记录方式已不能满足日益增长的信息存储的需要。激光光盘是继缩微技术和磁性存储介质之后所发展起来的一种崭新的信息存储系统,它通过用激光束照射旋转的记录介质层来改变记录介质对光的反射和透射强度,从而进行二进制的信息记录。它的特点是:存储容量大、高清晰度和高保真图像,以及数字式信号读取方式、读出速度快、保存时间长、价格低廉等。

光纤通信的神速发展并深刻地影响人类社会是当今科学技术的一个重大成就。光纤通信利用光波为载波,以光纤为传导介质进行信息传输。早在 1973 年,已有人提出了"通过色散和非线性效应的相互作用将会导致光纤产生类孤子脉冲"的重要结论。光学孤子(soliton)是在长距离传输过程中保持形状不变的一种光波,是光纤通信中最理想的载波光束。随后于 1980 年在实验中观察到光孤子,近几年光孤子通信的实验探索已取得很大进展。20 世纪 90 年代初,Mollenauer 等在色散位移光纤(DSF)中,将信号以 24Gbs 的速率传播了 5000km。1998 年底,瑞典 Chalmer 技术大学的科学家,采用商用的 DSF 光缆,将 40Gbs 信息的载波孤子传输了 400km。1999 年,法国 Aleater 公司成功地将每个载有 10Gbs 的 32 个光波在同一根光纤中传输了 6150km 的距离。现在,通过光纤,地球上的信息交流将畅通无阻、更加便捷。

2. 激光武器与防护

激光致盲武器是 20 世纪 60 年代发展起来的一种新型软杀伤战术武器。它既可以使作战人员的眼睛和武器装备中的光电传感器件致盲,又避免了人员的死亡及基础设施、生态环境的破坏。在这些系统中非线性光学的作用是,使固态激光器能够提供最有效的激光干扰波长。

红外对抗系统是一种利用红外干扰来保护飞机、舰船和车辆的系统,红外激光源是其关键。其原理是在敌方制导电子系统中注入假信号,扰乱热寻导弹的方向,以主动的方式跟踪并干扰敌方导弹的红外制导系统。

激光雷达是很早人们就想到的一个应用,被用来测量风的轮廓特征,对目标的探测、跟踪和指示以及对化学战和生物战区域的遥感。这些应用中常用的波长可以由 Nd:YAG 激光器的 $1.064\mu m$ 和 CO_2 激光器的 $9\sim 11\mu m$ 提供,但对于一些需要波长达到 $1.5\mu m$ 的系统,则必须通过非线性光学效应进行转换得到。

为了对激光致盲武器实施有效的防护,各国(特别是军事强国)十分重视激光防护器材的研究。对激光防护器材的基本要求是在对有害的强入射激光实施有效防护的同时,保持较高的视场透明度,以不影响人眼的视物功能和光电传感器件的感应灵敏度。通常采用的非线性防护材料其理论基础是强电磁场与介质相互作用所引起的介质非线性极化。非线性材料不仅对波长敏感,而且对光强敏感。它很高的三次极化率导致了对特定波长入射光的非线性响应,表现为弱光高透射,强光低透射的特性。这一独特性能引起了研究人员的高度重视,各种新的非线性防护材料应运而生。常见的激光防护器材有:(1)单兵用激光防护镜。用于作战人员的眼睛防护,包括眼镜、眼罩和护目镜;(2)武器装备用的防护滤光片。常与瞄准镜、望远镜、潜望镜等光学仪器或各种光电传感器件组合在一起,以保护仪器使用者的眼睛或光电传感器件;(3)激光隐形涂料。涂在目标表面,能够对入射激光高吸收,低反射,以达到反探测、反跟踪的目的,并可保护目标免遭强激光破坏。

当然,仅采用某单一原理或技术制成的防护器材很难同时对各种激光致盲武器实现有效防护。为此,人们设计了许多基于两种或多种原理、技术的综合性方案。

3. 大气探测

大气光学研究的是光与大气相互作用的规律。非线性光学的发展有力地推动了大气光学的发展。大气非线性效应主要包括热畸变即热晕效应、气体击穿效应和大气受激拉曼散射等。

热晕效应是指光路上的气体和气溶胶吸收激光能量后被加热，并由此引起折射率的改变，造成激光束的扩展、畸变和弯曲等现象。大气气溶胶是云雾物理过程中的凝结核，在环境科学中又称"飘尘"，气溶胶能够引起温室效应，同时它又是衡量空气质量的一个重要指标，能影响酸雨的形成和大气的能见度。

气体击穿是指激光辐射与大气相互作用导致大气电离，形成一个高密度的能够强烈吸收激光能量的等离子区，从而限制了高功率激光的传输。也可利用它的发射光谱特征，探测大气中的气溶胶的成分。

大气受激拉曼散射是指激光强度足够高时，一部分能量被散射，散射光的频率相对于原入射频率有一定的频移。利用不同气体分子有不同的拉曼频移，可以用拉曼激光雷达测量大气成分和污染程度。

4. 激光超声检测

制造工业中常用超声检验技术检测重要元部件的焊接、黏合、外壳硬化和组合装配之类工艺。然而，普通的超声评估技术既不能用于真空、高温和高辐射环境条件下，也不能用于表面很不规则的元部件。以激光为基础的超声(LBU)可以实现无接触远距离检验。它是用一对激光束取代普通的超声传感器。一束激光（如Q开关激光）使工件的光吸收产生超声瞬变。第二束激光则探测样品表面，以探测超声感生的工件表面位移，通过位移信号时间和空间依赖关系的解释能查明待检材料的特殊性质。但是这种细微的干涉测量需要高质量的光学元件、稳定的机械装置和减震光学平台，这就需要用到相位共轭、二波混频和非稳态光感应电动势等非线性光学技术制成干涉探测系统补偿空间和时间畸变。

非线性光学具有极大的科学技术价值。人们在研究各种非线性光学现象的基础上，已提供和发展了许多实际可用的新方法和新技术，并为今后一些长远的技术应用打下了物理基础。非线性光学对其他学科也有很大影响，它促进了等离子体物理、声学和无线电物理学中对非线性波现象的研究，2000年以来，又利用非线性光学效应研究固体表面，把非线性光学和表面物理结合了起来。另外，非线性光学与凝聚态物理、有机化学、高分子材料以及生物物理学等学科相互结合，迅速发展起众多新的交叉学科领域，如有机高分子光子学、飞秒化学、飞秒生物学等。非线性光学正日益显示它极其丰富的内容和极为活跃的创新。展望未来，这朵光学学科中的奇葩，必将会有更多更新的成果奉献于自然科学之林，为21世纪的科技和相关产业的发展做出重大贡献。

思 考 题

1. 说出几种典型的非线性光学效应。
2. 简要解释光学变频效应，说明其主要应用。
3. 说明为什么二阶非线性光学效应只能发生于不具有对称中心的介质？
4. 强光引起介质折射率变化所产生的非线性光学效应有哪些？有何应用或危害？
5. 试说明光的受激光散射有哪几种？

6. 论述光学相位共轭效应及其应用。
7. 解释光学双稳态现象并说明其有哪些应用。

参 考 文 献

1. 刘颂豪,赫光生. 强光光学及其应用. 广州：广东科技出版社,1995
2. 国家自然科学基金委员会. 自然科学学科发展战略调研报告——光物理学. 北京：科学出版社,1994
3. 陈泽民等. 近代物理与高新技术物理基础. 北京：清华大学出版社,2001
4. 严燕来,叶庆好. 大学物理拓展与应用. 北京：高等教育出版社,2002
5. 杜祥琬. 非线性光学相位共轭及其在激光工程中的应用. 物理. 1997(26)：323-327
6. 沈元华等. 普物光学教学中引进现代内容的实践和体会. 大学物理. 1998(11)：31-33
7. 尹国盛等. 非线性光学及其若干新进展. 物理. 2002(11)：708-712
8. 陈志刚. 奇妙的空间光孤子. 物理. 2001(12)：752-756
9. 杨在富. 激光防护器材的研究现状及进展. 激光杂志. 1999(1)：5-9
10. 孟现磊. 大气光学与非线性光学. 聊城师院学报(自然科学版). 1996(1)：48-50
11. 李光晓. 军用激光器与非线性光学. 光电子技术与信息. 1998(4)：23-27
12. 范品忠等. 非线性光学技术将在工厂获得应用. 激光与光电子学进展. 1999(4)：30-37
13. 沈元壤. 非线性光学物理. 北京：科学出版社,1987
14. 钱士雄,王恭明. 非线性光学——原理和进度. 上海：复旦大学出版社,2001

专题十一

熵

"熵",这个源于19世纪热机的物理学概念,已经无孔不入地渗透到生物学、化学、经济学、社会学等自然科学和社会科学的各个领域。生命、信息、资源、环境等诸多热点问题,无一不与"熵"密切相关。

熵增会使能量弥散,能质消退,使世界向着无序和混乱滑去;而熵减机制可以使自然的、社会的各种事物向着有序方向发展。熵不仅联系着旧事物消亡,也与新事物的萌生有关。熵的理论缔造已成为一种新的世界观,成为人类与自然和谐相处的一种自然观。

本专题内容包括熵的基本理论以及熵与能量、熵与生命、熵与经济和社会等问题的讨论。

11.1 态函数熵

1. 克劳修斯熵

(1) 克劳修斯等式与熵概念的确立

热力学第二定律是关于过程进行方向的规律,它指出一切与热现象有关的实际宏观过程都是不可逆的,这表明热力学系统所进行的不可逆过程的初态和终态之间有重大差异性,这种差异性决定了过程的方向性。因此,我们根据热力学第二定律完全有可能找到一个新的态函数,用这个态函数针对初终两态的差异对过程的方向性做出数学分析。1865年克劳修斯根据热功转换和热传导的不可逆性,导出克劳修斯等式,并在此基础上确立了态函数熵的概念。设热力学系统由平衡态1过渡到平衡态2,则初终状态的态函数熵 S_1 与 S_2 之间有

$$S_2 - S_1 = \int_{R_1}^{2} \frac{dQ}{T} \tag{11-1}$$

式中,dQ 表示系统在其间一个无限小可逆过程中(这时温度为 T)所吸收的热量,R 则表示沿可逆过程积分。

对于一个无限小可逆过程,上式又可写作
$$TdS = dQ \tag{11-2}$$
根据热力学第一定律,有
$$dQ = dE + dA$$
比较上述两式,可得
$$TdS = dE + dA \tag{11-3}$$

这是一个综合热力学第一定律和热力学第二定律的微分方程,它将热力学中几个最重要的物理量联系在一起,称为热力学定律的基本(微分)方程式。

关于熵的概念,克劳修斯称之为物体的变换容度,即物体的转变含量,他建议称量 S 为熵(entropy),英文名词来自意思为"变换"的希腊字"tropy",加一个前缀 en,以便和能量(energy)这个词相对应,在他看来,熵与能量这两个概念有某种相似性。以后我们将会知道,能这一概念从正面量度运动转化的能力,能越大,运动转化的能力越大,而熵却从反面即运动不转化的一面,量度运动的转化能力,表示转化已完成的程度,即能量退降的程度,由此可见熵与能量同等重要。

此间值得一提的是,熵这个词的中文译名是我国物理学家胡复刚教授确定的。1923 年 5 月 25 日,德国物理学家 R. 普朗克在南京东南大学作"热力学第二定律及熵之观念"报告,胡复刚教授为普朗克翻译时,将"entropy"译成熵,他是用温度除以热量变化即求商数出发,并把"商"字加"火"字旁译成了熵。

(2) 克劳修斯不等式与熵增原理

根据卡诺定理,克劳修斯还证明了对任意不可逆过程,有
$$S_2 - S_1 > \int_1^2 \frac{dQ}{T} \tag{11-4}$$
综合式(11-1)和式(11-4)可写为
$$S_2 - S_1 \geqslant \int_1^2 \frac{dQ}{T} \tag{11-5}$$

其中等号对应于可逆过程,而不等号对应于不可逆过程。很显然对于一个与外界不发生任何相互作用的系统,即孤立系统而言,它一定不从外界吸收热量,则上式变为
$$S_2 - S_1 \geqslant 0 \quad \text{或} \quad \Delta S \geqslant 0 \tag{11-6}$$

这就是熵增原理,即孤立系统内部自发进行的过程必然是一个不可逆过程,导致熵增加。当孤立系统达到平衡态时,熵具有最大值,因此可以说,平衡态是该系统在一定的条件下系统的熵值具有最大值的状态。应当指出的是,熵增原理是对整个孤立的系统而言,至于孤立系统中一个局部区域,在过程中它的熵是可以减少的。

2. 玻耳兹曼熵

(1) 热力学概率与熵

我们已经知道,若一孤立系统的初始状态为非平衡态,则在无外界影响的情况下,该系统将自发发展到平衡态,按照熵增加原理可知非平衡态的熵值较少,而平衡态的熵值最大。那么,非平衡态与平衡态的本质差别是什么呢?很显然两者显著差别之一在于粒子空间分

布的均匀程度不同(还有其他许多差别),可以想象系统的熵显然与此有关。下面我们用热力学概率 W 来描述粒子空间分布的均匀程度。

设一个小容器有 N 个相同粒子。现将容器分为左右两个相等的子空间(实际上应将容器划分成 N 个相等的子空间,令 $N \to \infty$,取极限求热力学概率)。N 个粒子在容器中有各种分布方式,每一种分布方式都是系统可能出现的一种微观态,考虑到全同粒子的不可区分性,左边 $M(M \leqslant N)$ 个粒子,右边 $N-M$ 个粒子这种状态所包含的若干个微观态应同属于一种宏观态。表 11-1 是 20 个粒子在上述容器中分布统计表。

表 11-1 20 个分子的位置分布(部分)

宏 观 状 态		一宏观状态对应的微观状态数
左 20	右 0	1
左 18	右 2	190
左 15	右 5	15504
左 11	右 9	167960
左 10	右 10	184765
左 9	右 11	167960
左 5	右 15	15504
左 2	右 18	190
左 0	右 20	1

从表 11-1 中可以看出,各种宏观状态所包含的微观状态数目(我们把这一任一给定状态相对应的微观状态数,称为该宏观状态的热力学概率,并用 W 表示)是不同的,其中左 10 右 10 这种"均匀"分布状态所对应 W 最大,而其他非均匀状态所对应的 W 均较小,其中左 20 右 0 和左 0 右 20 这种极端不均匀状态所对应的 W 最小。如此看来,热力学概率可以用来描述系统粒子热运动的无序性。基于这种认识,著名物理学家玻耳兹曼以热力学概率 W 为中介将态函数熵与对系统无序性的量度联系起来,从而在本质上揭示了熵的含义,并为熵概念应用于其自然科学和社会科学开辟了道路。1877 年玻耳兹曼提出一个重要关系式,即

$$S \propto \ln W$$

1900 年普朗克引进比例系数 k,将上式写为

$$S = k \ln W \tag{11-7}$$

此式称为玻耳兹曼熵公式,其中 k 为玻耳兹曼常数。在前面讨论热力学概率时,我们仅仅考虑粒子的空间分布,且只将系统划分为两个子空间,这是一种简单化的处理方法,它仅仅表明了统计物理学的一种思想和方法。实际上当我们全面精确地考虑一个热力学系统(以及任意一个粒子系统)所包含的微观态数目时,还应明确:

(a) 若一系统由若干个子系统组成,每个子系统的热力学概率分别为 W_1、W_2、W_3…,则,根据概率运算法则,系统的热力学概率为

$$W = W_1 W_2 W_3 \cdots$$

系统的熵值为

$$\begin{aligned} S &= k \ln(W_1 W_2 W_3 \cdots) \\ &= k \ln W_1 + k \ln W_2 + k \ln W_3 \\ &= S_1 + S_2 + S_3 \end{aligned} \tag{11-8}$$

$S_1, S_2, S_3 \cdots$ 分别为子系统的熵值。

(b) 系统的微观状态不仅要考虑其空间分布，还应全面地考虑粒子的各种运动状态，对分子系统而言，有分子平动、分子转动、分子振动，以及其他可能的内部运动状态等，分别用 $W_平$、$W_转$、$W_振$ 和 W_i 表示上述运动形态所包含的微观态数目，如把每个微观层次的差别都考虑进去，那么系统的热力学概率为

$$W = W_平 W_转 W_振 W_i$$

系统的熵值为

$$\begin{aligned} S &= k\ln W = k\ln(W_平 W_转 W_振 W_i) \\ &= k\ln W_平 + k\ln W_转 + k\ln W_振 + k\ln W_i \\ &= S_平 + S_转 + S_振 + S_i \end{aligned} \quad (11\text{-}9)$$

上式表明系统的熵还可理解为各类微观多样性所对应熵的总和。综合式(11-8)和式(11-9)可知，态函数熵有一个性质——可加性，即各种运动层次熵相加可得系统的总熵，系统内各子系统的熵相加也可得系统的总熵。前者是纵向相加，后者是横向相加。

(2) 两种熵概念的比较

比较克劳修斯熵概念和玻耳兹曼熵概念，我们会发现如下规律。

(a) 对热力学系统来说，如系统从一个平衡态过渡到另一个平衡态，用克劳修斯熵公式和玻耳兹曼熵公式计算系统熵，结果是相同的。孤立系统的熵不减少，两者推断也是一致的。然而，玻耳兹曼熵是从统计意义说明自然界一切自发过程都是从小概率状态向大概率状态发展的，这种认识更本质，更具一般性。

(b) 熵是状态函数，两者区别在于克劳修斯熵只对平衡态有意义，它是系统平衡状态的函数，熵的变化量是指系统两个初终平衡态之间的熵变。而玻耳兹曼熵对系统任一宏观态(包括非平衡态)均有意义，因为即使非平衡态也有与之对应的热力学概率。由于平衡态熵值最大，因此可以说，克劳修斯熵是玻耳兹曼熵的最大值。由此可见，玻耳兹曼熵所表明的意义更普遍。

(c) 熵是系统无序性的量度，因此，玻耳兹曼熵对此的描述更为本质，已远远超出了分子热运动的领域。它适用于任何作无序运动的粒子系统，甚至对大量无序出现的事件(如大量出现的信息)的研究，也应用了熵的概念(包括社会的经济的)。

(d) 玻耳兹曼认为，粒子系统的平衡态是系统的最概然分布(即出现的概率最大)，这就表明系统即使处于平衡态，也存在系统偏离平衡态的可能性，这就是宏观系统内部存在偏离平衡态的、有时为熵减的'涨落'现象，是系统内部存在的一种内在随机性。系统中的粒子数越多，系统偏离平衡态的涨落就越小，孤立系统是在涨落(熵有增有减)之中朝着一个平均看来熵增大的方向发展，并达到一个同样有起伏而平均来说稳定的平衡态。我们将会知道，涨落现象在开放的远离平衡态的系统中有可喜的创新价值，在一定条件下可使系统从无序走向有序，产生有序结构(称为耗散结构或自组织)，为从本质上说明生命等现象提供了依据。

3. 开放系统的熵变

有序、无序问题是当代物理学中一个热门话题。虽然在 19 世纪人们探讨过这个问题，但仅在 20 世纪 60 年代以后人们才获得了崭新而深刻的认识，并引导出一系列新的学科和

新的学科体系,出现了可以与相对论、量子论比美,而且也许比它们更为壮观的新的科学革命。从系统论、控制论、信息论到耗散结构论、协同论、混沌论,其核心是系统论。它的主题是从整体看来,系统内部是否有序(或无序)的问题,是否有结构的问题,结构或组织是如何形成的,又是如何演化的,遵循什么样的规律?这是物理学的新的重大课题,这个问题的解决(正在迅速发展中),将使物理学的概念与方法更有力、更有普遍性,物理学的研究对象将会大大扩展。

(1) 热力学第二定律与进化论

热力学第二定律或孤立系统熵增定律指出自然界的一切实际过程都是不可逆的。一个不可逆过程虽按热力学第一定律不"消灭"能量,但却要"消耗"能量,使一部分能量 E_d 变成不能做功的无用形式,这就是能量的退化或耗散。散失在环境中的热量就是无法做功的退化能量。热运动是一种无序化的运动,它无法自动地转化为有用的有序化的运动(力学运动、电磁运动是一种有序化的运动)。反之,一切有序化的运动都会自动转化为无序化运动。随之,一个孤立系统将会自动地从有序状态转化为无序状态。

系统的有序状态是一种有组织有结构的状态,是熵较小或含有较多信息的状态。无序状态意味着组织的溃散、结构的消解,熵变大或信息的丧失。

热力学熵增定律指示出自然过程的这一单调乏味的可怕的演化前景。但实际的自然过程并非如此!达尔文的(生物)进化论提示了自然界的复杂性,生物结构越来越复杂、越来越精致和精巧,与热力学第二定律预告的完全相反!这就是热力学退化论与生物进化论的尖锐矛盾!

(2) 生命过程的自组织现象

生物界的有序是很明显的,各种生物由大量细胞构成精妙的结构。每个生物细胞也有奇特结构。分子生物学提示一个细胞至少含有一个 DNA(脱氧核糖核酸)或 RNA(核糖核酸)的长链分子(图 11-1)。它们都按严格次序排列,次序隐含了生物体的遗传信息密码,复杂有序得不可思议。而这个有序结构竟源于生物的食物中那些比较无序的原子,这是从无序到有序的绝妙事件。从无序到有序正是从平衡态到非平衡态的过渡。生物的这种无序到有序的现象又如何用热力学第二定律加以解释呢?

(3) 无生命过程的自组织现象

事实上不仅生命过程有从无序到有序的自组织现象,在无生命过程中也能观察到这种现象。让我们看一看贝纳特对流有序现象:在大的水平扁平容器内盛装液体,液面及容器底部保持温度为 T_1 和 T_2,实验指出当 $T_2-T_1 \geqslant T_c$ 时(其中 T_c 为临界温度),从上面俯视看到液面呈现规则的正六角形图案,液体自六边形中心自下而上流动再沿六角形每一边自上而下流动,这种图案称为贝纳特图案(图 11-2),而在 $T_2-T_1 < T_c$ 时,液体的运动是无序的。

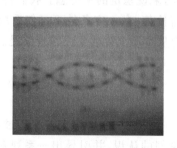

图 11-1　DNA 分子示意图

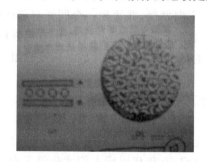

图 11-2　贝纳特图案

激光的产生也是从无序到有序的过程。输入功率小于某一临界值时,激光器像普通灯泡一样,光子的发射是无序的。但当输入功率大于某临界值时,各原子的发光会呈现有序性,且发射相干光。

由此可见,从无序到有序是自然界的普遍现象。它们是否违背热力学第二定律呢?普利高津从热力学出发提出耗散结构理论,哈桓从统计力学出发提出了协同理论解释了自组织现象,说明了从无序到有序的过程并没有违背热力学第二定律。实际上上述三个问题可以从开放系统熵变规律中得到一个简单的回答。

(4) 开放系统的熵变

系统内分子运动的无序程度可用熵来定量描写,对于孤立系统中的自然过程总是沿着从有序向无序方向进行的,这就是熵增原理。但是,自然界的从无序到有序的自组织现象都是属于开放系统的。生物体、贝纳特液体等都是非孤立系统,系统与外界有能量交换甚至有物质交换。

普利高津提出开放系统非平衡态(远离平衡态)热力学概念,论证了自组织现象的可能性。对于开放系统,如图 11-3 所示,系统与环境有能量及物质交流,有可能流进负熵,从而可能导致系统的熵减少。即

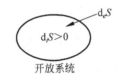

图 11-3 开放系统的熵变

$$dS = d_iS + d_eS < 0$$

其中 $d_iS>0$, $d_eS<0$ 且 $|d_eS|>d_iS$

d_iS 是系统内产生的熵,称为熵产生,且 $d_iS \geqslant 0$;而 d_eS 是从外界流入系统的熵,简称熵流,它有三种可能,即 $d_eS>0$,$d_eS=0$ 和 $d_eS<0$,取决于系统与外界相互作用的情况。

因此,系统的 $dS<0$ 与 $d_iS>0$ 并不矛盾,也就是说,通过与外界交流引入负熵有可能使系统熵减少,从而发生从无序到有序的变化。

4. 远离平衡态的非平衡态与混沌态

(1) 远离平衡态的非平衡态

实验与理论研究表明,处于平衡态及稍微偏离平衡态的系统不会出现从无序到有序的变化,只有远离平衡态的非平衡态才可能演化成有序态。

远离平衡态是指当外界系统的影响较强时,在系统引起的变化与外界影响不成线性关系。非线性非平衡态热力学就如同非线性力学一样,给出了崭新的为过去所不熟悉的新情景。

根据非线性非平衡态理论,系统在外界影响下,偏离平衡态后的各种可能演化情形可由图 11-4 作简单说明。图中横坐标表示外界对系统的影响,用控制参数 λ 表示。λ 也表示系统偏离平衡态的程度。纵坐标 X 表示系统状态的某个参数,与 λ_0 对应的 X_0 表示平衡态。随着 λ 偏离 λ_0,则 X 偏离 X_0,但当 λ 偏离 λ_0 较小时,系统状态类似于平衡态,具有稳定性,表示这种定态的点形成图 11-4 中 (a) 段曲线,这是平衡态的延伸,称为热力学分支。

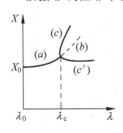

图 11-4 分支现象

当 $\lambda \geqslant \lambda_c$ 时,(a) 段延伸至很不稳定的 (b) 段,即使很小的扰动也

可引起系统突变而跃迁到另两段稳定的分支(c)段与(c′)段,(c)段与(c′)段上的点可能对应于系统的某种有序结构,称为耗散结构,(c)段与(c′)段称为耗散结构分支。$\lambda = \lambda_c$ 处出现的现象称为分叉或分支。所以 λ 从小于 λ_c 到大于 λ_c 的演化过程相应于无序到有序的过程。随着 λ 的增加,各稳定分支又可能变得不稳定从而出现二级分支或高级分支现象,这说明系统在远离平衡态时可以有多种可能的有序结构,因而使系统表现出相当复杂的有序化行为。

(2) 混沌态

当 λ 进一步增加,系统更加偏离平衡态,有可能分支越来越多,如图 11-5 所示,系统随机地处于某些耗散结构,从而使系统的状态不可预测,系统又进入了无序态,也称为混沌态,但这种混沌无序态与平衡态的无序态不同,混沌无序态是宏观上无序,但在微观上是高度复杂有序的。而平衡态的无序态对于系统混沌态的研究,也是引人入胜的,混沌现象已经是当代物理研究的一个热点。

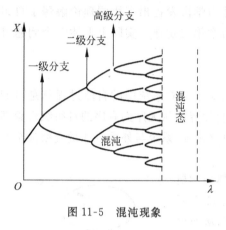

图 11-5 混沌现象

11.2 熵与能量

为了认识熵的宏观意义和不可逆过程的后果,我们介绍能量退降的规律。这个规律说明,不可逆过程在能量利用上的后果总是使一定的能量 E_d 从能做功的形式转变为不能做功的形式,即成了所谓"退降的"能量,而且 E_d 的大小与不可逆过程所引起的熵的增加成正比。所以从这个意义上说,熵的增加是能量退降的量度。

下面将通过两个具体例子讨论 E_d 与熵的关系。

1. 焦耳实验

如图 11-6 所示,设当质量为 M 的重物下降高度 dh 时,通过搅拌,水的温度由 T 升高到 $T+dT$。这个过程是重物的重力势能 $Mgdh$ 全部转变成水的内能。如果直接利用物体下落,$Mgdh$ 可以全部做功,然而现在变成了水的内能,那就只能借助于热机来利用这些能量了。设周围温度最低的低温热库的温度为 T_0,那么欲将水中的这些能量取出,其能做的功的最大值可按卡诺循环计算,即

$$A = Mg\,dh\,\eta_c = Mg\,dh\left(1 - \frac{T_0}{T + dT}\right)$$

与原来能够做功的量 $Mgdh$ 比较,现在能做功的量减少了,说明有一部分能量被送入低温热库 T_0 而再也不能被利用来做功了。所以,退降了的能量值为

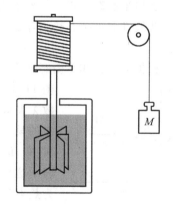

图 11-6 热工当量实验

$$E_d = Mg\,dh - Mg\,dh\left(1 - \frac{T_0}{T+dT}\right) \approx \frac{Mg\,dh\,T_0}{T}$$

经过这一不可逆的功变热的过程,水的熵增加了,熵的增量为

$$dS = \int_T^{T+dT} \frac{dQ}{T} = \int_T^{T+dT} cm\,\frac{dT}{T} = cm\ln\frac{T+dT}{T} = cm\ln\left(1 + \frac{dT}{T}\right) \approx cm\,\frac{dT}{T}$$

式中,m 为水的质量,c 为水的比热容。

由能量守恒

$$Mg\,dh = cm\,dT$$

因此可得

$$E_d = T_0\,dS$$

2. 理想气体的绝热自由膨胀

设有摩尔质量为 γ mol、温度为 T、体积为 V_1 的理想气体,当与温度为 T 的热库接触做等温膨胀、体积变为 V_2 时,可从热库中吸收热量 Q,并使之全部转化为功 A_i,由热力学第一定律得

$$A_i = Q = \gamma RT\ln\frac{V_2}{V_1}$$

如果气体是通过绝热自由膨胀使体积变为 V_2,则在膨胀过程中它并没有对外做功,热库内相应的这一部分能量也就不可能借助于气体加以利用了。要利用这部分的能量做功,只能借助于温度为 T_0 的热库并使用卡诺热机,这时,能得到的功只是

$$A_f = Q\left(1 - \frac{T_0}{T}\right) = A_i\left(1 - \frac{T_0}{T}\right)$$

这样,由于气体自由膨胀而退降的能量就是

$$E_d = A_i - A_f = A_i\frac{T_0}{T} = \gamma RT_0\ln\frac{V_2}{V_1}$$

又因为经过自由膨胀这一不可逆过程,气体熵的增量为

$$\Delta S = \gamma R\ln\frac{V_2}{V_1}$$

比较以上两式同样可得

$$E_d = T_0\Delta S$$

以上二例说明了退降的能量 E_d 与系统熵的增加成正比。由于在自然界中所有的实际过程都是不可逆的,这些不可逆过程的不断进行,将使得能量不断地转变为不能做功的形式。能量虽然是守恒的,但是越来越多地不能被用来做功了,这就是自然过程的不可逆性,也是熵增加的一个直接后果。

能与熵是两个极为重要的概念,科学的发展显示,后者也许比前者更为重要。如果说能源的开发与利用为主要特征的第一次工业革命可称为"能"的革命的话,那么当前更为深刻且广泛的以信息技术为特征的第二次工业革命可称为"熵"的革命,这是因为归根结底熵是与能量的品质这个重要概念有关。

11.3 熵与生命

1. 熵与新陈代谢

我们现在已经认识到,生命活动新陈代谢能否维持,与生物体熵的增减有着密切的联系。新陈代谢是维持生物体一切生命活动的基础,它包含着机体同外界环境的物质和能量交换,以及机体内部的物质转变和能量转移两种过程。机体从外界环境中摄取营养物质,把它转变为自身组织,并储存能量,建立生长发育的物质基础,这一过程叫做同化作用或合成代谢。在这一过程中,机体的熵可以局部减少。同时还进行着另一种过程,机体通过呼吸作用不断将自身的组成特质分解以释放能量,并把分解产生的废物排出体外,这就是异化作用或新陈代谢。同时,这期间还伴随着机体熵的增大。

我们已经看到,无论在生物界还是在无机界都有一些实例,它们似乎不受热力学基本原理的限制,这是不是违反了热力学第二定律呢?

认真思考就会发现,热力学熵增原理只适用于孤立系统,而活的生物体是一种开放系统,也就是生命系统不停地与环境进行着物质和能量的交换。然而,熵增原理对于含有活的生物体的"孤立系统"是同样适用的。这种"孤立系统",包含生物体加环境,如载有宇航员的宇宙飞船就是这样的"孤立系统",其中宇航员是一开放系统,而"环境"则包括飞船及携带的食料物质、水和空气等在内。由于生物体排泄物的熵要比营养物质的熵来得大,因此这一"孤立系统"总的熵还是会增大的。

如果仅考察宇航员,他与"环境"不停地进行着物质和能量的交换,他的熵的变化量 ΔS 由两部分组成:

$$\Delta S = \Delta_i S + \Delta_e S$$

$\Delta_i S$ 是发生在他体内产生的熵(只要他活着总是 $\Delta_i S \geq 0$ 的);$\Delta_e S$ 是他与"环境"交换的熵,如果有熵从他的体内流出,则 $\Delta_e S < 0$,或者有熵从"环境"流入他体内时,$\Delta_e S > 0$。

所以,作为开放系统的宇航员,他的熵有可能减小,也可以保持不变。当他体内产生的熵($\Delta_i S$)恰好被流出体外的熵($\Delta_e S$)所补偿。

则

$$\Delta S = \Delta_i S + \Delta_e S = 0$$

他的熵将维持不变,也就是说,他这一开放系统处于非平衡的稳定态。一个发育完全、年轻健康的宇航员,能在较长一段时间内保持稳定的体重,就能维持处于这种生机活跃的非平衡稳定状态。当然,还有另一种可能,如果换了一位年老的"宇航员",他的机体和活力可能缓慢地(然后不可挽回地)衰退着,他的熵就会不停地增大。

新陈代谢等生命活动是生物体系远离平衡态的过程,遵循着非平衡态非线性的热力学规律。非平衡态热力学为用物理学或化学原理来解释自然界中出现的各种(有生命的和无生命的)宏观有序现象扫清了原则性的障碍。非平衡态热力学并非抛弃经典(平衡态)热力学的基本结论,而是给出新的阐述和重要的补充,从而使人们对自然界的发展过程有了较完整的认识:在接近平衡的状态下,发展过程表现为趋向平衡或与平衡态有类似行为的非平衡态,并总是伴随着无序的增加和宏观结构的破坏,而在远离平衡态的条件下,无论是非生命现象还是生命现象,非平衡态系统可以变得不稳定,发展过程也可以经受突变,从而导致宏观有序的增加和耗散结构的形成。以上这种认识,是科学概念上的一次飞跃,这不仅为搞清楚物理学和化学中各种有序现象指明了方向,而且也阐明像生命起源、生物进化,以至于宇宙发展等复杂问题提供了有益的启示。

2. "负熵"与光合作用

各种绿色植物,之所以能迅速地生长繁殖,靠的是什么呢？靠的是光合作用！

每当阳光普照大地,不计其数的绿色植物就默默无闻地辛勤工作,凭着光合作用,不停地创造着"负熵",它们忠实地履行着"负熵制造厂"的职能。

只是由于有个太阳源源不断地将辐射光能洒向人间,才有了绿草如茵,才能演化出千万种生物,才能维持生命的繁衍。生命体系离开营养就不能活下去,归根结底,动物的食料来源于植物,而植物储存的能量和给养又来自太阳的辐射。

绿色植物吸收大气中的二氧化碳和土壤里的水分,凭借阳光供给的能量,合成糖类、淀粉和纤维素,这个过程称为光合作用。碳水化合物（粮类及淀粉）是重要的食物,它提供人体所需要的大部分能量。光合作用总的反应是

$$6CO_2 + 6H_2O \xrightarrow{\text{光}} \underset{\text{葡萄糖}}{C_6H_{12}O_6} + 6O_2$$

光合作用是在绿色植物叶子里的亚细胞器——叶绿体的膜中进行的,吸收到的光能先转变成电子能量,经过一连串有酶参加的极复杂的化学反应后,这份能量再变成化学键的能量,通过光合作用合成葡萄糖,然后再加上从土壤里得到氮、硫、磷和其他无机元素进一步形成植物物质,并把能量储存在植物的有机质里。与此同时,将从水中制取的氧又送入大气,这个重要的过程每年产生约 10^{12} kg 的淀粉和纤维素,同时每年约释放 1.1×10^{12} kg 的氧气到大气中,从而补偿了呼吸和燃烧所消耗的氧。另外,更大量的还有海洋和江河湖塘等其他水域中的蓝藻和绿色细菌、紫色细菌等的奉献。

总之,绿色植物吸收大气中的 CO_2、土壤里的水分和无机物质,通过光合作用将这些无序的无机物转变成有序的有机物——宏观有序结构,从而造成活的植物熵的局部减少,即薛定谔所说的"产生了负熵"。对于这种重要过程的奥秘,只是到 20 世纪 70 年代才发展了非平衡态非线性热力学理论,人们才开始有了较完整的认识和理解。

11.4 熵 与 信 息

1. 麦克斯韦妖

在我们所熟悉的气体向真空自由膨胀的实验中,要使气体分子再全部同时回到原来的空间（如容器的左室）几乎是不可能的。为此,我们设想在左右两空间放一块挡板,并在挡板

上用针刺一个小孔。欲使图中右室的分子再度返回左室,可设想在所刺的小孔旁站一个小精灵,如图 11-7 所示,当左室分子向右室运动时,他就打开小孔,经过一段时间以后,分子全部回到了左室,重新恢复了左右两室的压差,却不用做功,这就难住了热力学第二定律。历史上招来有益争论的小精灵是由麦克斯韦送进物理学的。

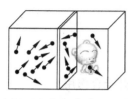

图 11-7 麦克斯韦妖

早在 1871 年英国物理学家麦克斯韦提供了一个恢复温差与热力学第二定律对抗的小怪物,如图 11-7 所示,他不做功,但却能产生和维持一个温差。

麦克斯韦写到:"……如果我们假想一个人,其能力十分高超,竟可跟踪每个分子……做一些我们目前不能做的事情,虽然我们已经看到,在均匀温度下的一个充满空气的容器中,分子以完全不同的速度运动着……,现在我们假定,将这样一个容器,用一块隔板分成 A 和 B 两部分,隔板上有一小孔,这个孔由一个可以看到单个分子的人来打开和关闭,只允许速度较快的分子从 A 到 B,而且只允许速度较慢的分子从 B 到 A,那么,他不用做功就可使 B 的温度升高而使 A 的温度降低,这就违背了热力学第二定律。"

由于站在小孔旁边的这个人的非凡能力,被人们称之为"麦克斯韦妖",如果他真如设想者所想象的那样,我们不用燃料就可以让蒸汽机永远运行下去,只要在蒸汽锅炉和冷凝器之间安放一个麦克斯韦妖就行了。

物理学家们为捍卫热力学第二定律,驱赶闯入物理领域的妖精,提出各种反驳和理由,在"妖"、"道"较量之中,加深了对信息的认识,明白了信息与熵的关系。

麦克斯韦的高明妖术在于使系统的熵减小,要做到这一点,实现无误的操作小门,小妖必须要取得分子的位置、速度方向、大小的详细信息,并能记忆信息。妖精是否能抗拒热力学第二定律,其要害是妖精获取、存储,处理信息时,是否伴随有熵的产生。

妖精要看清分子,必须另有一束光照射分子,被分子散射的光子,落入妖精的眼睛,这一过程涉及热量从高温热库到低温热库的不可逆过程,导致系统熵的增加。当妖精收到分子的有关信息后,操作小门使快慢分子分离,使系统熵减小。一方面,信息的取得导致系统熵增,另一方面,开关小门使熵减小,两个步骤的总效果其熵还是增加的。

麦克斯韦的功勋是使我们把信息和熵连起来了。那么,到底什么是信息?如何量度它?它与熵的定量关系又如何?

2. 熵与信息

(1) 信息

老王的女儿王婉去上海探亲,因为女儿第一次出门,老王为孩子是否能到达上海而不放心。事情有两种可能,即"到了"或"未到"。"到了"和"未到"的概率各占 $\frac{1}{2}$,显示了事情具有某种不确定性。当晚,他收到"婉到"的短信,老王高兴了,两种可能已化为一种可能。这两个字的电文使不确定事件成了确定事件,这两个字里含有某种东西,这种东西就是信息。所谓信息就是对事物状态、存在方式和相互联系进行描述的一组文字、符号、语言、图像或情态。信息的特征在于能消除事情的不确定性。

又如投掷一个骰子,让人来猜,到底出现哪个数字？这有 6 种可能性,每个数字出现的概率是 $\frac{1}{6}$,因此掷骰子也有不确定性,但是投掷骰子的不确定性比王婉是否到上海的不确定性要大一些。那么,如何量度事情的不确定性呢？

(2) 信息熵

用来描写事情不确定性的量,应该具有这样的特征：当事件完全确定时,它应为零；事情的可能状态或结果越多,它应该越大；当可能结果数一定,且每种结果出现的概率相等时,不确定性应该取极大值,即这种事情是最不确定的。

假如某事件的可能结果和出现某结果的概率如下

$$x_1, x_2, \cdots, x_n \quad \text{可能结果}$$
$$P_1, P_2, \cdots, P_n \quad \text{出现的概率}$$

且

$$\sum_{i=1}^{n} P_i = 1$$

为此,信息论引入

$$u = -\sum_{i=1}^{n} P_i \ln P_i \tag{11-10}$$

来作为不确定性的度量。例如对老王女儿是否到了上海来说：两种可能,每种可能的概率均为 1/2,则 $u_1 = -\frac{1}{2} \ln \frac{1}{2} \times 2 = \ln 2$,而对掷骰子来说,6 种可能,每种可能的概率也均为 1/6,则 $u_2 = -\frac{1}{6} \ln \frac{1}{6} \times 6 = \ln 6$,显然 $u_2 > u_1$,它正好符合上面提出的对描述不确定性的要求。即 u 越大,事情的不确定性也越大。

1948 年申农称与 u 成正比的熵信息为

$$S = -k \sum_i P_i \ln P_i \tag{11-11}$$

为信息熵或广义熵。熵概念的这一推广,为熵从热力学进入信息、生物、经济等领域铺平了道路。

若不确定事件的每个可能结果出现的概率相同,即 $P_1 = P_2 = \cdots = P_i = \cdots = P$,$P$ 表示任意可能结果出现的概率,W 表示可能出现的结果总数,且 $P = \frac{1}{W}$,则式(11-11)退化成

$$S = -k \ln P \tag{11-12}$$

或

$$S = k \ln W \tag{11-13}$$

将比例系数 k 视为玻耳兹曼常数 k,则式(11-12)或式(11-13)与热力学熵 S 的表达式(11-7)有完全相同的形式。可见,更为广泛的信息熵定义式(11-11)、式(11-12)已将热力学熵包含在自身之中。

事情的可能结果 W 越大,每个可能出现的概率 P 就越小,因此,由式(11-12)可知,熵是无知或缺乏信息的度量,如电视机出了故障,一个对电视机不精通的人会怀疑图像通道,或伴音通道,或扫描电路,或监视器、高频头等发生故障,而对于一个精通电视机并有修理经

验的人来说,会从看到的现象,准确说出故障之所在。从熵概念来看,前者在电视方面较无知,熵较大;后者则在这方面拥有知识(信息),熵较小。

综上所述,量值 u 和信息熵 S 都可以度量事情的不确定性,从老王收到短信和处理电视机故障两个实例可以看出,信息(含知识和技术)可以清除或减少事情的不确定性,从而使信息熵减小。控制论的创始人维纳指出"信息量实质上是负熵",1951 年物理学家布里渊直接提出"信息是由相应的负熵来规定的"。因此信息、知识和技术代表了对熵的负贡献。

信息不是物质,也不是能量,它是系统的一个新的属性。不同信息对熵的负贡献也是不一样的,所有这些,在信息论中将有详细阐述。

11.5 熵与经济和社会

熵的概念正渗透到经济学和社会学,经济学家们也致力于用热机中冒出来的熵来研究经济过程,如 1971 年出版的《熵定律与经济过程》。1983 年日本成立了一个跨学科性质的学会——熵学会,研讨与熵有关的各种科学和社会问题,致力于用熵定律研究经济问题与资源问题。

哈肯 70 年代创立协同学,并将协同学应用于社会系统的研究,《定量社会学的概念和模型》是这一领域具有代表性的著作。他们用协同学的基本概念和定量方法研究社会学问题,如人口问题,舆论形成问题,经济发展问题,战争与和平问题等。耗散结构理论的创建人普利高津等人,把耗散结构理论用于研究城市演化,经济发展等问题。科学家们为社会学的研究开拓了一条新路,促成了新的交叉学科——定量社会学的问世。

传统的经济学有一个信条:"无限增长的需要可用经济无限增长来满足",但这种信念,正随着经济增长出现的资源、环境、人口等严重问题而动摇。人们开始意识到:自然界不能为经济增长提供无限的资源;不能为人类提供无限大的废料桶;也不能为人类提供无限大的生存空间。

经济系统是一个复杂的物资系统,经济系统中存在着物流、能流、货币流及与之相随的熵流。经济系统是一个开放的系统,他不断与自然界进行物质、能量、熵的交换。在物质交换中,输入物料资源,排除废物和产品。在能量交换中,输入可利用能,排除废物和废热。

经济过程包含三个子过程:生产过程,流通过程和消费过程,每个过程都是导致总熵增加的过程。如图 11-8 所示,在生产过程中,输入高熵的原料,低熵的能源,后者用来作为机器设备的动力,也用来吸收前者的熵和生产过程中产生的熵,生产中除输出低熵的产品外,还向环境排放高熵的废物和废热。生产过程中的不可逆过程(如机器的磨损,原料的流失等)会产生新的熵,生产中熵的收支情况是

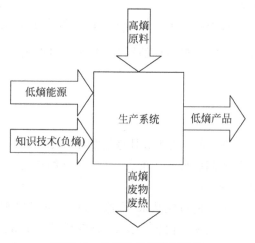

图 11-8 生产中的熵流与物流

$$\begin{bmatrix}产品中残\\留的熵\end{bmatrix}+\begin{bmatrix}废物废\\热的熵\end{bmatrix}>\begin{bmatrix}原料\\的熵\end{bmatrix}+\begin{bmatrix}能源\\的熵\end{bmatrix}$$

如果把原料中熵作为"污秽",低熵能源作为"抹布",那么生产就是用抹布擦拭原料"污秽"的过程,原料擦干净,变成了产品,可抹布却脏了。从原料到产品,这部分物质熵减了,但环境的熵却因废物而增加了,总熵增加了。除了输入原料和能源外,还要具备知识和技术。知识和技术可以使生产安排合理而科学,可以减少能耗和废品,可以减少熵的产生。从这个角度看,知识、技术起着负熵的作用,所以,在近代化的生产中对工人的培训是十分重要的。

流通过程,需要各种运输工具和机械,你看那大街上,人来车往多热闹,车辆何其多,扬尘吐土,吐毒雾,嘈杂扰人心,熵增加多少,流通过程也是一个熵增过程。

消费过程,食物经消化变成排泄物;各种生活消费品用旧了、用坏了,最终都进入垃圾箱。消费过程是熵增过程,要满足消费就要发展经济,经济腾飞,熵也腾飞!世界经济的高速发展,科学技术的巨大进步,带来了现代社会的高度文明,各种人类需求的产品,在耗尽巨量资源和能源的条件下,其数量迅猛增加,那个可怕的熵也在迅猛地增长。

不到 10 年的时间,作为发展中国家的中国,电视机、录像机、电冰箱、洗衣机等高档消费品也源源不断地进入千家万户。当你坐在电视机旁,享受现代文明时,你可曾想到,为了制造你的心爱之物,有多少工厂将含毒的污水倾泻到江河湖海,污染着水源和大地;为了制造你的心爱之物,有多少工厂的烟囱将毒气、烟尘和二氧化碳飘洒人间,污染了蓝天和大地。原来我们一方面在建设,另一方面又在破坏;耗尽了资源,破坏了环境,不可避免的污染,带来了环境熵值的巨大增长。在享受之余,难道我们不应想想,熵会惩罚我们吗?难道不应该想想,过分的熵增加会给人类带来灭顶之灾吗?

其实,稍微留心"天老爷"的动向,你就会看出,对人类的惩罚已经开始,电冰箱生产中"氟利昂"的泄流,破坏了大气的臭氧层,大气便阻挡不住太阳紫外线对人体的伤害,致命的皮肤癌症的增多,古怪病的出现,追其病根,恐怕都离不开环境的污染。

要使经济、社会不断向前发展,又要减少熵的产生,这就要求人类能巧妙地掌握和利用自然规律,需要人的高度智慧,知识、技术是负熵,它能扼制生产和经济发展中不应有的熵产生。因此,人类要增智,而增智就要认真地发展卓有成效的教育事业。

思 考 题

1. 试以温度和熵作为状态的独立变量,画出表示卡诺循环的曲线。
2. 在一绝热容器中,物体 A,B 接触前的温度分别为 T_A 和 T_B,且 $T_A>T_B$,当它们接触后,发生一个不可逆转的热过程,使 $|dQ|$ 热量由 A 传向 B,求在此过程中系统 A、B 的熵变和系统退降的能量。
3. 什么是熵流和熵产生?为什么只有在开放系统中才存在着从无序到有序转化的可能性?
4. 当系统远离平衡态时,系统会出现哪些可能状态?
5. 平衡态的无序态与混沌态的无序态有何区别?

6. 什么是信息？信息与熵有何关系？
7. 谈谈你对熵与生命之间关系的认识。
8. 从熵的角度来说，人与自然应该如何和谐相处？

参 考 文 献

1. 陈宜生等.谈谈熵.长沙：湖南出版社,1992
2. 向义和.大学物理导论.北京：清华大学出版社,1999
3. 张三慧.热学.北京：清华大学出版社,1999

专题十二

引力理论和宇宙学

在宇宙演化进程中,引力是起着支配作用的因素。因此,以研究宇宙的结构和演化为己任的宇宙学必须建立在科学的引力理论基础之上。本专题回顾了早期有关宇宙的主要论点及其所遇到的困难,着重阐述了爱因斯坦的引力理论及在此基础上逐步建立起来的现代标准宇宙学,即"大爆炸"宇宙学,内容包括宇宙学原理、广义相对论基本原理、膨胀宇宙模型、宇宙动力学等宇宙学的基本理论和假说,还介绍了哈勃定律、微波背景辐射等"大爆炸"理论的重要观测证据。从中可以看到现代宇宙学为人类描绘的一幅生动的宇宙演化图景。

12.1 宇宙学原理

宇宙学是建立在观测事实基础上的一门科学,研究的是宇宙整体的性质、结构、运动和演化规律。到目前为止,人类对宇宙的观测只涉及宇宙的一小部分,面对这一小部分的观测也只有很短的历史:对行星的观测有几千年,对其他星系的观测则只有一百多年。尽管如此,人类在探索宇宙的道路上仍然取得了很大的进展。如今,根据现有的观测资料,结合相对论、量子力学、粒子物理、核物理、流体力学等的理论成果,现代宇宙学已为我们描绘出一幅生动的宇宙演化图景。

在人们所知道的各种自然力中,只有引力是唯一不可屏蔽的长程力,对分布于大范围空—时中的大量物质和空—时本身,引力应是起决定作用的力。因此引力决定宇宙动力学,从而决定宇宙的演化。任何定量的宇宙学理论必须以引力理论为基础。本文介绍以爱因斯坦引力理论为基础的现代标准宇宙学。

现代天文观察区域已扩展到100亿光年的距离。为了以这一观测区域的信息为基础来研究宇宙学,需要有一定的假设。人们发现在宏观尺度上的星系、射电源数目及微波背景辐射分布基本上都是均匀的和各向同性的。将这一结论推广,假设在宏观尺度上的任何时刻,三维宇宙空间都是均匀的和各向同性的,这就是**宇宙学原理**。根据这一原理,宇宙中一切位置都是等同的,没有优越的位置和方向。宇宙中每一个星系或星系团都是构成宇宙的平等元素,宇宙中任一点和任一方向都不可能用任一物理量的不同来区分,但同一点的物理量却可以在不同时刻有不同的值。所以宇宙学原理允许宇宙随时间而变化。为了研究宇宙随时间的变化,不同位置的观测者之间要能够比较他们的观测结果,于是就必须有一共同的时间标准,这一时间称为宇宙时。宇宙时的存在,也是宇宙学原理成立的前提。

12.2 牛顿的宇宙

每一种引力理论都有相应的宇宙模型。牛顿万有引力定律是第一个成功的引力理论。牛顿就在这一理论基础上建立起自己的宇宙模型。

1. 有限还是无限

任何一个思考宇宙奥秘的人都不能回避一个基本问题:宇宙是有限的还是无限的?牛顿认为所有遥远天体的运动性质都应该与较近的行星运动性质相类似,它们都处于连续不断的运动之中。只要处于其他天体的引力场内,引力就会决定着它的运动轨迹。如果所有天体都这样不停地运动,那么宇宙外部极限的大球又该怎样勾画呢?显然从逻辑上看宇宙没有必要一定要有个边缘。基于这种认识,牛顿倾向于假定宇宙没有边界,它在时间上和空间上都是无限的、永恒的。

然而牛顿也意识到他的这种宇宙模型存在一个严重问题,如果所有物体都在对其他物体施加引力,那么宇宙中所有天体自古以来何以会相距很远地存在呢?在一个无限永恒的宇宙中,由于引力作用的存在,所有物质都会因相互吸引而形成一个唯一的巨大凝聚体,可是几千年来人们观察到的宇宙却并非如此。尽管遇到这些困难,由于牛顿的关于运动和引力的定律能极好地与观测事实相符,他的无限和永恒宇宙的观念还是很快被接受了。

2. 奥伯斯(Olbers)佯谬

19世纪初,奥伯斯提出了一个人们意想不到的问题,"夜空为什么是黑的?"他从牛顿的无限宇宙出发得到一个与常识完全相反的夜空应是明亮的结论。他作了如下的论证,因为在大尺度里恒星分布是均匀的,所以可设单位体积中恒星数目为 n,以地球为中心 O,做一个半径为 r 的大球壳,厚为 dr,如图 12-1 所示。则球壳内恒星数目 $dN = ndV = n4\pi r^2 dr$,恒星亮度 b 与观测距离平方成反比,设 $b = \dfrac{k}{r^2}$,k 为常数,则球壳内恒星亮度 $dB = bdN = 4\pi kn dr$,于是天空中恒星总亮度

$$B = \int dB = \int_0^\infty 4\pi kn\, dr \to \infty \tag{12-1}$$

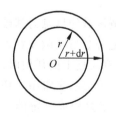

图 12-1 奥伯斯佯谬

这就是说在无限宇宙中,无论白天夜晚,从各个方向看,天空都应该是无限明亮的,这当然是很荒谬的结论!奥伯斯佯谬成为牛顿无限宇宙难以解决的一个根本性难题。

3. 纽曼(Newman)疑难

奥伯斯佯谬是由于光亮度与距离平方成反比关系所导致的一类"无穷大"。无独有偶，19世纪末，纽曼考虑了由于引力的平方反比关系所导致的另一类"无穷大"。这就是纽曼疑难。纽曼疑难可以作如下论述。

以宇宙中任一点 O 为中心，做一半径为 r 的大球面(图12-2)，在大尺度范围内，根据宇宙学原理，该球面内的物质是均匀分布的，因而球面上引力场强度 g 的大小也应相同。由引力场高斯定理

$$\oint \boldsymbol{g} \cdot \mathrm{d}\boldsymbol{s} \propto M = \int \rho \mathrm{d}V \qquad (12\text{-}2)$$

图 12-2　纽曼疑难

ρ 是宇宙平均密度，M 是质量。得 $g4\pi r^2 \propto \rho \frac{4}{3}\pi r^3$，即

$$g \propto \rho r \qquad (12\text{-}3)$$

r 的取值可以任意大，因而 g 也可以任意大，所以可以得出结论：无限宇宙中任一点的引力都是任意的、不确定的，这当然也与事实不符。纽曼疑难成了牛顿无限宇宙的又一个根本性困难。

12.3　广义相对论的基本原理

建立狭义相对论之后，有两个问题一直困扰着爱因斯坦。

(1) 牛顿定律和狭义相对论仅适用于惯性系，而在自然界中又不存在严格的惯性系。爱因斯坦认为非惯性系应与惯性系在描述物理规律方面具有同样地位，而非惯性系中定律的形式之所以比惯性系复杂，其原因在于描述定律的方式不当。所以，如能够找到合适的方式，则物理定律应对所有参考系取相同形式。

(2) 牛顿的万有引力是一种超距作用，而爱因斯坦是反对超距作用的。但在狭义相对论框架内无法解决引力问题。由于麦克斯韦电磁理论与狭义相对论符合得很好，由此，爱因斯坦认为应该类似于电磁场方程来建立引力场理论。

对上述两个问题的思考和解释导致了广义相对论的诞生，广义相对论建立了对一切参考系皆取相同形式的物理定律，并将引力同时空几何性质联系起来，从而将物质、引力场和时空三者联结为一个整体，建立了新引力理论，所以广义相对论有时又被称作时间、空间和引力理论。

广义相对论的两个基本原理为等效原理和广义相对性原理。

1. 等效原理

1907年爱因斯坦从引力质量与惯性质量精确相等这一实验事实出发提出了等效原理，

我们以爱因斯坦升降机来说明这一思想。

(1) 假设一升降机停在地球表面,则机内任一自由下落物体均以相同加速度 g 下落。

(2) 在远离地球的太空中(引力可以忽略),假设升降机相对地面以加速度 g 上升,则机内的物体仍将以同一加速度 g 下落。

显然,就升降机内的力学现象而言,我们无法判断升降机是处于引力场中,还是在加速度运动。对于第二种情况,可以引入惯性力的概念,因而也可以说,在升降机内无法区别引力和惯性力。换句话说引力场和相当的加速场在局部上是等效的,这就是等效原理。根据这一原理,在引力场中自由下落的升降机中引力场与加速场相抵消,成为真正的惯性系,又称作局部惯性系。注意,这里强调局部是因为引力场的力线总是要发生收敛或发散,所以在大尺度上是不均匀的。而平动加速系统中的惯性力场的力线则是在大范围内都是均匀的。因此,在引力场空间每一点上配置的自由下落升降机只代表那一点上的惯性系。在引力场不均匀的情况下无法用一个同一的惯性力与大范围的引力等效。1961 年狄克(Dicke),1971 年布拉金斯基的实验在 $10^{-10} \sim 10^{-12}$ 的精度下证实这一结论。

2. 广义相对性原理

狭义相对论只对惯性参考系成立,惯性系定义为"参考系内物体不受外力将保持惯性运动"。而不受外力是难以实现的,尤其是引力无处不在,且又不可屏蔽,所以宇宙间并不存在严格的惯性系。爱因斯坦指出,可以而且有必要突破惯性系的局限,从而将他的狭义相对性原理进一步推广到广义相对性原理:一切参考系都是平权的,物理规律在任意坐标变换下应保持形式不变。

这两个原理构成了广义相对论的基础,爱因斯坦随后用它来解决引力问题,发现引力与时空几何密切相关,并得到著名的引力场方程。简述如下。

(1) 引力几何化

与牛顿万有引力是超距作用的力不同,爱因斯坦指出每个物体对周围时空产生影响,引力则是这种被影响了的时间空间相互作用的结果。设想将一个重球放在一张绷紧的橡胶薄膜上,薄膜代表二维时空,球的重量会使薄膜下陷,在球周围形成一个凹陷的坑——二维的弯曲时空。与此类似,一个大质量物体如恒星的引力也会在自身周围引起时空弯曲,恒星质量越大,时空弯曲程度就越大(图 12-3)。这种弯曲时空会自然地影响到在其中运动的任何事物,譬如行星或光束的运动轨迹。在这里,运动可以看成是在弯曲时空中的自由运动——沿短程线运动。在平直时空中,短程线是直线,所以光在平直时空中沿直线前进。在弯曲时空中短程线是曲线,所以光在弯曲时空中的轨迹是条曲线(图 12-4)。

爱因斯坦找到了描述弯曲时空几何的数学工具——黎曼(Riemann)几何。在黎曼几何中,任何几何结构都可由度规张量完全确定。度规张量用 $g_{\mu\nu}$ 表示,下标 $\mu\nu$ 代表 0、1、2、3,$\mu\nu$ 的任一组合就是度规张量的一个分量(如 $g_{00},g_{01},g_{12},g_{23}\cdots$)。一般情况下张量 $g_{\mu\nu}$ 有 16 个分量,如果交换两个下标 $\mu\nu$ 时,$g_{\mu\nu}$ 的值不变,即 $g_{\mu\nu}=g_{\nu\mu}$,则 $g_{\mu\nu}$ 称为对称张量。

对于黎曼空间总可认为 $g_{\mu\nu}$ 是对称的。因而 $g_{\mu\nu}$ 只有 10 个分量,用矩阵表示为

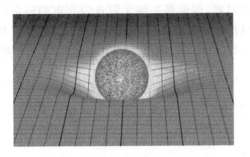

图 12-3 恒星周围时空弯曲示意图

网格代表时间和空间。恒星质量越大,时间空间凹陷程度就越深

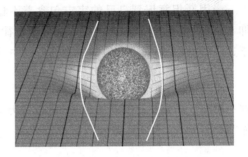

图 12-4 光线在弯曲时空中的轨迹

从一颗行星上发出的光束,在经过恒星边缘时发生偏折,到达另一颗行星。这是因为恒星使周围时空发生弯曲的结果

$$g_{\mu\nu} = \begin{bmatrix} g_{00} & g_{01} & g_{02} & g_{03} \\ g_{01} & g_{11} & g_{12} & g_{13} \\ g_{02} & g_{12} & g_{22} & g_{23} \\ g_{03} & g_{13} & g_{23} & g_{33} \end{bmatrix} \tag{12-4}$$

黎曼空间中任何四个独立变量 $x^\mu(\mu=0,1,2,3)$ 都可作为此空—时的坐标,通常取 x^0 为时间坐标,$x^i(i=1,2,3)$ 为空间坐标,黎曼空间中的线元 ds 可用 $g_{\mu\nu}$ 和坐标微分表示为

$$ds^2 = \sum_{\substack{\mu=0 \\ \nu=0}}^{3} g_{\mu\nu} dx^\mu dx^\nu \tag{12-5}$$

对于平直空间[又称闵考夫斯基(Minkovski)空时],有 $g_{00}=1, g_{11}=g_{22}=g_{33}=-1$,其余 $g_{\mu\nu}=0$,故有

$$ds^2 = dx^{0^2} - dx^{1^2} - dx^{2^2} - dx^{3^2} \tag{12-6}$$

知道了 ds 就可以对这一时空进行度量,如测量时间间隔、空间长度、面积、体积等。所以式(12-6)实际上描述了闵考夫斯基空—时。同样知道了式(12-5)中 $g_{\mu\nu}$ 的某一具体形式,则式(12-5)就描述了这一具体的黎曼空间。

(2) 引力场方程

爱因斯坦指出,有引力场存在的空时构成弯曲的四维黎曼空—时,而黎曼空—时又完全由 $g_{\mu\nu}$ 所确定,可见 $g_{\mu\nu}$ 既描述了时空几何又描述了引力场。所以说引力场就是时空度规张量场,这就是引力的几何化。它反映了物质、时间和空间之间密不可分的联系。爱因斯坦找到了一个方程来阐明这三者之间的互动关系

$$R_{\mu\nu} - \frac{1}{2} R g_{\mu\nu} = 8\pi T_{\mu\nu} G/c^4 \tag{12-7}$$

这就是著名的爱因斯坦引力场方程。式中 $R_{\mu\nu}$ 是时空曲率张量,与 $g_{\mu\nu}$ 有关,R 为曲率标量,$T_{\mu\nu}$ 为能量动量张量,c 为光速,G 为引力常量。方程左边为几何量,右边为物质量,显然式(12-7)表示时间、空间的状态是随其中质量存在的状态不同而变化的,也就是说时空都是动态的而非静态的,宇宙不可能是稳恒的,它们可能会微微地膨胀或收缩。在牛顿理论中,物质与时间、空间三者是互相独立的,物体之间只有相互吸引,所以牛顿系统中由于引力而引起的宇宙中全部物质凝聚到一起是不可避免的。

爱因斯坦意识到自己的宇宙包含着不稳定的因素,但他是牛顿无限永恒宇宙的坚定信仰者。他相信能找到一个相关的物理学定律,可以把宇宙整体膨胀和收缩性质排斥在外。基于这种信念,爱因斯坦在他的引力场方程中引入一个附加因子,即所谓"宇宙常数"λ,从而得到

$$R_{\mu\nu} - \frac{1}{2}Rg_{\mu\nu} + \lambda g_{\mu\nu} = 8\pi T_{\mu\nu}G/c^4 \tag{12-8}$$

这一项"$\lambda g_{\mu\nu}$"会导致微弱的斥力,可以和万有引力相抗衡,这样就能消除宇宙整体膨胀或收缩变化,而归于永恒状态。

12.4 爱因斯坦的宇宙

从广义相对论出发,爱因斯坦提出了以四维时空曲率为基础的一种宇宙模型。这是第一个现代宇宙学模型,它的提出为现代宇宙学的进一步发展奠定了基础。

为了更好地理解爱因斯坦的思想,我们先看一个二维宇宙的例子。

1. 一个二维宇宙

因为质量会使时空弯曲,因而这是个二维弯曲宇宙,我们假定它是一个球面,如图 12-5 所示。球面就是宇宙整体,没有内外之分。球面总面积是一定的,因而这是一个有限宇宙。在球面上无论给什么方向运动都不可能遇到一个边界,球面上所有位置都可看做是中心也都不是中心。因而这又是一个无边界宇宙。这个球面宇宙可以看成是爱因斯坦静态宇宙的二维类比。

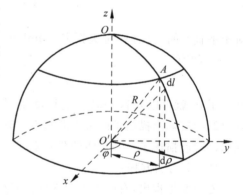

图 12-5 球面宇宙的几何

我们分析这个球面上的几何。已知球面在三维空间中可用方程

$$x^2 + y^2 + z^2 = R^2$$

来表示,x、y、z 中只有两个量是独立变量,考虑球面上一线元 ds

$$ds^2 = dx^2 + dy^2 + dz^2$$

消去 z 得

$$ds^2 = dx^2 + dy^2 + (xdx + ydy)^2/(R^2 - x^2 - y^2)$$

做代换

$$x = \rho\cos\varphi \quad y = \rho\sin\varphi$$

ρ 为径矢在 xy 面上的投影,得

$$ds^2 = R^2(dr^2/(1-r^2) + r^2 d\varphi^2) \tag{12-9}$$

式中 $r = \rho/R$,利用式(12-9)就可以求出球面宇宙上的一些主要的几何量,如

(1) A 处径向线元

$$dl = \frac{Rdr}{\sqrt{1-r^2}} \tag{12-10}$$

(2) r 内径向线距离 $l(r)$

$$l(r) = R\int_0^r \frac{dr}{\sqrt{1-r^2}} = R\sin^{-1}r \tag{12-11}$$

(3) r 处绕 0 的圆周长

$$L(r) = R\int_0^{2\pi} r d\varphi = 2\pi Rr \tag{12-12}$$

(4) r 以内所包括球冠面积 $A(r)$

$$A(r) = \int_0^r L(r)dl = \int_0^r 2\pi Rr \frac{Rdr}{\sqrt{1-r^2}} = 2\pi R^2(1-\sqrt{1-r^2}) \tag{12-13}$$

当 $r=1$ 时,由式(12-13)得

$$A(1) = 2\pi R^2 \tag{12-14}$$

是半球面积。

2. 有限无边——爱因斯坦静态宇宙模型

爱因斯坦宇宙是四维时空联合体,将上述二维宇宙的度规扩展到三维形式再加上一维时间,就可以得到爱因斯坦静态宇宙的时空度规

$$ds^2 = c^2 dt^2 - R^2[dr^2/(1-r^2) + r^2 d\theta^2 + r^2\sin^2\theta d\varphi^2] \tag{12-15}$$

利用上式我们可以得到该宇宙的一些几何信息。

(1) r 以内径向距离

$$S(r) = \int_0^r \frac{Rdr}{\sqrt{1-r^2}} = R\sin^{-1}r \tag{12-16}$$

(2) r 处球面积 $A(r)$

$$A(r) = R^2\int_0^\pi r^2 \sin\theta d\theta \int_0^{2\pi} d\varphi = 4\pi R^2 r^2 \tag{12-17}$$

(3) r 以内所含的体积 $V(r)$

$$V(r) = R^3\int_0^r \frac{r^2 dr}{\sqrt{1-r^2}} \int_0^\pi \sin\theta d\theta \int_0^{2\pi} d\varphi = 2\pi R^3(\sin^{-1}r - r\sqrt{1-r^2}) \tag{12-18}$$

由式(12-18)可得爱因斯坦宇宙总体积 V

$$V = 2V(1) = 2\pi^2 R^3 \tag{12-19}$$

可见 R 相当于宇宙的半径。

在爱因斯坦宇宙中,R 是不随时间变化的恒量,因而这是一个静态的永恒的宇宙,是一个有限而无边的宇宙。在讨论中,爱因斯坦只用到了一个观测事实即宇宙学原理,将广义相对论与宇宙学原理相结合已成了现代宇宙学研究的一个基本思路。

12.5 膨胀的宇宙

爱因斯坦宇宙优美简洁,这是一个静态宇宙,它的稳定性来自于引力和斥力的微妙平衡。这样也就带来了一个问题:一旦宇宙因受某种微扰而破坏了平衡,比如宇宙略微收缩,

则引力大于斥力,宇宙将持续收缩下去,反之,宇宙将会持续膨胀。这就说明了爱因斯坦宇宙是不稳定的。

1. 弗里德曼(Friedmann)宇宙

既然爱因斯坦宇宙不稳定,也就没有必要再假设宇宙是静态的了。其实引力场方程式(12-7)已经暗示了一个动态的宇宙,至于宇宙是膨胀还是收缩要由观测而定。1922年弗里德曼研究爱因斯坦方程后提出一个膨胀宇宙模型。在膨胀宇宙中,星系之间的距离都在不断增加,且距离越大,分离速度就越大,对于这种宇宙,我们观察越远的星系离我们远去的退行速度越大。这个宇宙模型就叫弗里德曼宇宙模型。1927年勒梅特(Lemaitre)注意到已发现的星系谱线都有红移,根据多普勒效应,这意味着星系普遍在远离银河系而退行,这种现象可能就是宇宙膨胀的证据。因此,他认为没有必要引入一个宇宙常数,如果描述一个有着轻微膨胀的宇宙的数学模型是正确的,这意味着膨胀的趋势正好抵消了引力,那么宇宙中的物质将能继续保持现有的分散状态,而且,如果膨胀的趋势稍强于引力,那么宇宙就会继续膨胀下去。他们的预言为后来哈勃(Hubble)的观测所证实。

2. 哈勃定律

早在1912年,天文学家就已经观测到一些遥远星系具有较大的红移。到1929年,在威尔逊山天文台工作的哈勃已经积累了大量星系红移的资料。哈勃对这些数据进行分析总结之后公布了他的结果:红移量Z正比于光源与观测者的距离D或正比于光源的速度v,如图12-6所示,写成公式就是

$$Z = (\lambda - \lambda_e)/\lambda_e = \frac{H_0}{c}D = \frac{v}{c} \tag{12-20}$$

或

$$v = H_0 D \tag{12-21}$$

这就是哈勃定律,式中λ_e为实验室中测量某条谱线的波长,λ是星系内这条谱线的测量波长。c为光速,H_0称为哈勃常数,其值约为$50\sim100\mathrm{km\cdot s^{-1}\cdot(Mpc)^{-1}}$,Mpc为兆秒差距,1pc=3.26l.y.。

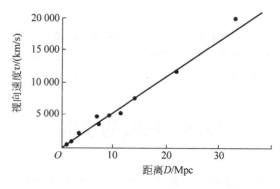

图12-6 哈勃的星系视向速度与距离的关系图

哈勃将星系红移归类为多普勒红移,现在大多数科学家都接受这一观点,这样,哈勃的观测表明所有其他的星系都在远离我们而去,那么我们是处在宇宙的中心吗?当然不是,可以设想宇宙是一个正在吹胀的二维球面,一位观测者,不论位于球面何处,他都会发现球面上的其他点在远离自己而去,而且相距越远的点离开的速度越快。我们已经知道这样的球面宇宙是没有中心的,所以哈勃定律揭示出了宇宙正在不断地膨胀这一事实,如图 12-7 所示。

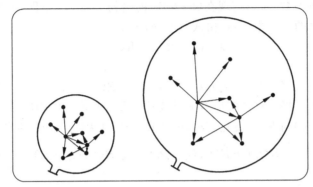

在膨胀中,所有星系都在退离我们而去,但这并不意味着我们是膨胀的中心

图 12-7　宇宙膨胀示意图

1930 年爱因斯坦在会晤了哈勃和勒梅特等人后终于接受了宇宙是膨胀的这一观点,并称引进"宇宙常数"是他一生中"最大的失误"。

3. 罗伯逊-沃克(Robertson-Walker)度规

宇宙学原理可以用几何术语表述为:三维空间是最大对称性的空间。即一个具有常曲率,但曲率可以随时间变化的空间。1935 年罗伯逊指出,满足这样一个要求的四维空—时度规具有如下形式:

$$ds^2 = c^2 dt^2 - R^2(t)\left[\frac{dr^2}{1-kr^2} + r^2(d\theta^2 + \sin^2\theta d\varphi^2)\right] \tag{12-22}$$

这就是罗伯逊-沃克(R—W)度规。式中 $R(t)$ 是时间的函数,k 是在适当选择单位后可使 $k=1,0,-1$。显然,如果 $R(t)=\text{Const}$,且 $k=1$,则式(12-22)就成为式(12-15),描述了爱因斯坦的静态宇宙。

对于式(12-22),由坐标时和标准时的关系可得

$$d\tau = \sqrt{g_{00}}\,dt = c\,dt \tag{12-23}$$

所以在 R—W 空—时里,坐标时即标准时,也就是宇宙时。考虑任意二恒星 A 和 B,选择坐标轴的方向,使 r 轴通过 A、B,则 A 和 B 的空间距离为 $l(t)$

$$l(t) = \int_A^B dl = R(t)\int_{r_A}^{r_B}\sqrt{-g_{11}}\,dr = R(t)\int_{r_A}^{r_B}\frac{dr}{\sqrt{1-kr^2}} \tag{12-24}$$

如果 r_A 和 r_B 固连,则上式表明,当 $R(t)$ 是时间 t 的增函数时,任意二恒星间距都随时间增大,即宇宙是膨胀的;当 $R(t)$ 是时间 t 的减函数时,任意二恒星的空间距离都随时间而减小,宇宙是收缩的;当 $R(t)$ 是常数时宇宙是静态的。

由哈勃定律可知，现在的宇宙是膨胀的，因而有 $\dot{R}=dR/dt>0$，同时观测也表明了膨胀在减速，即有 $\ddot{R}=d^2R/dt^2<0$，为此可定义两个可观测量

$$H(t)=\dot{R}/R \tag{12-25}$$

$$q=-\ddot{R}R/\dot{R}^2 \tag{12-26}$$

$H(t)$ 是 t 时刻的哈勃常数，可以与现在（$t=t_0$）时的哈勃常数 H_0 不同，q 叫做减速因子。很多宇宙学量可以用这两个量来表示，由式（12-24）可得

$$\lambda_0/\lambda_e=R(t_0)/R(t_e) \tag{12-27}$$

从而式（12-20）变为

$$Z=(\lambda_0-\lambda_e)/\lambda_e=[R(t_0)-R(t_e)]/R(t_e) \tag{12-28}$$

由式（12-27），我们也可将红移的实质看成是波长随着空间尺度的膨胀而自然增长。

在较短时间（t_0-t_e）内 $R(t_0)$ 变化较小，可将 $R(t_0)$ 展开为（t_0-t_e）的泰勒级数，取前两项有

$$R(t_0)=R(t_e)+\dot{R}(t_e)(t_0-t_e)+\frac{1}{2}\ddot{R}(t_e)(t_0-t_e)^2+\cdots \tag{12-29}$$

得

$$Z=H_0(t_0-t_e)-\frac{1}{2}qH_0^2(t_0-t_e)^2+\cdots \tag{12-30}$$

式中 $H_0\equiv H(t_0)$ 为现在的宇宙常数。对于较近的星系，我们取一级近似，由 $t_0-t_e=\dfrac{D}{c}$ 得 $z=\dfrac{H_0 D}{c}$，即式（12-20）。对于离我们较远的星系，取近似到平方项，平方项的系数中包含减速因子，因此遥远星系会偏离哈勃定律，但却提供了测量减速因子 q 的途径。

4. 宇宙年龄

弗里德曼宇宙在膨胀，如果以时间上溯，$R(t)$ 必在某时刻收缩为 0，此时刻记为 $t=0$，可认为是宇宙诞生时刻。从那时 $R=0$ 开始膨胀到今天尺度 $R(t_0)$，所经历的时间 t_0 就称为宇宙年龄。如不计减速因子即 $q=0$，由式（12-25）可得 $R(t_0)$ 在

$$\tau_0=\frac{R_0}{\dot{R}_0}=\frac{1}{H_0} \tag{12-31}$$

时间以前收缩为零。而实际膨胀是减速的（$q>0$），就是说过去膨胀得更快，因此 $R(t_0)$ 应在比 τ_0 更短的时间内收缩为零。可见 τ_0 是现在宇宙实际年龄 t_0 的上限，计算得 τ_0 应在 250 亿年左右。宇宙年龄的下限应由具体的天体（特别是球状星团）的年龄来确定。现在测得最老的球状星团年龄在 110 亿年左右，可见 t_0 应介于 110 亿～250 亿年之间。目前公认为约 150 亿年。

12.6 大 爆 炸

由于 $t=0$ 时 $R(0)=0$，可以证明此时曲率标量 $R\to\infty$。此式表明在过去某一时刻（$t=0$）宇宙为一密度为无限大、无限弯曲的区域，数学上称之为奇点，勒梅特称之为原始原子。

一种观点认为宇宙就是在某一时刻($t=0$)开始由奇点"爆炸"开来,膨胀到成为今天的宇宙,这个宇宙学就叫做"大爆炸宇宙学"。

1. 奇点与黑洞

在奇点处,一切物质和时空都消失了,物理规律也完全失效。这样我们就无法认识奇点。包括爱因斯坦在内的许多科学家认为宇宙中一定存在某种机制可以阻止奇点的产生。

20 世纪 60 年代,随着黑洞物理学的兴起,人们对此有了新的看法。当时大多数科学家都已经认识到大质量恒星的坍缩将不可避免地形成黑洞,1964 年英国数学家彭罗斯(Penrose)用数学方法证明黑洞必然导致奇点。任何进入黑洞的物质最终都会落进奇点,永远不会从黑洞中逃脱,图 12-8 描绘的是恒星坍缩形成黑洞的过程。绝对视界是时空中能否向远处发送信号的分界,即黑洞和外界的分界。图中虚线代表光子,在黑洞外部 P 点、S 点发出的光子能传到远处,而黑洞内部的光子最终却进入奇点。英国物理学家霍金(Hawking)据此推测,如果将时间反演,恒星坍缩的过程就成为大爆炸的过程,物质将由奇点中释放出来。根据这一思想,1970 年霍金和彭罗斯再次用数学方法证明,如果广义相对论是正确的[①],我们的宇宙在它大爆炸膨胀的开端会有一个奇点,如果它有一天再次坍缩,那必然还会在大挤压中产生奇点(图 12-9)。

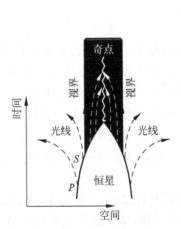

图 12-8　恒星坍缩为黑洞示意图

黑色区域为黑洞内部,白色区域为黑洞外部。内部的点不可能向外部传递信号,进入黑洞中的物体最终都落入奇点

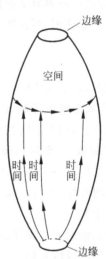

图 12-9　大爆炸和大挤压

这里的空间图有两个边缘,一个是时间的起点(大爆炸的开端),一个是时间的终点(大挤压)

现在虽然还没有真正找到一个黑洞,但已经有相当可靠的证据预示着宇宙中存在黑洞,天鹅座 X-1 是黑洞的最佳候选者(图 12-10)。观测表明,银河系中心可能存在着 250 万太阳质量的大黑洞,而在宇宙深处可能存在几百亿太阳质量的巨型黑洞。也有人用黑洞来解释类星体不可思议的能量来源,并取得一定成功。人们相信发现黑洞只是一个时间问题了。

---

① 邻近奇点时,量子力学定律将起作用。广义相对论是经典理论,这里的奇点没有考虑量子效应。

图 12-10 天鹅 X-1 的艺术效果图
物质从 X-1 的伴星 HDE226868 流出,在最后坠入黑洞前形成一个旋涡状的吸积盘

2. 遗迹和波纹

星系红移并不是大爆炸宇宙学理论的唯一证据。根据大爆炸理论,宇宙早期,物质处于一种高温高密状态,称作原始火球。随着宇宙的迅速膨胀,温度降低到大约 4000K 时,光子发生退耦,即光子不再有足够能量形成正反粒子对,也不再把能量给予别的粒子,此后光子气单独满足能量守恒,可证明光子温度 T 按

$$T \propto R^{-1}(t) \tag{12-32}$$

规律降低。

刚退耦时,光子是 4000K 的黑体辐射,以后随宇宙膨胀,光子的波长也相应增长,因而能量降低,等效温度也降低,这样经过 150 多亿年的膨胀后,现在宇宙中还应留存有早期宇宙辐射的遗迹。1948 年伽莫夫和阿尔弗首次预言了这种辐射的存在。1965 年彭齐亚斯(Penzias)和威尔逊(Wilson)则首次用天线探测到这种来自太空的辐射,他们指出这种辐射相当于绝对温度 2.5~4.5K 之间的黑体辐射。观测结果与理论预言符合得很好,人们后来就将这一辐射称作 3K 宇宙微波背景辐射。彭齐亚斯和威尔逊因这一发现而荣获 1978 年诺贝尔物理学奖。

微波背景辐射使大爆炸获得关键性的证据,也正是在此之后,宇宙学才很快发展成为一门标准的科学。以后人们又对微波背景辐射作了多次观测,结果证实微波背景辐射有高度的各向同性,这个性质有力地支持了宇宙学原理。但有人认为这种均匀性太强了,如果早期宇宙的辐射也是这样均匀,那又怎能使物质凝聚形成星云、星系呢?这一挑战促使宇宙学家去寻找宇宙背景辐射中的波纹——微小的各向异性。

1989 年 11 月 COBE(宇宙背景探测)卫星升空,发回了大量高精度观测数据。COBE 的数据证明,微波背景辐射是各向同性的,同时在更高的精度上,数据显示温度有一微小的起伏,其相对扰动幅度约为 $\Delta T/T = (5 \pm 1.5) \times 10^{-6}$。这个微小的各向异性使得星系从中得以形成。大爆炸理论再次得到实验证实。图 12-11 是伯克利大学的斯特姆于 1992 年根据 COBE 发回的数据,利用计算机绘制的一张早期宇宙辐射图。图上显示出了辐射的细微变化。斯特姆将其比喻为"宇宙蛋",从中可以孵化出宇宙中的一切。

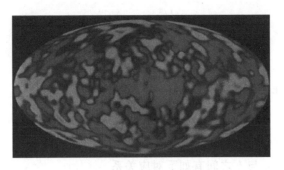

图 12-11 斯特姆的宇宙蛋

12.7 宇宙动力学

要确定宇宙的演化,就必须要确定 R-W 度规中的宇宙半径的函数形式 $R(t)$ 和参量 k。宇宙动力学的任务是根据宇宙物质的性质和爱因斯坦引力场方程计算这两个量。

爱因斯坦场方程的求解非常复杂,但由于存在宇宙学原理,式(12-7)用于宇宙这个对象时可以化为两个简单的微分方程

$$\frac{3\ddot{R}}{R} = -4\pi G\left(\rho + \frac{3p}{c^2}\right) \tag{12-33}$$

$$R\ddot{R} + 2\dot{R}^2 + 2kc^2 = 4\pi G\left(\rho - \frac{p}{c^2}\right)R^2 \tag{12-34}$$

消去 $\ddot{R}$ 可得

$$\dot{R}^2 + kc^2 = \frac{8}{3}\pi G\rho R^2 \tag{12-35}$$

由宇宙的能量动量守恒可得到另一方程

$$\frac{\mathrm{d}}{\mathrm{d}R}(\rho R^3) = -\frac{pR^2}{c^2} \tag{12-36}$$

式中 ρ 为宇宙物质的密度,p 为压强,它们的关系由宇宙物态方程给出,即

$$p = p(\rho) \tag{12-37}$$

式(12-35)、式(12-36)、式(12-37)称为宇宙动力学基本方程组,用它们可以确定宇宙的动力学行为。以 R-W 度规为基础,根据宇宙动力学方程确定 $R(t)$ 的宇宙模型就称为弗里德曼宇宙模型,或称标准宇宙模型。

物态方程式(12-37)是非常复杂的,在宇宙演化的不同阶段往往有不同形式,其实正是物态方程的多种形式决定了物质世界丰富多彩。一般说来宇宙早期以辐射为主时有

$$\rho_{光} \sim R^{-4} \tag{12-38}$$

当演化到以物质为主时有

$$\rho_{物} \sim R^{-3} \tag{12-39}$$

这些在对宇宙背景辐射的观测中已得到证实。

将哈勃常数 $H = \frac{\dot{R}}{R}$ 和减速因子 $q = \frac{\ddot{R}R}{\dot{R}^2}$ 代入式(12-33)和式(12-34)得到

$$\rho_0 = \frac{3}{8\pi G}\left(\frac{kc^2}{R_0^2} + H_0^2\right) \tag{12-40}$$

$$p_0 = -\frac{1}{8\pi G}\left[\frac{kc^2}{R_0^2} + H_0^2(1-2q_0)\right] \tag{12-41}$$

式中下标 0 表示取现在值,令

$$\rho_c = \frac{3H_0^2}{8\pi G} \tag{12-42}$$

取 $H_0 = 50\text{km} \cdot \text{s}^{-1} \cdot \text{Mpc}^{-1}$,可得 $\rho_0 = 5 \times 10^{-30}\text{g} \cdot \text{cm}^{-3}$。

由式(12-40)可知 ρ_0 与 k 之间有如下对应关系

$$\begin{cases} \rho_0 > \rho_c & k = 1 \\ \rho_0 < \rho_c & k = -1 \\ \rho_0 = \rho_c & k = 0 \end{cases} \tag{12-43}$$

根据观察现在宇宙压强近似于零,可令 $p=0$,则由式(12-33)、式(12-35)和式(12-36)可得

$$\dot{R}^2 = 2q_0 H_0^2 R_0^3 \frac{1}{R} - kc^2 \tag{12-44}$$

由式(12-41)得

$$kc^2 = (2q_0 - 1)H_0^2 R_0^2 \tag{12-45}$$

从而有以下对应关系

$$\begin{cases} q_0 > \frac{1}{2} & k = 1 \\ q_0 < \frac{1}{2} & k = -1 \\ q_0 = \frac{1}{2} & k = 0 \end{cases} \tag{12-46}$$

从下面方程出发,讨论宇宙的年龄和演进

$$\dot{R}^2 = 2q_0 H_0^2 R_0^3 \frac{1}{R} - (2q_0 - 1)H_0^2 R_0^2 \tag{12-47}$$

(1) $q_0 < \frac{1}{2}$,有

$$\dot{R} > 0 \quad R \to \infty \tag{12-48}$$

特别是 $q_0 = 0$ 时,有

$$\dot{R} = H_0 R_0, \quad R = H_0 R_0 t, \quad t_0 = H_0^{-1} \tag{12-49}$$

这意味着是一个开放的宇宙。

(2) $q_0 = \frac{1}{2}$,有 $\dot{R} = H_0^2 R_0^{\frac{3}{2}}$

$$R = \left(\frac{3}{2}H_0 R_0^{\frac{3}{2}} t\right)^{\frac{2}{3}}, \quad t_0 = \frac{2}{3}H_0^{-1} \tag{12-50}$$

R 随 t 的增加而增大,显然这也是一个开放宇宙。

(3) $q_0 > \frac{1}{2}$,当 $\dot{R} = 0$ 时,有

$$R = R_{\max} = \frac{2q_0}{2q_0 - 1} \tag{12-51}$$

这意味着是一个闭合的宇宙。图 12-12 给出以上求得的三种结果。

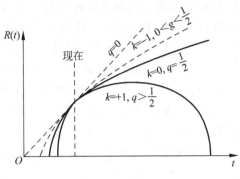

图 12-12 宇宙的膨胀

宇宙是开放还是闭合也决定于 ρ_0，比较式(12-43)、式(12-46)可知，$\rho_0 \leqslant \rho_c$，宇宙开放，$\rho_0 > \rho_c$，宇宙闭合。q_0 和 ρ_0 的值都可以由观测得到。实测的结果是

$$\rho_0 = 3 \times 10^{-31} \mathrm{g \cdot cm^{-3}} \tag{12-52}$$

$$q_0 \approx 1 \tag{12-53}$$

根据式(12-52)，宇宙是开放的，根据式(12-53)，宇宙是闭合的。这一矛盾的结论预示着宇宙中可能含有迄今未检测到的物质——暗物质，科学家将这种"失踪"的物质叫暗物质。研究表明，暗物质占宇宙总质量的 90% 以上，而我们所能看到的物质只占宇宙总质量的 10% 不到。暗物质无法直接观测到，但它却能干扰黑体发出的光波或引力，其存在能被明显地感觉到。现在我们认识到，正是暗物质主导了宇宙结构的形成，如果没有暗物质就不会形成星系、恒星和行星。如今暗物质(包括暗能量)已成为宇宙研究中最具挑战的课题。暗物质的本质还是个谜。为探索暗物质的秘密，世界各国的粒子物理学家如诺贝尔物理学奖获得者丁肇中教授等，都在这个领域努力工作，相信揭开暗物质神秘面纱的那一天不会太遥远了。

12.8 宇宙演化简史

由于大爆炸宇宙学立论简单，理论系统，内涵丰富，且得到很强的观测支持，使其在天文界和物理界都取得了公认，并被称作标准宇宙学。如今，根据这一理论，人们对宇宙诞生以来的大部分历史已有了比较清楚的了解。详细叙述这一历史已经超出本文的目的。在此仅对大爆炸 0.01s 以后的宇宙演化作一简介。0.01s 以前的宇宙情形，现在也还只是一种推测。

1. 迄今为止的宇宙

在最初 0.01s 时，温度高达 10^{11} K，所有粒子都处于热力学平衡态，主要成分是电子、正电子、中微子和反中微子、光子。当这些粒子相互作用时，它们不断产生和消灭，电子、正电子湮灭为光子，光子碰撞又产生电子、正电子对。这时的宇宙中还有少量质子和中子，它们

约为光子数的十亿分之一。1s 后,宇宙冷却到约 10^{10} K,中微子脱离平衡态成为自由粒子。5s 后,温度降为约 5×10^9 K,这时正负电子大量湮灭转化为光子,而光子却没有足够能量转化为正负电子对,结果宇宙只剩下极少数电子,数目与质子相同,宇宙因此呈现电中性。3min 时,温度已降到 10^9 K,这时质子和中子碰撞生成大量氘核,氘核和氘核的碰撞就形成了 ^{4}He, ^{4}He 约占总量的 27%。由于 ^{4}He 的稳定性极好,一直保留到现在,这个比值已成为判定早期宇宙的重要依据。这最初的 3min 奠定了我们整个宇宙的物质基础。

随着宇宙继续膨胀,温度进一步降低,到 4000K 以前,宇宙物质一直处在电子、^{4}He、氢核组成的等离子体与光子相耦合的热平衡态,并伴有大量脱离热平衡的中微子。到 4000K 时,电子开始与氢核、氦核复合,组成中性氢原子、氦原子,宇宙物质变成中性的原子气体。同时光子开始发生退耦,即脱离热平衡而变成自由气体,这时宇宙年龄约 40 万年。宇宙从此变得透明,这些光子经过 150 亿年的旅行到达地球后温度只剩下 2.7K 左右,随后宇宙就转入到以物质为主的时期,原始原子云在引力作用下凝聚成一个个巨大的云团,云团在引力作用下进一步收缩,大约 10 亿年,氢原子在巨大压力下开始发生聚变反应,于是恒星诞生了,星系也开始形成了。几十亿年后宇宙已演化成万千银河、星光灿烂、斗转星移的大千世界,类似于现在的宇宙。今天,在宇宙演化诞生 150 亿年之后,宇宙和它亿万个星系还在显露出这种仍在进行中的演化线索(图 12-13)。

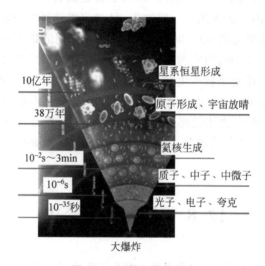

图 12-13 宇宙演化简史

2. 火与冰——宇宙的最终归宿

宇宙演化的最终结局是什么?现在还没有定论,一般认为这将取决于我们的宇宙是闭合的还是开放的。

在闭合宇宙中,宇宙将继续膨胀数百亿年,接着膨胀结束而收缩开始。遥远星系发射的光不再是红移而是蓝移。在数十亿年后,天空将变得越来越热。最后每个物体都坍缩回创世时的原始火球中,或许宇宙会在这点上"弹回去"重新膨胀,形成新的宇宙,如此周而复始,这决定于我们尚未知道的物理。

在开放宇宙中，宇宙不断地、无止境地膨胀，星系向更远处移动。但显然宇宙是不会保持为现在的样子的。科学家们现在正在检验质子的稳定性，如果测到质子衰变，那么数百亿年后我们的可见宇宙也将随质子的消失而退化。如果质子比理论上稳定得多，则大约 10^{14} 年内小质量恒星会完全冷却。星系也将会逐步瓦解，一些高速恒星会在 10^{19} 年后飞离星系，残留的恒星可能会被星系核中的黑洞吞没。在宇宙的消亡中黑洞可能起着重要的作用，因为我们今天看到的大部分物质最后都可能变成黑洞而结束。霍金的现代黑洞理论认为黑洞是不稳定的且辐射能量，因此开放宇宙的结局可能是只有一些相距很远的黑洞和长波段的电磁波及引力波存在，这些能量产生不了任何有意义的东西，这将是一个无生气的冰冻的世界。

12.9 结 束 语

宇宙产生于奇点的大爆炸是广义相对论得出的一个惊人结论，也是 20 世纪物理学的重大成果之一。大爆炸宇宙学在解释宇宙的起源及演化方面取得了巨大的成功。但是这一切都是建立在现有的观测事实基础之上，有大量的证据表明，我们只观测到很小一部分的宇宙，对大部分宇宙我们仍然一无所知。然而，新的发现不断涌现，黑洞之谜、类星体之谜、暗物质之谜、暗能量之谜有待被解开，大爆炸理论将面临更多的检验和更新的挑战。但是不论结果如何，人类都不会停止探索宇宙奥秘的步伐，因为努力地去认识宇宙的本质，就如爱因斯坦、霍金和历史上其他科学家们已经做的那样，将使我们的生命变得更加完整和尽善尽美，而这正是我们所需要和追求的。

思 考 题

1. 试用宇宙膨胀观点解释奥伯斯佯谬。
2. ① 证明光子退耦后，温度 T 按规律 $T \sim R^{-1}(t)$ 下降。
   ② 证明 $\rho_0/\rho_c = 2q_0$，其中 ρ_0 为现在的宇宙平均密度，ρ_c 为宇宙临界密度，q_0 为现在的宇宙减速因子。
3. 利用哈勃定律估算 590.0nm 钠线的波长，假定它们分别来自距离地球
   (a) ① 1.0×10^6 光年；② 1.0×10^8 光年；③ 1.0×10^{10} 光年的星系。
   (b) 设哈勃常数 $H_0 = 80$(千米·秒$^{-1}$·兆秒差距)，1 兆秒差距 $= 3.26 \times 10^6$ 光年。
4. 求 2.7K 黑体辐射峰值的波长。
5. 利用本专题式(12-24)，分别求出 $k = -1, 0, +1$ 时宇宙任意两恒星 (r_A, r_B) 间空间距离的表达式，并根据所得结果简要分析宇宙的开放性和闭合性。

参 考 文 献

1. 王永久,唐智明. 引力理论和引力效应. 长沙:湖南科学技术出版社,1990
2. 陆埮. 宇宙——物理学的最大研究对象. 长沙:湖南教育出版社,1994
3. 卢德馨. 大学物理学. 北京:高等教育出版社,1998
4. 卡尔萨根著. 周秋麟,吴依俤等译. 宇宙. 北京:海洋出版社,1989
5. M.R.佩格斯著.朱栋培,陈宏芳译. 宇宙密码. 合肥:中国科学技术大学出版社,1988